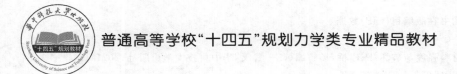

普通高等学校"十四五"规划力学类专业精品教材

材料强度与破坏

陈建桥　杨　辉　编著

华中科技大学出版社

中国·武汉

图书在版编目(CIP)数据

材料强度与破坏/陈建桥,杨辉编著. —武汉:华中科技大学出版社,2021.11
ISBN 978-7-5680-7712-5

Ⅰ.①材…　Ⅱ.①陈…　②杨…　Ⅲ.①材料强度　Ⅳ.①TB301

中国版本图书馆 CIP 数据核字(2021)第 239479 号

材料强度与破坏　　　　　　　　　　　　　陈建桥　杨　辉　编著
Cailiao Qiangdu yu Pohuai

策划编辑:万亚军
责任编辑:姚同梅
封面设计:刘　婷　廖亚萍
责任监印:周治超
出版发行:华中科技大学出版社(中国·武汉)　　电话:(027)81321913
　　　　　武汉市东湖新技术开发区华工科技园　　邮编:430223
录　　排:武汉市洪山区佳年华文印部
印　　刷:武汉科源印刷设计有限公司
开　　本:710mm×1000mm　1/16
印　　张:16.5
字　　数:328 千字
版　　次:2021 年 11 月第 1 版第 1 次印刷
定　　价:49.80 元

内 容 简 介

本书以工程材料(金属、高分子材料、陶瓷、复合材料等)为对象,结合位错理论和断裂力学分析方法,论述了材料的各种破坏现象和强度的宏观、微观理论。本书内容主要包括:固体的破坏、位错与晶体的强度、材料破坏的能量条件、断裂力学分析方法、材料的断裂韧度及抗断裂设计、金属的脆性和韧性破坏、材料的高温强度、疲劳破坏、高分子材料和陶瓷材料的强度、纤维复合材料的强度、环境导致的失效。此外,附录中还概要介绍了弹性理论及复变分析法,并讨论了断裂的位错理论。

本书可作为高校力学、材料、航空、机械、土建、交通等专业研究生的教学用书和相关领域科技人员的参考用书。

Abstract

This book discusses strength theory of main engineering materials (metals, polymers, ceramics and composites) based on the macro and micro mechanics analysis. The main contents are: fracture of solids, dislocation and strength of crystals, energy balance in fracture, fracture mechanics method, fracture toughness and the fracture control design, brittle and ductile fracture of metals, materials strength at elevated temperatures, fatigue, strength of polymers and ceramics, strength of fiber reinforced plastics, environmentally-induced failure. In appendix A, elasticity and complex function method are outlined, and the dislocation theory of fracture are discussed in appendix B.

This book can serve as a textbook for graduate students in the fields of mechanics, materials science and engineering, aeronautics, mechanical engineering, civil engineering, and transportation. It could also be useful to the researchers and engineers in these fields.

前　　言

实现材料强度的准确评价和材料破坏的预防是人们一直以来孜孜以求的目标。由于材料破坏和断裂的机理尚未得到完全清楚的认识，再加上新材料的不断涌现和材料在严酷环境下的服役要求，材料破坏导致的事故仍经常发生。材料的破坏控制问题被视作 21 世纪科技界要解决的重要难题之一。

材料强度学旨在从微观、细观和宏观等方面分析材料的破坏原因，提出材料强度的评估方法及材料抗断裂设计方法。本书基于断裂力学和位错理论，较全面地论述了工程材料(金属、高分子材料、陶瓷、复合材料等)强度的物理基础、宏观表象、破坏机理，以及分析计算方法。

本书是在《材料强度学》一书的基础上，经修改和增补而成的。杨辉教授负责撰写了"环境导致的失效"一章，其余各章由本人撰写。在研究生教学过程中，各届学生对本书提出了许多有益的修改建议；力学系杨挺青教授审读了原书稿，并提出许多宝贵的意见；本书的出版得到了国家自然科学基金(11832013)以及华中科技大学研究生院的经费支持。在此一并表示感谢。

在本书撰写过程中作者参考了多种国内外出版的著作，书中也包含一些作者本人的工作经验总结。限于作者水平，书中疏漏或不当在所难免，敬请读者批评指正。

陈建桥

2021 年 7 月

目 录

第1章　固体的破坏

Fracture of Solids

材料的宏观和微观缺陷会使材料抵抗破坏的能力大大降低。材料的实际强度通常低于其理论强度 1~4 个数量级。断裂力学及位错理论是评估材料实际强度和解释材料破坏现象的理论基础。材料的破坏特征一般取决于材料种类、内部结构、表面质量、环境及载荷条件。对于脆性破坏和时间相关破坏,有时需要考虑材料强度的分散性。本章简要介绍材料理论强度的计算、实际材料的破坏类别和机理、脆性断裂、时间相关断裂的典型特征,以及强度的分散性能等内容。

1.1　材料为什么会发生破坏

材料是制作各种结构部件的物质基础。在工程实际和人们的日常生活中,不时会发生材料或部件的破坏现象。即使考虑到应力分析的不精确、载荷形式与种类的影响、部件的加工精度等因素,并在此基础上留有一些余地来进行设计,也不能完全杜绝材料破坏现象的发生。

发生预想外的破坏的主要原因之一是,材料本身有缺陷或裂纹。这种缺陷可能在使用前就存在于材料中,也可能是在使用过程中形成的。因此,对含有缺陷或裂纹的物体进行强度评价是十分必要的。

随着高新技术的发展,材料需要在更加恶劣的环境条件下使用,并且要求有更长的寿命及更高的可靠性。在与实际情况完全相同的条件下对材料的性能进行试验和评定,从时间和经济的角度来看几乎是不可行的,通常的做法是进行加速试验,并在此基础上对材料强度进行试验和评估。为了保证评估的有效性,需要对材料的变形和破坏机理有深入的了解。

同时,各种新型材料的研发和问世,为满足工程实际中某些特定的需求提供了可能。只有深入了解材料的固有特性,确定材料的内部结构、强度机理与宏观性能之间的关系,才有可能更大限度地发挥其潜能,同时保证其在使用过程中的安全性。

材料强度学(strength of materials)研究各种材料的微观结构与强度特性之间的关系,为评估、预测或设计各种材料的强度性能提供理论基础。材料强度学涉及的尺度范围如图 1-1 所示。宏观结构(如机械、土木、航空、船舶、核电工程结构等)设计所针对的尺度范围为 $10^{-1} \sim 10^4$ cm;材料的微观结构及原子、分子的尺度范围

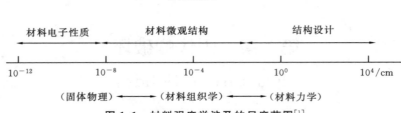

图 1-1　材料强度学涉及的尺度范围[1]

为 $10^{-8} \sim 10^{-2}$ cm；而电子、中子、原子核等的尺度在 $10^{-12} \sim 10^{-8}$ cm 之间。

1.2　理论破坏强度

图 1-2 所示为材料宏观及微观水平断裂的分类示意图。首先考虑理想（无缺陷）单晶体的微观拉伸断裂。材料沿特定的原子面发生分离（见图 1-3），是因为外力超过了原子键合力的最大值。

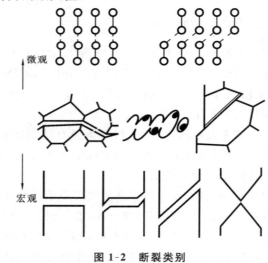

图 1-2　断裂类别

在外力的作用下，原子面的间距发生改变，应力与位移的关系可由下式近似描述，即

$$\sigma = \sigma_0 \sin\left(\frac{2\pi u}{\lambda}\right) \tag{1-1}$$

式中：σ 为拉应力；σ_0 为拉应力的最大值；u 为从平衡位置（原子间距为 a_0）算起的位移。

当 u 很小时，式(1-1)变为 $\sigma = \sigma_0 \dfrac{2\pi u}{\lambda}$。又由胡克定律表达式 $\sigma = E\dfrac{u}{a_0}$，得到

$$\sigma_0 = \frac{\lambda E}{2\pi a_0} \tag{1-2}$$

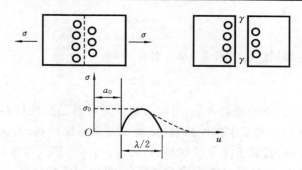

图 1-3　原子间的作用力模型[2,3]

当外应力超过 σ_0 时,会发生原子面的分离。确定 σ_0 的大小还需用到下面的能量关系。原子面分离所需的能量将全部转变为表面(断面)能,因此,对于单位面积,有

$$2\gamma = \int_0^{\lambda/2} \sigma \mathrm{d}u = \int_0^{\lambda/2} \sigma_0 \sin\left(\frac{2\pi u}{\lambda}\right) \mathrm{d}u = \frac{\lambda \sigma_0}{\pi} \tag{1-3}$$

式中:γ 为比表面能。

由式(1-2)和式(1-3)消去 λ,得到

$$\sigma_0 = \sqrt{\frac{\gamma E}{a_0}} \tag{1-4}$$

式(1-4)中的 σ_0 即材料的理论拉伸强度。该公式又称为 Orowan 模型。以 α-铁为例,有

$$\gamma = 2.0\,\mathrm{J/m^2}, \quad E = 2 \times 10^5\,\mathrm{MPa}, \quad a_0 = 2.5 \times 10^{-8}\,\mathrm{cm}$$

故

$$\sigma_0 = 4 \times 10^4\,\mathrm{MPa} = E/5$$

对于氧化硅,则有如下结果:

$$\gamma = 1.75\,\mathrm{J/m^2}, \quad E = 0.7 \times 10^5\,\mathrm{MPa}, \quad a_0 = 1.6 \times 10^{-8}\,\mathrm{cm}$$

故

$$\sigma_0 = 2.8 \times 10^4\,\mathrm{MPa}$$

对于许多材料,可得到理论拉伸强度为

$$\sigma_0 \approx E/10 \tag{1-5}$$

以上讨论的是材料的理论拉伸强度。下面考虑理想单晶体的微观剪切破坏。与前面的讨论类似,外力只有克服原子间的相互作用力,才能使材料发生剪切破坏。假定滑移面(原子面间距为 a_0,滑移方向原子间距为 b_0)上的切应力由下式近似描述:

$$\tau = \tau_0 \sin\left(\frac{2\pi u}{b_0}\right) \approx \tau_0 \frac{2\pi u}{b_0} \tag{1-6}$$

式中:τ 为切应力;τ_0 为切应力的最大值;u 为从平衡位置算起的位移。由剪切胡克定律表达式 $\tau = G\dfrac{u}{a_0}$,有

$$\tau_0 = \frac{b_0 G}{2\pi a_0} \tag{1-7}$$

τ_0 为材料的理论剪切强度。若 $b_0 \approx a_0$，则有

$$\tau_0 \approx \frac{G}{2\pi} \tag{1-8}$$

通过比较 σ_0 与 τ_0 的相对大小，可以大致判定材料是脆性材料还是延性材料。若 $\sigma_0/\tau_0 \ll 1$，则材料会先发生拉伸断裂，其属于完全脆性材料；若 $\sigma_0/\tau_0 \gg 1$，则材料会先发生剪切断裂，其属于完全延性材料；若 $\sigma_0/\tau_0 \approx 1$，则受温度、应变速度、力学约束等条件的影响，材料既可能为脆性材料，又可能为延性材料。表 1-1 所示为几种典型晶体材料的 σ_0、τ_0 及 σ_0/τ_0 值。面心立方晶格金属基本上是延性材料，体心立方晶格金属既可能是脆性材料，又可能是延性材料。

表 1-1　典型晶体材料的 σ_0、τ_0 及 σ_0/τ_0 值[4]

材　　料	$\sigma_0/(\times 10^4 \text{ MPa})$	$\tau_0/(\times 10^4 \text{ MPa})$	σ_0/τ_0
铜	3.87	0.137	28.2
银	2.66	0.088	30.2
金	2.73	0.081	33.7
镍	6.05	0.274	22.1
钨	9.08	1.80	5.04
α-铁	4.79	0.71	6.75
金刚石	14.0	12.1	1.16
氯化钠	0.38	0.406	0.94

实际的材料中存在各种微观或宏观缺陷，其实际拉伸强度一般是理论拉伸强度 σ_0 的 $1/100 \sim 1/10$，其实际剪切强度是其理论剪切强度 τ_0 的 $1/10\,000 \sim 1/1000$。材料实际强度与理论强度的这种巨大差别，促成了位错理论以及断裂力学的发源和发展。

纤维材料有较大的拉伸强度 σ_f。纤维直径越小，包含较大缺陷的可能性就越小，因此相应的 σ_f 越大（见表 1-2）。晶须材料除了直径非常小，还去掉了晶格缺陷，其强度 σ_f 与 σ_0 比较接近，如对铁来说，其理论拉伸强度 $\sigma_0 = 4.8 \times 10^4$ MPa，铁晶须的拉伸强度 $\sigma_f = 1.3 \times 10^4$ MPa，与其理论拉伸强度在同一数量级。

表 1-2　纤维材料的拉伸强度[5]

材　　料	拉伸强度/MPa	材　　料	拉伸强度/MPa
硅纤维	25 000	铜线	550
氧化铝晶须	16 000	尼龙线	550

材　　料	拉伸强度/MPa	材　　料	拉伸强度/MPa
铁晶须	13 000	铝线	410
钨线	3 800	合成纤维(聚酯)	250
钢琴线	2 500	蜘蛛丝	190
石棉纤维	1 500	麻绳	110
玻璃纤维	1 400		

1.3　破坏类型与机理

　　根据材料破坏后的断口情况,金属材料的断裂分为三种类型:①解理断裂;②孔洞生长型断裂;③滑移面分离断裂。

　　解理断裂是沿晶体中某一晶面发生分离,该晶面称为解理面。沿这个晶面断裂时,理论拉伸强度由式(1-4)确定。

　　解理断裂几乎不伴有塑性变形,是一种脆性断裂,出现在体心立方、密排六方晶格金属中。面心立方晶格金属一般不会发生解理断裂。

　　通常,金属材料属于延性材料,剪切断裂是其主要的断裂形式。在合金材料中,第二相颗粒对滑移起阻碍作用,可增强材料抵抗塑性变形的能力;当塑性变形增大时,第二相颗粒与基体界面发生剥离,产生微小孔洞;孔洞的形成、长大与合并会导致材料最终断裂。高纯度金属由于不存在第二相颗粒,因此不会产生微小孔洞,滑移的结果使得材料的表面积不断增大,最后形成滑移面分离的断面。

　　从金属组织学的角度看,断裂又分为穿晶断裂和沿晶断裂。不论是哪一种情况,上述三种断裂机理都有可能出现。对于实际材料的破坏,根据材料或外界条件的不同,三种断裂机理中某一个会起主导作用,但在一般情况下,它们是同时存在的。

　　从破坏的宏观表象来看,根据塑性变形的大小,材料可分为脆性断裂材料与延性断裂材料。玻璃类材料是脆性材料,其断裂表现为完全脆性断裂。金属材料断裂或多或少伴有塑性变形,塑性变形较大时发生延性断裂,较小时发生脆性断裂。脆性断裂常常在没有什么预兆的情况下发生,具有很大的危害性,因此应全力避免。除了材料自身的性能特征之外,材料是否发生脆性破坏,还受到其他一些因素的影响。容易引起脆性断裂的因素有:低温、高加载速度、三轴拉应力状态(如缺口根部)、循环应力、腐蚀环境等。

　　图 1-4 所示为肉眼可见的宏观拉伸断裂形态。图 1-4(a)所示为脆性断裂,是在与拉伸方向相垂直的面上材料发生的断裂。图 1-4(b)所示为杯口破坏,即材料局部收缩之后,中心部位产生裂纹,并沿着与拉伸应力相垂直的方向向周边扩展,

最后的残余部分沿 45°角发生剪切破坏。对于单晶体薄板,材料只在一个滑移面上产生滑移,会形成如图 1-4(c)所示的滑移面断裂。不含第二相颗粒的纯金属在断裂过程中不会产生任何裂纹,在最后阶段也不会发生剪切破坏,但会因滑移面分离而形成尖点断裂(见图 1-4(d))。

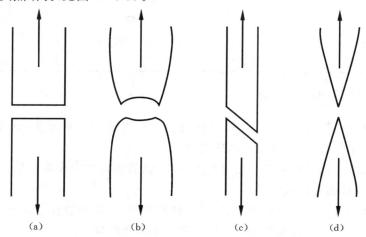

(a)　　　　　　(b)　　　　　　(c)　　　　　　(d)

图 1-4　拉伸断裂形态

1.4　固体脆性断裂特征[6,7]

固体材料的实际破坏强度远小于理论破坏强度,其主要原因有:

- 材料中存在应力集中源;
- 杂质原子或化学环境影响导致原子间引力最大值降低;
- 存在与塑性变形相关的其他破坏因素。

以下讨论应力集中对材料破坏强度的影响。

如图 1-5 所示,设无限大板中含有椭圆形缺陷,在外载荷作用下,缺陷尖端最大应力为

$$\sigma_{\max} = \sigma\left(1 + 2\sqrt{\frac{a}{\rho}}\right) \tag{1-9}$$

式中:a 为缺陷的半长;ρ 为缺陷尖端曲率半径;σ 为远场应力。式(1-9)又称为 Inglis 公式。

对于尖锐缺陷,可设 $\rho \ll a$,则式(1-9)变为

$$\sigma_{\max} = 2\sigma\sqrt{\frac{a}{\rho}} \tag{1-10}$$

当最大应力达到理论拉伸强度时,缺陷尖端发生原子面分离。由条件 $\sigma_{\max} \geqslant \sigma_0 = \sqrt{\gamma E/a_0}$ 得到

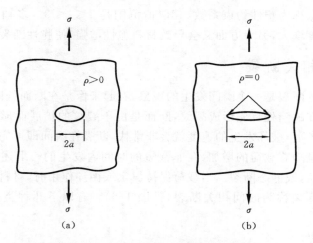

图 1-5　无限大板中的椭圆孔和裂纹

(a) 椭圆孔；(b) 裂纹

$$\sigma \geqslant \sqrt{\frac{\gamma E \rho}{4a_0 a}} = \sqrt{\left(\frac{2\gamma E}{\pi a}\right)\left(\frac{\pi \rho}{8a_0}\right)} \tag{1-11}$$

发生原子面分离后，缺陷尖端产生裂纹。设裂纹尖端的曲率半径不为零，而是有一下限值，即 $\rho = 3a_0$，则破坏条件变为

$$\sigma \geqslant \sqrt{\frac{3\gamma E}{4a}} \tag{1-12}$$

式(1-12)表明，带裂纹的物体的破坏强度远小于材料的理论拉伸强度(式(1-4))。假定 $a = 7.5~\mu m$，原子间距 $a_0 = 2.5 \times 10^{-10}$ m，则材料的实际拉伸强度与理论拉伸强度之比为 $1 : 200$。

1.5　多轴应力的影响

三轴等压(静水压力)或三轴等拉的加载条件会显著改变材料的变形及断裂特性。

在三轴等压的基础上进行单轴拉伸时，材料显示出很大的延性，与单轴拉伸相比，材料的断裂应变显著增大；在三轴等拉的基础上进行单轴拉伸时，材料会显示出脆性，断裂应变显著降低。采用带双边缺口的平板或带环状缺口的圆棒进行拉伸试验时，缺口根部由于塑性变形会发生截面收缩，而该截面的上、下部分不发生塑性变形，因此截面收缩受到约束(称为塑性约束)，缺口根部断面呈现三轴应力状态。假设三个主应力为 $\sigma_1 \geqslant \sigma_2 \geqslant \sigma_3$，屈服条件为

$$(\sigma_1 - \sigma_2)^2 + (\sigma_2 - \sigma_3)^2 + (\sigma_3 - \sigma_1)^2 = 2\sigma_f^2 \tag{1-13}$$

使缺口根部断面发生屈服的轴向拉应力 σ_z 大于光滑试样单轴拉伸屈服强度 σ_{ys}，两

者之比 $\lambda = \sigma_z / \sigma_{ys}$ 称为塑性约束系数,其取值范围是 $1 \leqslant \lambda \leqslant 3$。多轴应力一方面会使材料的静强度增大,另一方面又会导致材料脆性增强,使脆性断裂更容易发生。

1.6　时间相关断裂

脆性材料的断裂是一个瞬间发生的现象,看起来像是在断面处同时发生分离,而实际情况是在缺陷处首先形成裂纹,断面是由于裂纹的扩展而形成的。不过一旦裂纹形成并扩展,破坏发生的速度就会非常快,断裂在瞬间即可完成。延性材料的塑性失稳也是随着载荷的增加,在非常短的时间内发生的。上述断裂现象称为非时间相关断裂,或静态断裂。当载荷保持恒定或循环作用时,材料在经过一定时间后才发生的断裂称为时间相关断裂(见图 1-6)。有以下几种类型的时间相关断裂:

- 疲劳断裂;
- 应力腐蚀断裂;
- 蠕变断裂。

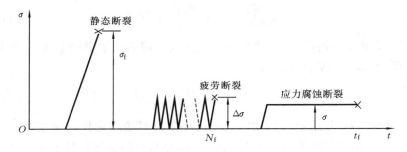

图 1-6　静态断裂与时间相关断裂

图 1-7 所示为典型的疲劳断裂过程。疲劳断裂是在规则或不规则的循环载荷作用下产生的。对于金属材料,当应力低于屈服强度时,材料整体不会发生塑性变形,但在组织结构中强度较弱的晶粒处或金属表面会产生局部滑移。

静载下的滑移呈阶梯状,而在循环应力作用下的滑移呈凹凸状。滑移本质上是不可逆的,材料表面氧化加上循环应力的作用,使得滑移不可逆成分逐渐积累,导致材料表面形状发生变化。凹凸状表面缺陷一旦形成,其中就会由于应力集中而产生较大的应力,进而在循环应力作用下,凹的部分会伴随滑移向材料更深的部位发展,从而形成疲劳裂纹。疲劳裂纹形成后,裂纹尖端伴随塑性变形,裂纹尺寸不断增大,最后导致断裂。如果金属表面本身就存在缺口等应力集中部位,则疲劳裂纹将在应力集中部位形成。此后疲劳裂纹的长大过程与上述情况相类似。

疲劳破坏的本质是塑性变形,这种变形是局部的和不可逆的,但从宏观上看,发生疲劳破坏时材料几乎未发生变形就已断裂。

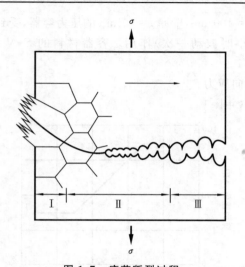

图 1-7　疲劳断裂过程

Ⅰ—裂纹形成区；Ⅱ—裂纹扩展区；Ⅲ—最终断裂区

应力腐蚀断裂是另一种时间相关断裂现象。腐蚀是在活性环境中，材料表面形成局部电池，金属表面作为阳极被溶解的现象。在载荷一定时，阳极发生局部溶解，从而形成裂纹，之后裂纹尖端进一步氧化（溶解），造成裂纹扩展直至断裂，即发生应力腐蚀断裂。应力腐蚀断裂在特定的材料与环境的组合下发生，对于金属材料，腐蚀裂纹大多沿晶界发生和扩展。

时间相关断裂的例子还有蠕变断裂。当温度较高（不小于 $0.6T_g$，T_g 为材料熔点）时，材料原子热活性增大，材料内部形成大量原子孔洞。在载荷一定时，原子孔洞向晶界扩散，由此而产生的变形称为蠕变变形。孔洞的扩散同时也导致裂纹的形成，进而引起蠕变断裂。蠕变断裂通常是沿晶界发生的。

在时间相关断裂的条件下，载荷越大，材料寿命越短。如对于疲劳破坏，应力与寿命的关系曲线如图 1-8 所示。图中：纵坐标 $\Delta\sigma$ 是一个载荷循环中应力的最大值与最小值之差，称为应力幅值；横坐标 N 是材料发生断裂时的应力循环周次。$\Delta\sigma$-N 关系曲线也称为 S-N 曲线。材料寿命为无穷大时所对应的加载应力 σ_0 称为疲劳极限。当应力幅值小于 σ_0 时，材料不会发生疲劳破坏。

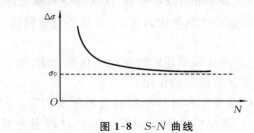

图 1-8　S-N 曲线

例 1-1 直径 $D=100\,\text{mm}$，壁厚 $t=10\,\text{mm}$ 的压力容器，受到波动内压 p（最小为 0，最大为 $40\,\text{MPa}$，每小时波动一次）作用。容器材料的 S-N 曲线如图 1-9 所示。试求：

（1）容器壁的周向应力；

（2）容器的寿命（年限）。

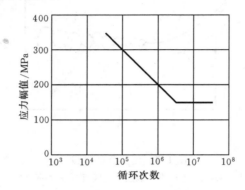

图 1-9 压力容器材料的 S-N 曲线

解 （1）将该容器视为薄壁容器，根据材料力学，可得周向应力幅值为

$$\Delta\sigma=\frac{pD}{2t}=\frac{40\times 0.1}{2\times 0.01}\,\text{MPa}=200\,\text{MPa}$$

（2）由 S-N 曲线，周向应力为 $200\,\text{MPa}$ 时容器的寿命为

$$\frac{10^6}{24\times 365}\ \text{年}=114\ \text{年}$$

1.7　强度的分散性能[8,9]

材料的破坏强度取决于其中的固有缺陷及微观组织的特征尺寸和分布，具有较大的分散性，称为组织结构敏感性（structure-sensitive property）。延性材料的断裂强度是各个缺陷强度的平均值，因此分散性较小。脆性材料的断裂强度取决于最弱点的缺陷强度，其分散性较大。知道缺陷的概率分布后，根据缺陷概率极值分布可以推算出脆性材料断裂强度的分布。对于解理破坏强度，常用的分布模型有对数正态分布和威布尔（Weibull）分布模型，这两种分布模型都是最小值渐近分布模型。实际材料的强度远小于其理论强度值，并且具有分散性，这些都是受到缺陷影响的结果。

在有些情况下，材料的破坏强度还随时间的变化而变化，如 1.6 节所述的时间相关断裂，此时，环境因素起着很大的作用。

裂纹的形成与初期扩展是左右材料断裂强度的重要因素。对于脆性断裂，微小裂纹的扩展条件决定了该材料的断裂强度。工程材料多含有不纯物质（夹杂物），裂纹易于在材料最弱的地方形成。若材料的尺寸较大，则其包含缺陷的可能性就大，断裂强度因而较小，这就是强度的尺寸效应。在实验室用较小试样得到的强度不能简单等同于结构或构件的强度。

将最弱处的强度视为材料的强度，这就是最弱链模型（weakest link model）的思想。利用概率统计的方法来分析材料强度的理论，称为强度的统计理论，或称概率断裂力学。

图 1-10 所示为基于最弱链模型和 Griffith 断裂理论的材料破坏应力（断裂强度）的计算结果。材料中裂纹数目越多（N 越大），即材料尺寸越大，则平均断裂强度越小，此时，强度的分散度也越小。这与实际的断裂现象是一致的。

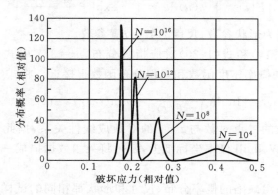

图 1-10　破坏应力（断裂强度）分布[7]

根据材料的具体情况，断裂强度的概率分布是不同的。实际上，最重要的是曲线左侧尾部的分布。由于没有足够的数据，尾部分布情况一般是不清楚的。一般采用合适的模型对其进行描述。以下列出三种典型分布的概率密度函数和累积分布函数。

正态分布的概率密度函数为

$$f(t) = \frac{1}{\sqrt{2\pi}\sigma} \exp\left[-\frac{1}{2}\left(\frac{t-\mu}{\sigma}\right)^2\right], \quad -\infty \leqslant t \leqslant \infty \qquad (1\text{-}14)$$

式中：μ 为变量 t 的均值；σ 为变量 t 的标准方差。

对数正态分布的概率密度函数为

$$f(t) = \frac{1}{t\sqrt{2\pi}\sigma} \exp\left[-\frac{1}{2}\left(\frac{\ln t-\mu}{\sigma}\right)^2\right], \quad 0 \leqslant t \leqslant \infty \qquad (1\text{-}15)$$

式中：μ 为 $\ln t$ 的均值；σ 为 $\ln t$ 的标准方差。

累积分布函数通过对概率密度函数积分求得，对应式（1-14）和式（1-15）的累积分布函数分别为

$$F(t) = \Phi\left(\frac{t-\mu}{\sigma}\right) \qquad (1\text{-}16)$$

$$F(x) = \Phi\left(\frac{\ln x - \mu}{\sigma}\right) \tag{1-17}$$

式中：Φ 表示标准正态分布函数，其定义为

$$\Phi(x) = \frac{1}{\sqrt{2\pi}} \int_{-\infty}^{x} \exp\left(-\frac{u^2}{2}\right) \mathrm{d}u \tag{1-18}$$

Weibull 分布是根据最弱链断裂思想导出的，其概率密度函数和累积分布函数分别为

$$f(t) = \frac{m(t-r)^{m-1}}{t_0} \exp\left[-\frac{(t-r)^m}{t_0}\right] \tag{1-19}$$

$$F(t) = \int_0^t f(u)\mathrm{d}u = 1 - \exp\left[-\frac{(t-r)^m}{t_0}\right] \tag{1-20}$$

式中：m、t_0、r 分别为形状参数、尺度参数、位置参数。

$m = 1$ 时式(1-19)和式(1-20)对应指数分布，$m = 3.2$ 时式(1-19)、式(1-20)分别与正态分布的概率密度函数和累积分布函数很接近。将式(1-20)改写为

$$\ln\left[\ln\frac{1}{1-F(t)}\right] = m\ln(t-r) - \ln t_0 \tag{1-21}$$

即 $1-F(t)$ 的倒数的二重对数与 $t-r$ 的对数成线性关系，据此可绘制出 Weibull 概率坐标纸。在 Weibull 概率坐标纸上，若可将某组数据描成一直线，则认为它们服从 Weibull 分布。

例 1-2　对一组缺陷的概率分布、尺寸和形状都相同的试样分别进行拉伸、三点弯曲和四点弯曲试验，分析各情况下试样强度的相对大小，并说明原因。

解　高应力区的体积越小，则试样的强度越大。因此有

三点弯曲强度＞四点弯曲强度＞拉伸强度

例 1-3　脆性固体的破坏强度随其尺寸的增大而降低，解释其原因。

解　体积越大，包含较大缺陷的概率越大，平均破坏强度越小。

习　　题

1. 对于二参数 Weibull 分布，有

$$F(t) = 1 - \exp\left[-\left(\frac{t}{u}\right)^m\right], \quad f(t) = \frac{m}{u}\left(\frac{t}{u}\right)^{m-1} \exp\left[-\left(\frac{t}{u}\right)^m\right]$$

(1) 证明其均值和方差分别为

$$\mu = u\Gamma\left(1 + \frac{1}{m}\right), \quad \sigma^2 = u^2\left[\Gamma\left(1 + \frac{2}{m}\right) - \Gamma^2\left(1 + \frac{1}{m}\right)\right]$$

其中 $\Gamma(\cdot)$ 为 Γ 函数，$\Gamma(a) = \int_0^\infty x^{a-1}\mathrm{e}^{-x}\mathrm{d}x$。

(2) 作变异系数 $V = \sigma/\mu$ 与参数 m 的关系图。

2. 某材料的疲劳寿命数据如下：2,6,13,18,26,35,40,56,80,87。假设该材料寿命服从Weibull分布,根据最大似然理论,估计其分布参数。

（提示：设密度函数为 $f(x|\theta_1,\theta_2,\cdots,\theta_m)$,样本值为 $f(x_i|\theta_1,\theta_2,\cdots,\theta_m)(i=1,2,\cdots,n)$,其中 θ_i 为待定的分布参数。构造似然函数

$$L(\theta_1,\theta_2,\cdots,\theta_m) \equiv \lg \prod_{i=1}^{n} f(x_i \mid \theta_1,\theta_2,\cdots,\theta_m) = \sum_{i=1}^{n} \lg f(x_i \mid \theta_1,\theta_2,\cdots,\theta_m)$$

根据最大似然理论,分布参数由 $\partial L/\partial \theta_k=0(k=1,2,\cdots,m)$ 确定。）

3. 一根制作精细的硅棒可以承受非常大的应力,但一旦破坏,其将爆碎成粉末,试分析其中原因。

本章参考文献

[1] 井形直弘. 材料强度学[M]. 東京：培風館,1983.

[2] 日本材料科学会. 破壊と材料[M]. 東京：裳華房,1997.

[3] 中沢一,小林英男. 固体の強度[M]. 東京：共立出版株式会社,1976.

[4] KELLY A,TYSON W R,COTTRELL A H. Ductile and brittle crystals[J]. Philosophical Magazine,1967,15(135)：567-586.

[5] COTTRELL A H. The mechanical properties of matter[M]. New York：John Wiley & Sons Inc,1964.

[6] 小林英男. 破壊力学[M]. 東京：共立出版株式会社,1993.

[7] COURTNEY T H. Mechanical behavior of materials[M]. New York：Mc Graw-Hill Book Company,Inc. ,2000.

[8] MEYERS M A,CHAWLA K K. Mechanical behavior of materials[M]. 2nd ed. New York：Cambridge University Press,2009.

[9] DIETER G E. Mechanical metallurgy[M]. New York：Mc Graw Hill-Company,1986.

第2章　位错与晶体的强度

Dislocation and Strength of Crystals

位错是晶体材料的一种内部微观缺陷,可视为晶体中已滑移部分与未滑移部分的分界线。理想位错分为刃型位错和螺型位错两种基本形式。位错线附近的区域具有很高的弹性应变能(畸变能),在位错之间、位错与其他缺陷之间会产生相互作用。材料的变形及强度特征与位错等缺陷的运动及分布形态密切相关。本章概述位错理论的基础知识,简要说明位错与晶体的变形及强度之间的关系。

2.1　理论剪切强度

在外力作用下,固体的弹性变形源于原子面之间距离的变化,而塑性变形是由原子面之间发生的剪切分离引起的(见图 2-1),这种塑性变形称为滑移。孪晶变形是塑性变形的另一形式。以下重点介绍由滑移引起的塑性变形。

当外力达到或超过原子间相互作用力(内力)的最大值时,材料就发生滑移(滑移距离为一个原子间距)。此时,滑移面上下原子改变结合对象,重新达到平衡,并不发生断裂现象。

假定原子间切应力(见图 2-2)可由下式表达:

$$\tau = \tau_0 \sin\left(\frac{2\pi u}{b_0}\right) \qquad (2-1)$$

式中:τ 为切应力;τ_0 为切应力的最大值;u 为从平衡位置算起的位移。

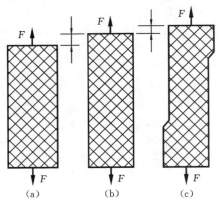

图 2-1　弹性变形与塑性变形

(a)变形前;(b)弹性变形;(c)塑性变形

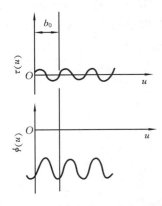

图 2-2　滑移面上原子间切应力及势能函数

当位移很小时,式(2-1)可写为

$$\tau = \tau_0 \left(\frac{2\pi u}{b_0} \right) \tag{2-2}$$

应用剪切胡克定律表达式 $\tau = G \dfrac{u}{a_0}$,可以得到

$$\tau_0 = \frac{b_0 G}{2\pi a_0} \tag{2-3}$$

这里 τ_0 就是理论剪切强度。由式(2-3)知,b_0 越小或 a_0 越大,则 τ_0 越小,即滑移一般在最密原子面上,沿最密原子方向发生。

材料的理论拉伸强度与理论剪切强度的大小关系(见表 1-1)一般为:对于面心立方晶格金属,$\tau_0/\sigma_0 \approx 1/30$;对于体心立方晶格金属,$\tau_0/\sigma_0 \approx 1/5$;而对于金刚石和氯化钠,则有 $\tau_0/\sigma_0 \approx 1$。对一般金属而言,滑移要先于断裂发生;而金刚石和氯化钠在外力作用下会直接发生断裂,不会发生滑移。需指出的是,材料是发生滑移还是断裂,除了取决于材料自身的属性之外,还受到环境、应力状态、加载速率等因素的影响。

2.2　位错与剪切强度[1-3]

位错(dislocation)是将材料的宏观力学行为与微观结构联系起来的桥梁。位错的存在使其周围晶体的晶格产生畸变,产生弹性应力和应变场,即位错应力场。材料的许多力学行为都和位错应力场与外应力场的交互作用有关。

在一般情况下,金属材料在破坏之前易发生滑移。实际的晶体在发生滑移时,并不是与推导式(2-3)时所假定的一样,滑移面整体同时发生错动,而是如图 2-3 所示的那样,局部已发生滑移的区域通过逐渐横切晶体而扩大。已滑移区和未滑移区的交界处(晶格不规则)称为位错。因此,也可以说,已滑移的区域随着位错的移动而扩大。这种位错的移动,可以考虑为原子间的结合局部断开,然后新的对象重新结合。因此,实际晶体的剪切强度远小于由式(2-3)所确定的临界值。

晶格不规则的交界处常常形成一闭合回路(见图 2-3),在滑移面上,位错回路在切应力作用下不断扩大。图 2-3 中:A、A' 处切应力与滑移方向一致;而在 B、B' 处,切应力与滑移方向垂直。A、A' 处晶格缺陷称为刃型位错,B、B' 处缺陷称为螺型位错。位错回路的其他地方是两种位错形式的混合。

以刃型位错为例,与位错线垂直的断面上,二维晶格缺陷的几何表示如图 2-4 所示。

刃型位错用符号"⊥"表示。位错上方有一列多余的原子面,但原子不规则限于局部区域,在这个区域之外,原子是规则排列的。定义图 2-4 所示的刃型位错为正的刃型位错;若多余原子面在位错下方,则定义为负的刃型位错。位错近邻的原

子通过局部改变结合对象,使位错很容易在滑移面上移动。

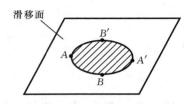

图 2-3　滑移面上局部滑移

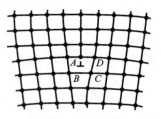

图 2-4　刃型位错

原子移动需克服阻力,如图 2-5 所示。其中图(a)表示理想晶体,图(b)表示含位错的晶体。当晶体沿滑移面整体滑移时,就必须同时将处于平衡状态(能量的谷点)的所有原子的能量提升到峰点(见图 2-5(a));当存在位错时,可认为滑移面上的原子相互间由弹簧相连,原子数目多于能量谷数目,此时不用多大的力,就可以使得多余的一个原子较容易地越过能量峰,相当于图 2-4 中的位错由 A 移至 D,且在弹簧力的作用下,其他原子也将逐渐越过能量峰(见图 2-5(b))。位错移动需克服的阻力由 Peierls-Nabarro 公式给出:

$$\tau_{\mathrm{f}} = G \exp\left[-\frac{2\pi a_0}{(1-\mu)b_0}\right] \qquad (2\text{-}4)$$

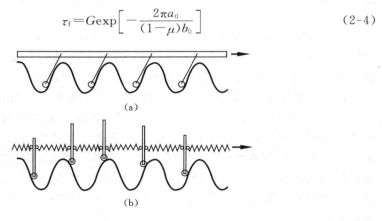

(a)

(b)

图 2-5　原子移动所需要的能量示意图

位错可由伯格斯(Burgers)矢量来定义。对于理想晶体,顺次连接各个原子所组成的闭合回路称为 Burgers 回路,这个回路的形状一般为平行四边形。当这个回路中包含位错时,回路不闭合,而是存在一缺口。引入矢量 *b* 来填补这一缺口,使得回路闭合,则回路中的位错可由 *b* 来描述。Burgers 矢量的大小以原子间距为单位,方向与滑移方向一致(见图 2-6)。Burgers 矢量是位错的基本特征量,不论位错线如何弯曲,刃型位错与螺型位错分量大小比例如何变化,沿位错线矢量 *b* 的大小和方向总是不变的。

对于纯刃型位错,Burgers 矢量与位错线垂直;对于纯螺型位错,Burgers 矢量

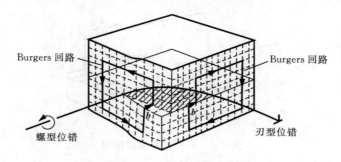

图 2-6 Burgers 回路与 Burgers 矢量

与位错线平行。由位错运动引起的宏观滑移如图 2-7 所示。其中图 2-7(a)和图 2-7(b)分别对应刃型位错和螺型位错的运动。两种情况下的切应力以及最终变形是一致的,但运动方向不同。刃型位错的运动方向平行于滑移方向,螺型位错的运动方向垂直于滑移方向。

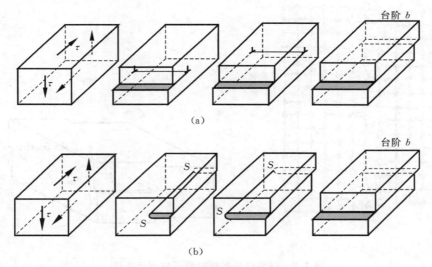

图 2-7 由位错运动引起的宏观滑移[1]

(a) 刃型位错的运动;(b) 螺型位错的运动

在刃型位错中,位错线可以是直线,也可以是折线或曲线,但位错线与滑移矢量总是成相互垂直的关系,如图 2-8 所示。由位错线和滑移矢量所构成的平面是唯一的,这个平面就是滑移面,位错的滑移变形只在滑移面上进行。

刃型位错周围的点阵发生弹性畸变。对于正刃型位错(见图 2-4),滑移面上方点阵受到压应力,下方点阵受到拉应力。在位错线周围的过渡区(发生畸变的区域),各原子具有较大的平均能量。畸变区呈狭长的管道状,所以说刃型位错是线缺陷。

螺型位错不存在额外的半原子面,螺型位错与滑移矢量是平行的关系(见图

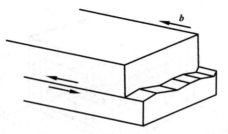

图 2-8　刃型位错及滑移面

2-9),因此纯螺型位错的位错线一定是直线。在位错线附近,根据以位错线为中心呈螺旋状排列的原子移动方向的不同,螺型位错分为右旋(参见图 2-16)和左旋的两种。位错线的移动方向与晶体的滑移方向相垂直,由位错线和滑移矢量并不能确定唯一的滑移面。螺型位错周围的点阵畸变区是数个原子宽度(图 2-9(a)中为 4 个原子宽度)的狭长区域,因此,螺型位错也是线缺陷。

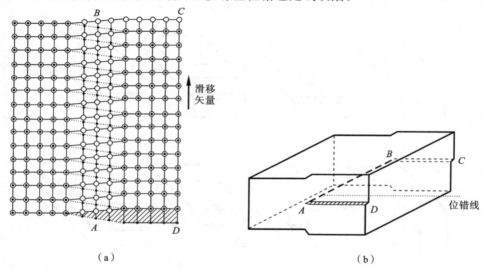

（a）　　　　　　　　　　　　　　　　（b）

图 2-9　螺型位错附近的原子排列示意图

（a）上层原子(空心圆)向上移动,底层原子(实心圆点)向下移动;

（b）位错线沿着水平滑移面向左移动

2.3　位错移动与滑移变形

设一个刃型位错从晶体一侧移动了 x_i 距离(见图 2-10),则剪切变形量为 $(x_i/L)b$,晶体的平均切应变为

$$\gamma_i = \frac{1}{h}\frac{x_i}{L}b \tag{2-5}$$

式中：b 为 Burgers 矢量的大小。

若位错总共有 N 个，则切应变为

$$\gamma = \sum \gamma_i = \frac{b}{hL} \sum x_i \tag{2-6}$$

分别定义位错的平均移动距离和位错密度（dislocation density，对其的具体定义和解释参见 2.9 节）如下：

$$\overline{x} = \frac{\sum x_i}{N}, \quad \rho = \frac{N}{hL}$$

则

$$\gamma = b\rho\overline{x} \tag{2-7}$$

式(2-7)即为由刃型位错引起的切应变的表达式。对螺型位错可以得到相似的结果。将式(2-7)对时间微分，得到

$$\dot{\gamma} = b\rho\overline{v} \tag{2-8}$$

式中：$\overline{v}$ 是位错的平均移动速度。

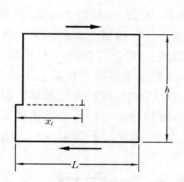

图 2-10　刃型位错与滑移变形

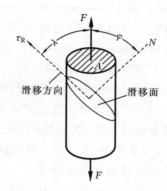

图 2-11　分解切应力

位错移动的结果是使晶体产生整体变形。对单晶体进行拉伸试验发现，晶体会沿特定的面产生滑移。如图 2-11 所示，设外力 F 的作用面面积为 A，则滑移面的面积为 $A/\cos\varphi$。沿滑移面作用的切应力 τ_R 称为分解切应力。根据几何关系以及切应力的定义，有

$$\tau_R = \frac{F\cos\lambda}{A/\cos\varphi} = \frac{F}{A}\cos\varphi\,\cos\lambda \tag{2-9}$$

式中：$\cos\varphi\,\cos\lambda$ 称为 Schmid 因子，其值越大，相应的滑移系越容易被激活而产生滑移。

表 2-1 所示为各种金属临界分解切应力 τ_{Rc} 的例子。添加少量杂质，τ_{Rc} 的值可大大提高，如表 2-1 中钛、银、铜的相关数值所示。临界分解切应力的大小取决于位错之间，以及位错与其他缺陷之间的相互作用。

表 2-1　单晶体的滑移系及相应的临界分解切应力[1]

金属	晶格结构	纯度/(%)	滑移面	滑移方向	临界分解切应力/(×10⁴ Pa)
锌	密排六方	99.999	(0001)	[11$\overline{2}$0]	18
钛	密排六方	99.99	(1010)	[11$\overline{2}$0]	1400
		99.9	(1010)	[11$\overline{2}$0]	9190
银	面心立方	99.99	(111)	[110]	48
		99.93	(111)	[110]	131
铜	面心立方	99.999	(111)	[110]	65
		99.98	(111)	[110]	94
镍	面心立方	99.8	(111)	[110]	580
铁	体心立方	99.96	(110)	[111]	2800

　　晶体沿特定的面产生滑移,使得原先在晶体内部的面暴露于表面,即产生滑移面分离(glide plane decohesion)。晶体整体变形是滑移面分离的结果。滑移并不局限在一个滑移面上发生,可能的几种滑移形式如图 2-12(a)～(d)所示,分别为单滑移、二重滑移、交滑移、波浪滑移。例如,螺型位错在原滑移面上运动受阻,则有可能转到与原滑移面相交的另一滑移面上继续运动,即产生交滑移。滑移区大多含有许多条滑移线,这些滑移线的集合称为滑移带。滑移的结果使得晶体的表面形成台阶(见图 2-12(e))。滑移线可以是直线,也可以是波浪线。以上针对单晶体的讨论同样适用于多晶体。

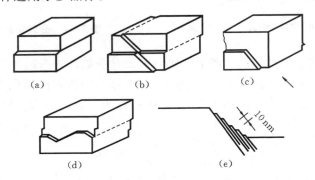

(a)　　　　　　　(b)　　　　　　　(c)

(d)　　　　　　　(e)

图 2-12　滑移形式

(a) 单滑移;(b) 二重滑移;(c) 交滑移;(d) 波浪滑移;(e) 晶体表面形成的台阶

　　除了上面所述的滑移外,孪晶变形也可以引起金属的塑性变形。孪晶(twin)是指相互之间成镜像关系的晶体的两个部分,与镜面相当的界面称为孪晶面(twin plane)。孪晶变形如图 2-13 所示。

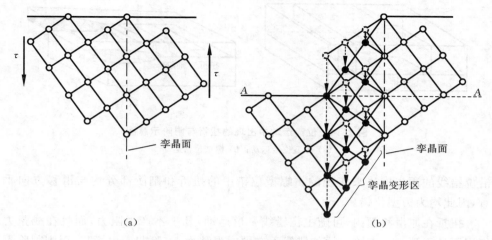

图 2-13　孪晶变形示意图

晶格结构（见图 2-13(a)）在切应力 τ 作用下发生孪晶变形，如图 2-13(b)所示，图中实线空心圆表示未发生位置移动的原子，虚线空心圆和实心圆分别表示变形前后的原子位置。在发生变形的区域，各个原子的位移与到孪晶面的距离成比例。在孪晶面的两边，原子排列成镜像关系。孪晶变形与滑移的不同之处有：孪晶变形使晶体中部分区域的晶格方位发生改变；变形的最小单位不是一个原子间距；孪晶区中各个原子都发生变形。与滑移相同的是，孪晶变形也是在特定的方向上发生的。当滑移比较困难（低温、高速，原子处在不易滑移的方位），形成孪晶所需应力小于滑移抵抗力时孪晶变形就可能发生。孪晶引起的变形一般较小，其作用和影响不在于变形本身，而在于改变晶格方位，激活不同的滑移系。密排六方金属的滑移系数目较少，因此，孪晶变形是其重要的变形机制。

刃型位错一般只在由位错线和 Burgers 矢量所确定的滑移面内运动。位错滑移是一种守恒运动，在特定条件（如高温环境）下，刃型位错也可能脱离滑移面，运动到相邻且与原滑移面平行的另一平面内，这种运动称为攀移（climb）。攀移是一种非保守运动，经高温淬火、冷加工变形或高能粒子辐照后，晶体中将产生大量的空位和间隙原子。这些过饱和点缺陷会促使位错攀移发生。

在位错的滑移运动过程中，其位错线的运动不一定是同步进行的。例如，当位错线的一部分遇到障碍受阻时，在原位错线上会形成局部曲折段。该曲折段位于滑移面内时，称为扭折（kink）；该曲折段垂直于滑移面时，称为割阶（jog）。图 2-14(a)、(b)分别是刃型位错和螺型位错中形成的扭折和割阶的示意图。两运动位错相互发生交割时，也可以形成扭折和割阶[2]。

刃型位错线移动（滑移）不同步时，产生的扭折为螺型位错。刃型位错中的割阶为刃型位错。攀移会使刃型位错线上形成割阶，位错线的整体攀移是通过割阶

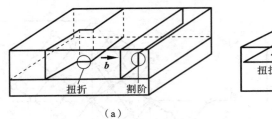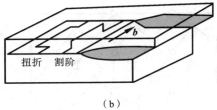

（a）　　　　　　　　　　　　　（b）

图 2-14　位错运动中出现的扭折与割阶示意图

（a）刃型位错运动；（b）螺型位错运动

沿位错线的逐步推移来实现的。螺型位错中的扭折和割阶部分均与滑移方向垂直，因此均为刃型位错。

扭折在原滑移面内，可随主位错线一道运动，几乎不产生阻力，而且在线张力作用下易于消失。割阶与原位错线不在同一滑移面上，除非产生攀移，否则割阶不能随主位错线一道运动，从而成为位错运动的障碍，这一现象称为割阶硬化。

2.4　位错的应力场[4,5]

1. 刃型位错的应力场

除了位错芯（core）局部区域外，位错周围的应力应变场可用弹性力学的方法求解。芯部（半径为 r_0 的区域）存在原子的不连续配置，而其他部分可作为连续的线弹性体来处理。晶体一般是各向异性的，为简便计，这里考虑各向同性的情况，

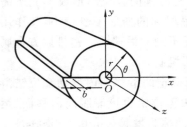

图 2-15　刃型位错坐标系

而忽略各向异性的影响。这不仅对于直线状位错是较好的近似，对于曲线状位错，在小于曲率半径的近距离范围内，所得结果也有较好的近似性。图 2-15 所示为一刃型位错及所取的坐标系，假设该平面问题的 Airy 应力函数可以表示为变量分离的形式，即

$$\phi(r\theta)=f(r)g(\theta)$$

应力函数 ϕ 应满足如下极坐标系下的双调和方程（见附录 A.10 节中式（A-78）、式（A-79））：

$$\mathbf{\nabla}^2\,\mathbf{\nabla}^2\phi=\left(\frac{\partial^2}{\partial r^2}+\frac{1}{r}\frac{\partial}{\partial r}+\frac{1}{r^2}\frac{\partial^2}{\partial\theta^2}\right)^2\phi=0 \tag{2-10}$$

求解式（2-10），并利用平面应变条件和水平位移为 b 的条件，得到

$$\begin{cases}\phi(r\theta)=-D(r\ln r)\sin\theta\\[2mm]D=\dfrac{Gb}{2\pi(1-\mu)}\end{cases} \tag{2-11}$$

由 Airy 应力函数 $\phi(r\theta)$ 计算应力的公式为

$$\sigma_r = \frac{1}{r}\frac{\partial \phi}{\partial r} + \frac{1}{r^2}\frac{\partial^2 \phi}{\partial \theta^2}, \quad \sigma_\theta = \frac{\partial^2 \phi}{\partial r^2}, \quad \tau_{r\theta} = -\frac{\partial}{\partial r}\left(\frac{1}{r}\frac{\partial \phi}{\partial \theta}\right)$$

将式(2-11)代入该式,得到

$$\begin{cases} \sigma_r = \sigma_\theta = -D\dfrac{\sin\theta}{r} \\ \\ \tau_{r\theta} = D\dfrac{\cos\theta}{r} \end{cases} \tag{2-12}$$

通过坐标变换式,可得到 Oxy 坐标系下的结果,即

$$\begin{pmatrix} \sigma_x \\ \sigma_y \\ \tau_{xy} \end{pmatrix} = \begin{pmatrix} c^2 & s^2 & -2cs \\ s^2 & c^2 & 2cs \\ cs & -cs & c^2-s^2 \end{pmatrix} \begin{pmatrix} \sigma_r \\ \sigma_\theta \\ \tau_{r\theta} \end{pmatrix} \tag{2-13}$$

式中: $c=\cos\theta$; $s=\sin\theta$ 。

将式(2-12)代入式(2-13),求得直角坐标系下的应力分量为

$$\begin{cases} \sigma_x = -D\dfrac{y(3x^2+y^2)}{(x^2+y^2)^2} \\ \\ \sigma_y = D\dfrac{y(x^2-y^2)}{(x^2+y^2)^2} \\ \\ \tau_{xy} = D\dfrac{x(x^2-y^2)}{(x^2+y^2)^2} \\ \\ \sigma_z = \mu(\sigma_x+\sigma_y) \end{cases} \tag{2-14}$$

由式(2-12)知,应力值与位置坐标 r 成反比。一般认为上述应力场的计算结果在环状区域($r_0 < r \leqslant r_1$)内是适用的。位错芯的半径 r_0 估计为 $0.5 \sim 1$ nm,环状区域的外径 r_1 大约为 $10^{-5} \sim 10^{-4}$ cm。在 $r > r_1$ 时,各应力分量可视为零。

2. 螺型位错的应力场

位错线沿 z 轴的螺型位错可通过下列操作形成:如图 2-16 所示,将弹性体沿 Oxz 面剖开,剖面两侧沿 z 轴产生相对位移 b 后再胶合起来。由于螺型位错的变形是纯剪切变形,位移的 x 、 y 分量为零,即 $u_x=u_y=0$,而 $u_z \neq 0$,所以以位移表示的平衡条件可简化为

$$\mathbf{\nabla}^2 u_z = 0 \tag{2-15}$$

位移所要满足的螺型位错的边界条件为

$$(u_z)_{\theta=2\pi} - (u_z)_{\theta=0} = b \tag{2-16}$$

该问题的解为

$$u_z = \frac{b}{2\pi}\theta = \frac{b}{2\pi}\arctan\frac{y}{x} \tag{2-17}$$

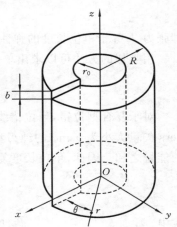

图 2-16　螺型位错应力场
计算模型

由此求得不等于零的应力分量为

$$\tau_{xz} = -\frac{Gb}{2\pi} \cdot \frac{y}{x^2 + y^2} \tag{2-18}$$

$$\tau_{yz} = \frac{Gb}{2\pi} \cdot \frac{x}{x^2 + y^2} \tag{2-19}$$

在圆柱坐标系中,有

$$\tau_{r\theta} = \tau_{\theta r} = \frac{Gb}{2\pi r} \tag{2-20}$$

可以看出,螺型位错没有正应力,且应力 $\tau_{r\theta}$ 与 θ 无关。

2.5　位错的能量及位错构形力[5]

刃型位错周围的弹性应变能在数值上等于沿滑移面相互错动 b 所需的外力功。求得单位长度位错的应变能为

$$U = \frac{1}{2} \int_{r_0}^{r_1} b\tau_{r\theta}(r,0)\mathrm{d}r = \frac{Db}{2} \int_{r_0}^{r_1} \frac{\mathrm{d}r}{r} = \frac{Gb^2}{4\pi(1-\mu)} \ln\frac{r_1}{r_0} \tag{2-21}$$

芯部半径 r_0 是原子间距的数倍大小,外径 r_1 约为位错平均间距的 $1/2$。设位错线长度为 l,则总的弹性应变能近似为

$$U = kGb^2 l, \quad k = 0.5 \sim 1.0$$

由于弹性应变能与位错线长度成正比,所以直线状的位错能量最小。对于弯曲位错,线内存在张力作用(即存在促使弯曲的位错线向直线状转化的力的作用),张力大小为

$$T = \frac{\partial U}{\partial l} = kGb^2 \tag{2-22}$$

即张力 T 等于单位长度的弹性应变能。

用类似的方法可以求出单位长度螺型位错的畸变能为

$$W_s = \frac{Gb^2}{4\pi} \ln\frac{r_1}{r_0} \tag{2-23}$$

对于复合型位错,当位错线与 Burgers 矢量的夹角为 φ 时,位错畸变能是 Burgers 矢量大小为 $b\sin\varphi$ 的纯刃型位错与 Burgers 矢量大小为 $b\cos\varphi$ 的纯螺型位错的能量之和。因此,单位长度复合型位错的总畸变能为

$$W = \frac{Gb^2}{4\pi K} \ln\frac{r_1}{r_0} \tag{2-24}$$

式中　　　　　　　　　　$$K = \left(\frac{\sin^2\varphi}{1-\mu} + \cos^2\varphi\right)^{-1}$$

实际晶体的晶粒和亚晶粒结构限制了应力场的范围,外径 r_1 一般不会大于 10^{-4} cm。因此,单位长度直线位错的能量近似为

$$W=\frac{Gb^2}{4\pi K}\ln10^4\approx Gb^2 \qquad (2-25)$$

根据以上计算可以看出,位错的弹性畸变能是很大的,并高度集中在位错线附近。

以下考察外应力 τ 的作用效果的等效表现形式。在外切应力 τ 的作用下,材料将产生式(2-7)所表示的切应变,因此,单位体积的外力功为

$$\frac{1}{2}\tau\gamma=\frac{1}{2}\tau\rho b\,\overline{x}$$

设作用在位错线上,且与位错线垂直的力为 f(单位长度上的力),n 个刃型位错各自移动 x,则 f 做的功为 $\frac{1}{2}\sum flx=\frac{1}{2}nfl\overline{x}$,而单位体积内 f 做的功为

$$\frac{1}{2}\left(\frac{nl}{Al}\right)f\,\overline{x}=\frac{1}{2}\rho f\overline{x}$$

τ 做的功与 f 做的功应当相等,有

$$f=\tau b \qquad (2-26)$$

力 f 是一种假想的作用在位错线上的力,是一种构形力,是 τ 的影响的另一种表现形式。只要沿位错的 Burgers 矢量的大小 b 相同,不论位错是直线状还是曲线状,f 就是一常量。f 的方向永远垂直于位错线,是滑移力。故对于纯刃型位错,f 与 τ 的方向一致;对于纯螺型位错,f 与 τ 的方向垂直。定义这样一种力有很多好处,可使位错的运动以及塑性变形问题分析变得非常方便。

用类似的方法还可以推导出引起位错攀移的力,即

$$f_c=\sigma b \qquad (2-27)$$

式中:σ 为垂直于攀移面的正应力;f_c 为沿攀移方向的力。

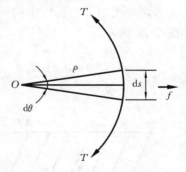

图 2-17　位错线的平衡曲率

以下利用位错线受力的概念来推导位错线的平衡曲率。设一位错线两端被钉住,作用在其单位长度上的力为 f,如图 2-17 所示。若位错在此力与位错线张力 T 的共同作用下达到弯曲平衡,则由以下条件确定达到平衡时的位错曲率半径 ρ:

$$2T\sin\frac{\mathrm{d}\theta}{2}=f\rho\mathrm{d}\theta \qquad (2-28)$$

当 $\mathrm{d}\theta$ 很小时,有

$$\rho=\frac{T}{f}=\frac{kGb^2}{\tau b}=\frac{kGb}{\tau} \qquad (2-29)$$

2.6　位错与位错之间的相互作用

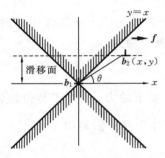

图 2-18　相互平行的两个刃型
位错的相互作用

当存在相互平行的两个刃型位错时,如图 2-18 所示,它们会发生相互作用。设原点处的位错及(x, y)处位错的 Burgers 矢量分别为$\boldsymbol{b}_1$、$\boldsymbol{b}_2$。由式(2-14)可知,$\boldsymbol{b}_1$ 在(x, y)处引起的切应力为

$$\tau_{xy} = \frac{Gb_1}{2\pi(1-\mu)} \frac{x(x^2 - y^2)}{(x^2 + y^2)^2} \tag{2-30}$$

由式(2-26)可得,$\boldsymbol{b}_2$ 受到的力为

$$f = b_2 \tau_{xy} = \frac{Gb_1 b_2}{2\pi(1-\mu)} \frac{x(x^2 - y^2)}{(x^2 + y^2)^2} \tag{2-31}$$

同样,可求得原点处位错受到的力,这个力与f是一对相互作用力,即该力与f大小相等、方向相反。根据$|x|$和$|y|$的大小关系,以及两个位错的正负号,f可以为正值(斥力),也可以为负值(引力)。假定两位错同为正(负),如$0 < \theta < \pi/4$,$|x| > |y|$,则$f > 0$;如$\pi/4 < \theta \leqslant \pi/2$,$|x| < |y|$(对应图 2-18 中的阴影区),则$f < 0$,两位错相互吸引。

从式(2-21)知,弹性应变能随外径r_1的减小而减小,因此,表面附近的刃型位错倾向于向表面移动而形成台阶。这时作用在位错上的力等于表面外的另一假想的镜像异号位错施加给它的力(见图 2-19)。

考虑半无限大的晶体中的一个位错,它与晶体表面平行,至表面的距离为l,如图 2-20 所示。

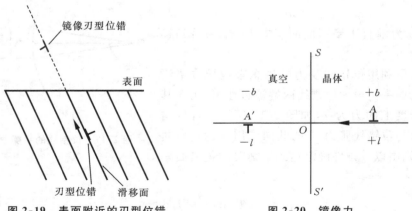

图 2-19　表面附近的刃型位错　　　　　　图 2-20　镜像力

由于表面是自由的,所以表面应力状态为零,当图 2-20 中 A 为螺型位错时,自由表面处的应力也等于零。为此,设想在 A 的镜像位置有一个位错 A',其 Burgers 矢量与 A 的 Burgers 矢量大小相等而方向相反。两个位错应力场叠加在自

由表面任意点上的总应力 $\tau_{xx}=0$。这就是说,自由表面对离它很近的位错的作用,可以用镜面对称位置上的反向位错来代替。位错 A' 对单位长度位错 A 的吸引力为

$$f=\frac{Gb^2}{4\pi l} \tag{2-32}$$

式(2-32)中的 f 又称为位错的镜像力。因此,自由表面对其附近的位错产生一个吸引力,使得位错倾向于接近自由表面,以释放其弹性应变能。刃型位错镜像力的推导比螺型位错复杂,但最终结果类似,这里不再赘述。考虑由两种介质形成的界面,两种介质的剪切模量分别为 G 和 G',当 $G'<G$ 时,介质 G 中的位错仍被界面所吸引,而当 $G'>G$ 时,位错与界面间的作用力为排斥力。

沿 y 轴配置的同符号刃型位错相互产生引力,形成如图 2-21 所示的小倾角晶界结构,达到一种稳定的低能量状态。界面两侧晶体的方位角差别为

$$\theta_{\mathrm{m}}\approx\tan\theta_{\mathrm{m}}=\frac{b}{h} \tag{2-33}$$

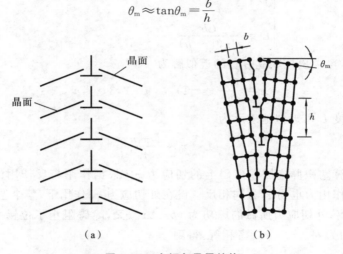

（a）　　　　　　　　　　　　　　　（b）

图 2-21　小倾角晶界结构

2.7　位错的塞积

晶体中的第二相粒子和晶界会对位错的运动造成阻碍。考虑在同一滑移面内一组位错在 τ_0 作用下产生滑移运动。在 $x=0$ 处遇到阻碍时,位错会沿 x 轴塞积(见图 2-22)。在各位错的平衡位置依次标以序号 $1,2,3,4,\cdots,n$。令位错 1 处在 $x=0$ 的位置,如图 2-22 所示。设 $x=0$ 处的障碍只与位错 1(即领先位错)有交互作用,则位错 j 所受的向右的力 f_j 可写为

$$f_j=\frac{Gb^2}{2\pi(1-\mu)}\sum_{\substack{i=1\\i\neq j}}^{n}\frac{1}{x_j-x_i}-b\tau_0,\quad j=2,3,\cdots,n \tag{2-34}$$

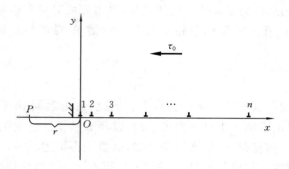

图 2-22　位错塞积群

平衡时，f_j 应为零，可得 $n-1$ 个联立代数方程，即

$$\begin{cases} \dfrac{\tau_0}{D} = \sum\limits_{\substack{i=1 \\ i \neq j}}^{n} \dfrac{1}{x_j - x_i}, & j = 2, 3, \cdots, n \\[4mm] D = \dfrac{Gb}{2\pi(1-\mu)} \end{cases} \tag{2-35}$$

当 n 很大时，可求出该联立方程的近似解为

$$x_i = \frac{D\pi^2}{8n\tau_0}(i-1)^2, \quad i = 2, 3, \cdots, n \tag{2-36}$$

塞积群总长度 L 可近似地表示为

$$L = x_n = \frac{D\pi^2 n}{8\tau_0} \tag{2-37}$$

下面计算塞积群施加在障碍上的切应力 τ。根据作用与反作用的关系，障碍对位错 1 的作用力也为 τ，方向相反。设在外切应力 τ_0 作用下，整个塞积群向前移动 Δx 的距离，外切应力所做的虚功为 $nb\tau_0\Delta x$。又，障碍阻止了位错 1 的移动，因此，障碍做功为 $b\tau\Delta x$。令二者相等，得到

$$\tau = n\tau_0 \tag{2-38}$$

式(2-38)表明塞积群在障碍处造成了应力集中现象，其应力集中因子等于 n。根据这一结果，有时将塞积位错群看成一个超大位错，其滑移矢量为 nb。

2.8　位错与溶质原子的交互作用[6]

溶质原子的存在使基体晶格发生畸变，并与位错应力场产生交互作用。溶质原子与位错的交互作用能有两种，一种是尺寸效应引起的，另一种是模量效应引起的，以下分别予以介绍。

1. 尺寸效应

设溶质原子半径为 R'，弹性模量为 G'，压缩率为 K'；设溶剂原子半径为 R，弹性模量为 G，压缩率为 K。现考虑直径为 D 的基体球，从这个基体中挖去一个与

溶剂原子半径 R 相同的球洞,再放进一个与溶质原子半径 R' 相同的球。当 $R \neq R'$ 时,基体和溶质都将发生变形,以保持界面的连续性。根据弹性力学,由上述操作引起的直径为 D 的球体的体积变化为

$$\Delta V = 3\varepsilon_b \Omega X \tag{2-39}$$

$$X = \frac{3(1-\mu)K}{2(1-2\mu)K' + (1+\mu)K} \tag{2-40}$$

式中:Ω 为溶剂的原子体积;ε_b 为溶质与溶剂的错配度,$\varepsilon_b = \dfrac{R'-R}{R}$。如果在一个位错的应力场中进行上述操作,那么 ΔV 就会使位错应力场的静水压力分量发生变化,从而使系统的能量发生变化,这个能量变化为位错与溶质的交互作用能,可由下式计算:

$$W = -p\Delta V = -3p\varepsilon_b \Omega X \tag{2-41}$$

式中:p 为位错应力场的静水压力分量,$p = (\sigma_x + \sigma_y + \sigma_z)/3$。

由刃型位错应力场的 σ_x、σ_y、σ_z 求出 p,再由式(2-41),即可得到

$$W = \frac{Gb}{\pi}\left(\frac{1+\mu}{1-\mu}\right)\frac{\sin\theta}{r}\varepsilon_b \Omega X \tag{2-42}$$

式中:r 和 θ 是溶质原子的极坐标值(位错为原点)。

由式(2-42)可以看出:若溶质原子半径大于溶剂原子半径($\varepsilon_b > 0$),则 $\pi < \theta < 2\pi$ 时,$W < 0$,溶质被吸引到位错的下半面;若溶质原子半径小于溶剂原子半径,则 $0 < \theta < \pi$ 时,$W < 0$,溶质被吸引到位错的上半面(多余半原子面一侧)。无论哪一种情况,都是 r 越小,交互作用能越大,溶质总是被吸引到位错周围。定义交互作用能的最大值为位错与溶质的结合能。r 的最小值取位错芯的尺寸,并令 $r = 2b/3$, $\theta = \pm\pi/2$,得到结合能为

$$W_L = \frac{G}{2\pi}\left(\frac{1+\mu}{1-\mu}\right)|\Delta V| \tag{2-43}$$

由于结合能的存在,位错周围的溶质浓度 C 比远处的溶质浓度 C_0 要高。作为一阶近似,位错周围的溶质浓度可表示为

$$C = C_0 \exp\left(\frac{W_L}{kT}\right) \tag{2-44}$$

式中:k 为玻尔兹曼常数;T 为热力学温度。

式(2-44)表明,溶质总是被吸引到位错周围而形成原子气团,这种气团称为 Cottrell 气团。只有位错周围存在静水压力分量时才产生尺寸效应。纯螺型位错应力场中没有正应力分量,因此溶质原子和纯螺型位错的交互作用没有尺寸效应。

2. 模量效应

若溶质与溶剂金属的弹性模量不同,则在溶质与位错之间会产生交互作用。

材料中因切应变 γ 而储存的弹性应变能(单位体积应变能)按下式计算：

$$W = \frac{1}{2}G\gamma^2 \tag{2-45}$$

将溶质原子看成弹性模量为 G' 的小球,用这个小球代替同半径的溶剂,则由此引起的材料中弹性应变能的变化为

$$W_M = \frac{1}{2}(G'-G)\gamma^2 \tag{2-46}$$

利用剪切胡克定律,式(2-46)还可以写为

$$W_M = \frac{1}{2}\frac{(G'-G)}{G^2}\tau^2 \tag{2-47}$$

将螺型位错的切应力分量代入式(2-47),则模量效应引起的位错与溶质的交互作用能为

$$W_M = \frac{b^2}{8\pi^2}(G'-G)\frac{1}{r^2} \tag{2-48}$$

一般来说,W_M 比 W_L 要小,大约是零点几个电子伏特的量级。根据式(2-48),可做如下讨论。

(1) 若 $G'>G$,即溶质材料比溶剂"硬",则 $W_M>0$,且 W_M 随 r 的减小而增大。这说明位错越靠近溶质原子,晶体的能量就越高,相当于位错和溶质原子相互排斥。

(2) 若 $G'<G$,即溶质材料比溶剂"软"时,则 $W_M<0$,且 W_M 的绝对值随 r 的减小而增大,这说明溶质与位错靠近是自发过程,相当于位错和溶质原子相互吸引。

(3) 尺寸效应引起的交互作用能与 r 成反比,而模量效应引起的交互作用能与 r^2 成反比,因此模量效应是短程的。

2.9　位错的增殖

晶体中的位错密度定义为单位体积中所含的位错线的总长度。为简便起见,常常把位错线当作直线,并且假定位错从晶体的一端平行地延伸到另一端。这样,位错密度就等于穿过单位面积的位错线的数目,即

$$\rho_d = nL/AL = n/A \tag{2-49}$$

大多数晶体中的位错密度都很大,如退火金属中,位错密度在 $10^6 \sim 10^8$ cm^{-2} 的范围内。经剧烈冷变形的金属,其中的位错密度为 $10^{10} \sim 10^{12}$ cm^{-2}。晶体中的位错来源有:晶体在生长过程中产生的位错;自高温快速冷却时,大量空位聚集形成的位错;晶体内部界面处出现应力集中,发生滑移时产生的位错[2,3];等等。

晶体在受力时,位错运动至晶体表面而使材料产生宏观变形,同时位错消失。如果仅仅是这样,位错数目会随着材料的变形而逐步减少,但实际情况并非如此。晶体在变形过程中,存在位错的增殖机制,说明如下：

　　位错密度一般为 $\rho_d = 10^7 \sim 10^{12}$ cm^{-2}，按式(2-7)计算的由位错移动引起的切应变是一个较小的量，且位错向表面移动，产生台阶后便消失。要产生较大的塑性变形，必须有新的位错参与，因此晶体内必然存在使位错增殖的机制。

　　考虑滑移面内 D、D' 两端固定的位错段，长度为 l，在 $f = \tau b$ 作用下位错段弯曲(见图 2-23(a)、(b)、(c))。根据位错段的平衡(见图 2-17)，有

$$T \mathrm{d}\theta = \tau b \mathrm{d}s = \tau b \rho \mathrm{d}\theta$$

利用式(2-22)，即 $T = k G b^2$，得到

$$\tau = \frac{T}{b\rho} = \frac{kGb}{\rho} \tag{2-50}$$

　　随着 τ 的增加，位错线曲率半径 ρ 减小，位错线呈半圆状时，ρ 达到最小值，即 $\rho = l/2$，此时，τ 达到最大值，有

$$\tau_{\max} = \frac{kGb}{l/2} = \frac{Gb}{l}, \quad k = 0.5 \tag{2-51}$$

之后，曲率半径的增大无须借助于 τ 的增加，因此，位错线持续张大，在图 2-23(d)、(e)所示的状态下，位错有一部分汇合，形成一闭合曲线及一段新的位错线。以上过程重复进行，使得位错数目不断增加，这就是位错增殖的 Frank-Read 源机制。位错的增殖机制还有双交滑移增殖、攀移增殖等。螺型位错经双交滑移后可形成刃型割阶，割阶对原位错产生"钉扎"作用，并使原位错在滑移面上滑移时成为一个位错增殖源。

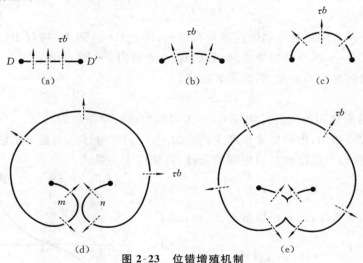

图 2-23　位错增殖机制

2.10　多晶体的屈服强度

　　在多晶体材料中，某个晶粒发生滑移，并不意味着材料整体发生滑移，即材料

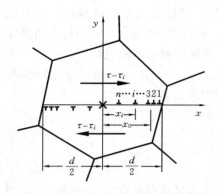

图 2-24　晶界处塞积同一滑移面上的刃型位错群

的屈服强度要大于单晶体的滑移临界应力。图 2-24 所示为某特定晶粒产生滑移的模型示意图,该晶粒内部原点处存在 Frank-Read 源,Frank-Read 源被激活而使位错增殖,得到一系列位错回路,其刃型分量在晶界处遇到障碍,发生塞积。即滑移在晶粒内大量发生,而在晶界处不发生滑移。这样一来,在晶界附近或邻近晶粒内出现很大的不协调变形,从而导致很严重的应力集中现象。

设晶粒直径为 d,晶粒中心取为坐标原点,位错源就落在该处。以原点为界,右侧和左侧分别是正、负刃型位错的塞积群,且两侧的位错数目相等。塞积的位错群在 x_0 处产生的向右的切应力为

$$\tau_{xy}(x_0) = D\sum \frac{1}{x_0 - x_i} \tag{2-52}$$

式中:x_i 为位错 i 的位置坐标。

设位错群中的位错数目非常大,塞积位错群的分布近似用连续分布函数 $B(x)$ 来表示,则有

$$\tau_{xy}(x_0) = D\int_{-\frac{d}{2}}^{\frac{d}{2}} \frac{B(x)\mathrm{d}x}{x_0 - x} \tag{2-53}$$

这种处理方法称为位错的连续分布理论,即在 $\mathrm{d}x$ 区间内,共有 $B(x)\mathrm{d}x$ 个位错,将其作为一个巨型位错来处理,其 Burgers 矢量为 $b \cdot B(x)\mathrm{d}x$。

若位错群处于平衡状态,则下式成立:

$$\tau_{xy}(x_0) + \tau - \tau_i = 0 \tag{2-54}$$

式中:τ 为沿滑移面作用的外切应力;τ_i 为刃型位错的摩擦应力。

由式(2-54)知,由位错塞积产生的应力 $\tau_{xy}(x_0)$ 在滑移面上是一定值。根据滑移面上正、负刃型位错的数目相同的条件,得到以下关系式:

$$\int_{-\frac{d}{2}}^{\frac{d}{2}} B(x)\mathrm{d}x = 0 \tag{2-55}$$

由式(2-53)至式(2-55),可以解出 $B(x)$,即

$$B(x) = \frac{\tau - \tau_i}{\pi D} \frac{x}{\sqrt{(d/2)^2 - x^2}} \tag{2-56}$$

图 2-25 所示是分布函数 $B(x)$ 的曲线,从图中可以看到,越靠近晶界,位错密度越大。

正或负的刃型位错数目可按下式求得:

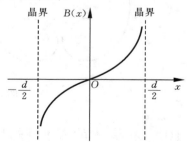

图 2-25　分布函数 $B(x)$

$$n = \int_0^{\frac{d}{2}} B(x) \mathrm{d}x = \frac{(\tau - \tau_i)\dfrac{d}{2}}{\pi D}$$

$$= \frac{(1 - \mu)(\tau - \tau_i)d}{Gb} \tag{2-57}$$

距塞积位错群尖端 r 处的切应力则可按下式求得：

$$\tau_{xy} = D \int_{-\frac{d}{2}}^{\frac{d}{2}} \frac{B(x)\mathrm{d}x}{\left(\dfrac{d}{2} + r\right) - x} + \tau \tag{2-58}$$

将 $B(x)$ 的表达式（式(2-56)）代入式(2-58)并积分，得到

$$\tau_{xy} = (\tau - \tau_i)\sqrt{\frac{d}{4r}} \tag{2-59}$$

可见，随着 r 的减小，τ_{xy} 会急剧增大。位错群尖端($r=0$)是应力奇异点。

考虑一长度为 d 的 Ⅱ 型裂纹。在有效切应力 $\tau - \tau_i$ 的作用下，距裂纹尖端 x 处的切应力分量为（由断裂力学求得，参考第 4 章）

$$\tau_{xy} = \frac{K_{\mathrm{Ⅱ}}}{\sqrt{2\pi x}} = (\tau - \tau_i)\sqrt{\frac{d}{4x}} \tag{2-60}$$

式中

$$K_{\mathrm{Ⅱ}} = (\tau - \tau_i)\sqrt{\pi\left(\frac{d}{2}\right)}$$

式(2-60)与式(2-59)完全相同，所以，位错问题与裂纹问题有很强的类似性。在位错群尖端 x 处（邻近的晶粒内部），若应力 τ_{xy} 值（由式(2-60)表示）大于邻近晶粒内部位错源的激活临界应力 τ^*，则该晶粒也会发生滑移。此时，外切应力 τ 就对应多晶体的屈服强度 τ_{ys}，即

$$\tau_{\mathrm{ys}} = \tau_i + \frac{2\tau^*\sqrt{x}}{\sqrt{d}} \tag{2-61}$$

设正应力与切应力存在关系 $\sigma = m\tau$，并令 $k_y = 2m\tau^*\sqrt{x}$，则式(2-61)变为

$$\sigma_{\mathrm{ys}} = \sigma_i + k_y d^{-1/2} \tag{2-62}$$

式(2-62)称为 Hall-Petch 关系，其中 k_y 可认为是材料常数，σ_i 是单晶体的滑移强度。

式(2-62)表明，多晶体的晶粒越小，其屈服强度越高。这个结论与试验结果相符。

2.11　材料的变形抵抗能力

一方面，位错的存在使得晶体强度大大低于其理论强度。另一方面，位错移动使晶体存在多种变形抵抗机制。既然不能完全消除位错，就应积极地利用位错的特性，以提高材料抵抗变形的能力，得到高强度材料。

合金是指一种金属元素与另一种或几种元素经熔炼、烧结或其他方法结合在

一起而形成的具有金属特性的物质。合金中各组元互相溶解,结晶时形成一种在某组元中含有其他组元原子的新固相,称为固溶体。若固溶体的晶体结构与某组元相同,则该组元称为溶剂;进入溶剂中的其他组元称为溶质。合金的强度一般比纯金属高出许多,其原因如下:溶质原子在溶入溶剂时,若置换溶剂的金属原子,则周围会产生静水压力场,若不置换溶剂原子,而是嵌入晶格中间,则生成各向异性应力场。不论出现哪种情况,都会阻碍位错的移动,α-铁晶格中碳原子入侵形成马氏体(固溶体)时就是这样的。

当合金中分散有微小坚硬的第二相粒子时,也可以提高合金抵抗变形的能力。第二相粒子要么是过饱和固溶体经时效处理而产生的析出物,要么是金属氧化物、氮化物等不发生固溶反应的粒子。从滑移面上方往下看(见图 2-26),向第二相粒子移动的刃型位错线在粒子周围发生弯曲,一部分形成位错环,留在粒子周围,而另一部分继续向前移动,这与 Frank-Read 源增殖机制类似。因此,位错移动所需外切应力约为

$$\tau = \frac{Gb}{l} \qquad\qquad (2\text{-}63)$$

式中:l 是第二相粒子的平均间距。

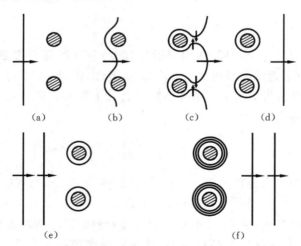

图 2-26　由第二相粒子引起的强化机理

若应力小于这个值,则刃型位错就不能从第二相粒子之间通过。设开始时位错可以移动,这个过程反复进行到一定程度时,在第二相粒子周围将产生多重同心圆位错环,这样,名义 l 减小,变形抵抗力增大。这就是材料的应变强化机理。

2.12　位错理论的应用

金属晶体中的位错有多种运动形态和运动机理,除了最基本的滑移变形之外,

还有位错的上升(攀移)运动。这种运动是原子孔洞或晶格间原子扩散引起的位错向滑移面外的移动。上升并不是整条位错线同时进行，而是局部位错段首先上升，然后带动其他部分上升。上升段和未上升段之间存在一个阶梯，即割阶。位错的上升运动与高温蠕变机理紧密相关。

位错与点缺陷之间发生相互作用，会使得点缺陷在位错周围聚集，从而增加位错移动抗力。不同滑移面上的位错发生移动，会造成"交割"现象。对塑性变形而言，螺型位错之间的交割起着重要的作用。如图 2-27 所示，滑移面上的螺型位错与另一垂直滑移面上的螺型位错相割时形成割阶。在割阶段上，位错线与 Burgers 矢量是垂直的。因此，这一段上的位错为刃型位错，其滑移方向与螺型位错的移动方向相垂直，割阶必须上升，才能随螺型位错继续移动。这就增大了螺型位错的移动阻力。随着割阶的上升，材料中还会形成微孔洞，或者在晶格间会嵌入原子。

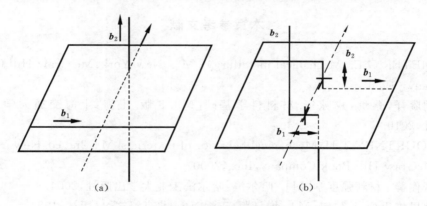

图 2-27　螺型位错的交割

位错塞积是固定位错或晶界对移动位错产生阻碍时发生的现象。在塞积位错群尖端会产生应力集中现象，应力奇异性与裂纹尖端应力奇异性相同。所以，在进行裂纹的理论分析时，常利用这个性质将裂纹模拟为具有无穷小 Burgers 矢量的连续位错群，该方法称为连续位错理论(continuous dislocation theory)方法。

金属晶体中存在的位错对其强度或断裂有很大影响。位错 Burgers 矢量的量级为 10^{-8} cm，它是非常小的量，与宏观层面常见的厘米量级相差甚远。在现阶段，尽管将位错理论定量地与宏观材料强度联系起来尚存在困难，但位错理论可以用来对材料的破坏现象和强度特征进行定性或部分定量的分析和解释，为材料的性能评估、设计、新材料的研发提供理论支撑。

习　　题

1. 设刃型位错应力函数可以表示为 $\phi(r,\theta)=f(r)g(\theta)$，试推导应力场的公式。

2. 设位错密度 $\rho_d = 10^{10}$ cm^{-2}，位错线均为直线，求 1 cm^3 晶体中的位错线总长度。晶体中大约每隔多少个原子有一条位错线？

3. 铜的一个晶粒中有一螺型位错。取 $r_1 = 1$ cm，$r_0 = 10^{-7}$ cm，$b = 2 \times 10^{-10}$ m，$G = 40$ GPa，求单位长度位错的应变能。又问：以 $r = 10^{-5}$ cm 为界的内、外两区域的应变能各为多少？

4. 对于一刃型位错，求其平均压应力 $p = \frac{1}{3}(\sigma_x + \sigma_y + \sigma_z)$。若 $r = 10b$，$\mu = 0.3$，$\theta = 90°$，则 p 为多少？

5. 当位错密度分别为 10^{10} m^{-2}、10^{12} m^{-2}、10^{14} m^{-2} 时，计算单个螺型位错的应变能。假设 $b = 2.5 \times 10^{-10}$ m，$G = 70$ GPa，$r_0 = 3b$，r_1 为位错间距的一半。

本章参考文献

[1] DIETER G E. Mechanical metallurgy [M]. New York：Mc Graw-Hill Company，1986.

[2] 胡赓祥，蔡珣，戎咏华. 材料科学基础[M]. 3 版. 上海：上海交通大学出版社，2010.

[3] COURTNEY T H. Mechanical behavior of materials[M]. 2nd ed. New York：McGraw-Hill Book Company，Inc.，2000.

[4] 张俊善. 材料强度学[M]. 哈尔滨：哈尔滨工业大学出版社，2004.

[5] 弗里埃里德. J. 位错[M]. 增订版. 王煜，译. 北京：科学出版社，1984.

[6] POIRIER J P. 晶体的高温塑性变形[M]. 关德林，译. 大连：大连理工大学出版社，1989.

第3章　材料破坏的能量条件

Energy Balance in Fracture

从系统能量变化的角度,考察含缺陷物体发生破坏的能量条件,可以导出其临界应力的计算公式。材料的断裂是材料内部依次发生局部分离的过程,外力功和释放的物体弹性应变能,是不断产生新的断裂面的驱动源。本章阐述能量释放率的定义和评估方法,介绍 Griffith 裂纹的概念和计算临界应力的 Griffith 公式,以及裂纹扩展速度的计算方法。

3.1　能量平衡

考察弹性体中因裂纹引起的能量变化。如图 3-1 所示,弹性体厚度设为单位厚度,裂纹长度为 a。

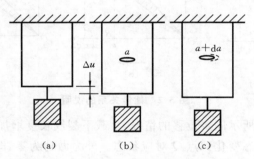

图 3-1　裂纹引起的能量变化[1]

将外力功记为 W_e,弹性应变能和裂纹表面能分别记为 U 和 W_f。在裂纹扩展进程中,该裂纹具有大小为 $\dfrac{da}{dt}$ 的扩展速度,相应的动能记为 E_k,则有如下的能量关系:

$$\delta W_e = \delta U + \delta W_f + \delta E_k \tag{3-1}$$

裂纹刚开始扩展时,$\dfrac{da}{dt}=0$,$E_k=0$,因此有

$$\frac{dW_e}{da} = \frac{dU}{da} + \frac{dW_f}{da} \tag{3-2}$$

式(3-2)即为裂纹扩展的能量条件。

例 3-1　裂纹本身为空,无质量,裂纹的动能如何解释?

解　考虑裂纹周边材料微小单元,随裂纹的扩展,单元变形且具有相应的变形速度。将这些单元的动能积分,得到除裂纹外的材料的总动能,该动能定义为裂纹的动能。

3.2　能量释放率[1-4]

考虑图 3-2 所示情况,对裂纹扩展条件的含义进行如下分析。

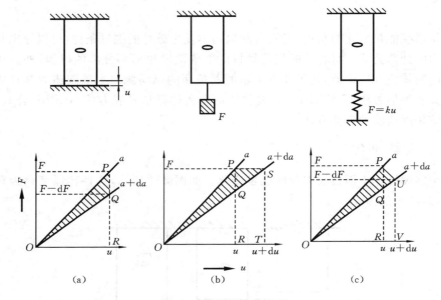

图 3-2　能量关系的说明

对于图 3-2(a)所示固定位移的情况,负载下裂纹长度增加 da,柔度增大,系统状态由点 P 对应状态变化到点 Q 对应状态。外力做功为零,即

$$dW_e = 0$$

弹性应变能增量为

$$dU = -(A_{OPR} - A_{OQR}) = -A_{OPQ}$$

式中:A_{OPR}、A_{OQR}、A_{OPQ} 分别表示 $\triangle OPR$、$\triangle OQR$、$\triangle OPQ$ 的面积。

应变能增量为负值,表明当裂纹扩展时,应变能会释放一部分,以驱动裂纹扩展,即

$$dW_e - dU = A_{OPQ}$$

对于图 3-2(b)所示的载荷固定的情况,裂纹长度增加 da,柔度增大,载荷-位移图上,系统状态由点 P 对应状态变化到点 S 对应状态。位移增加 du,因此外力做功为

$$dW_e = A_{PRTS}$$

式中:A_{PRTS} 为矩形 $PRTS$ 的面积。

弹性应变能变化为

$$dU = -(A_{OPR} - A_{OST}) = -\left(\frac{1}{2}\overline{OR} \cdot \overline{PR} - \frac{1}{2}\overline{OT} \cdot \overline{PR}\right)$$

$$= \frac{1}{2}\overline{PS} \cdot \overline{PR} = A_{OPS}$$

提供给裂纹扩展的能量为

$$dW_e - dU = A_{PRTS} - A_{OPS} = A_{OPS}$$

实际的加载方式一般介于图 3-2(a)和图 3-2(b)所示的情况之间，接近图 3-2(c)所示的形式。系统状态由点 P 变化到点 U，此时，

$$dW_e = A_{RPUV}$$

$$dU = -(A_{OPR} - A_{OUV})$$

$$dW_e - dU = A_{RPUV} + A_{OPR} - A_{OUV} = A_{OPU}$$

比较上述三种情况，图 3-2(b)中的 A_{PSQ} 和图 3-2(c)中的 A_{PUQ} 为高阶微量，因此有

$$A_{OPQ} \approx A_{OPS} \approx A_{OPU}$$

即不论加载方式如何，提供给裂纹的能量 $dW_e - dU$ 都是相等的。

该裂纹有一微小扩展量 da，加载点有位移增量 du，将试样柔度记为 C，则有

$$u = CF$$

$$dW_e = Fdu$$

$$U = \int_{u=0}^{u=CF} Fdu = \int_0^u \frac{u_1}{C}du_1$$

$$dU = \frac{\partial U}{\partial u}du + \frac{\partial U}{\partial C}dC = Fdu + \left(-\int_0^u \frac{u_1}{C^2}du_1\right)dC = Fdu - \frac{F^2}{2}dC$$

因此有

$$dW_e - dU = \frac{F^2}{2}dC$$

$$g = \frac{d}{da}(W_e - U) = \frac{F^2}{2}\frac{dC}{da} \tag{3-3}$$

以上定义的 g 称为能量释放率，又称为裂纹扩展（驱动）力。以下对裂纹扩展力做进一步讨论。

假设有一很大的平板，其中含有长度为 a 的裂纹，板的厚度为 B，裂纹的表面积为 $A=Ba$。在与裂纹面相垂直的方向上，平板受拉伸载荷 F 的作用，加载点的位移记为 Δ。物体中的弹性应变能可以表示为 $U(A,\Delta)$。当裂纹的表面积由 A 扩展到 $A+\delta A$，加载点的位移 Δ 恒定时，物体中的弹性应变能减小，即

$$\delta U = U(A+\delta A,\Delta) - U(A,\Delta) < 0$$

能量释放率定义为

$$g = \lim_{\delta A \to 0} \left(-\frac{\delta U}{\delta A} \right) = -\left(\frac{\partial U}{\partial A} \right)_{\Delta} \tag{3-4}$$

将物体的柔度记为 $C = \Delta/F = C(A)$，则有

$$U = \frac{1}{2}F\Delta = \frac{\Delta^2}{2C}$$

$$g = -\left(\frac{\partial U}{\partial A} \right)_{\Delta} = \frac{F^2}{2}\frac{\partial C}{\partial A} = \frac{F^2}{2B}\frac{\partial C}{\partial a} \tag{3-5}$$

当板厚 $B=1$ 时，式(3-5)与式(3-3)是一致的。柔度 C 取决于试样几何形状、裂纹长度，以及材料性能。而能量释放率 g 除了以上因素外，还取决于 F。

定义系统的势能 $\Pi = U - F\Delta$，利用式(3-5)，有

$$\mathrm{d}\Pi = \mathrm{d}\left(\frac{\Delta^2}{2C} \right) - F\mathrm{d}\Delta - \Delta\mathrm{d}F = \frac{\Delta}{C}\mathrm{d}\Delta - \frac{\Delta^2}{2C^2}\mathrm{d}C - F\mathrm{d}\Delta - \Delta\mathrm{d}F$$

$$= -g\mathrm{d}A - \Delta\mathrm{d}F$$

因此，能量释放率可以表示为

$$g = -\left(\frac{\partial \Pi}{\partial A} \right)_F \tag{3-6}$$

对于线弹性问题，有

$$\Pi = \frac{1}{2}F\Delta - F\Delta = -U, \quad g = \left(\frac{\partial U}{\partial A} \right)_F \tag{3-7}$$

载荷一定时，弹性应变能随着 A 的增大而增大，其中的一部分释放用于裂纹扩展，即生成新的裂纹表面。根据式(3-2)、式(3-3)，裂纹扩展条件可以写为

$$g \geqslant \frac{\mathrm{d}W_f}{\mathrm{d}a} \tag{3-8}$$

式中：$\mathrm{d}W_f/\mathrm{d}a$ 为表面能的增加率；g 为裂纹扩展单位长度时，可提供给裂纹的能量。

若将物体单位面积的表面能记为 γ，则长度为 a 的裂纹的表面能为

$$W_f = 2a\gamma \tag{3-9}$$

则有

$$\frac{\mathrm{d}W_f}{\mathrm{d}a} = 2\gamma \tag{3-10}$$

式中：$\mathrm{d}W_f/\mathrm{d}a$ 为材料常数。

最后，裂纹扩展条件可写为

$$g \geqslant g_c = 2\gamma \tag{3-11}$$

当力学参量 g 达到材料的临界能量释放率 g_c 时，裂纹开始扩展。称 g_c 为材料的断裂韧度(fracture toughness)。

例 3-2　求图 3-3 所示物体的能量释放率。

解　将以裂纹面为界分开的上下两部分分别看作悬臂梁(裂纹尖端视为固定端)，考虑其变形。梁的弯曲刚度记为 EI，在集中力 F 作用下，梁的最大挠度为 u。在载荷固定的条件下，有

$$u = \frac{Fa^3}{3EI}$$

$$U = 2 \times \frac{Fu}{2} = \frac{F^2 a^3}{3EI} = \frac{3EIu^2}{a^3}$$

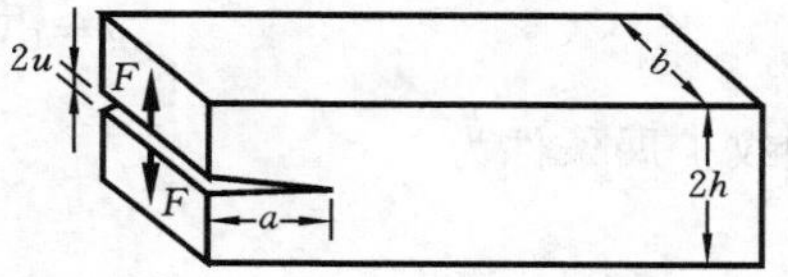

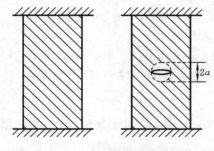

图 3-3　能量释放率的求解

注意到裂纹表面积 $A = ba$，由式（3-7），有

$$g = \left(\frac{\partial U}{\partial A}\right)_F = \frac{F^2 a^2}{bEI}$$

利用式（3-5）也可得到相同的结果，即

$$C = \frac{2u}{F} = \frac{2a^3}{3EI}, \quad g = -\left(\frac{\partial U}{\partial A}\right)_u = \frac{9EIu^2}{ba^4} = \frac{F^2 a^2}{bEI}$$

例 3-3　地面竖立一根木材，用斧子将其劈开。第一斧下去不能完全劈开时，斧子和木材连为一体。为完全劈开，需要将其反复叩击地面，简述其理由。

解　在这个例子中，根据 $u\text{-}F$ 关系，将 g 表示为 u 和 a 的函数，有

$$g = \frac{9EIu^2}{ba^4}$$

上式表示斧子和木材连为一体时的能量释放率。由该式可以看出，g 会随 a 的增大而减小，唯有增大 u（叩击地面，使得斧子压入）才能将木材完全劈开。

3.3　Griffith 公式[4]

以下讨论关于裂纹扩展的 Griffith 能量条件。

设材料为弹性体，对象是二维无限大板，处于平面应力状态，加载方式为位移固定。参考图 3-4 所示试样，对于无裂纹体，单位面积弹性应变能为 $\sigma^2/2E$。当试样中有一长度为 $2a$ 的裂纹时，应力在裂纹处直径为 $2a$ 的圆内释放，因此，应变能增量为

$$\Delta U = -\frac{\sigma^2 \pi a^2}{2E}$$

以上计算未考虑裂纹所在区域应力应变的具体分布。通过更严密的分析计算，得到

$$\Delta U = -\frac{\sigma^2 \pi a^2}{E} \tag{3-12}$$

在裂纹上、下表面施加均匀分布的应力 σ（沿相互靠近的方向），使得裂纹完全闭合时 σ

图 3-4　裂纹引起的能量释放的说明

所做的功就等于应变能的变化量，即

$$-\Delta U = 4 \int_0^a \frac{1}{2} \sigma V(x) \mathrm{d}x$$

代入 Inglis 椭圆孔的线弹性解 $V(x) = (2\sigma/E)\sqrt{a^2 - x^2}$，即可得到式（3-12）。长度为 $2a$ 的裂纹，其两个尖端均有微小增长 $\mathrm{d}a$ 时，有

$$g = \mathrm{d}W_e - \frac{\mathrm{d}U}{\mathrm{d}(2a)} = \frac{\pi a \sigma^2}{E} \qquad (3\text{-}13)$$

裂纹扩展条件为

$$g \geqslant 2\gamma$$

即

$$\sigma \geqslant \sqrt{\frac{2\gamma E}{\pi a}} \qquad (3\text{-}14)$$

　　式(3-14)称为 Griffith 公式。对于平面应变问题，只需将式(3-14)中的 E 换成 $E/(1-\mu^2)$。

3.4　裂纹尖端的曲率半径

　　满足 3.3 节所述能量条件时，裂纹尖端不一定满足破坏的局部条件，因此，Griffith 能量条件是裂纹扩展的必要条件，而非充分条件。

　　实际物体的破坏是由原子面分离而产生的。裂纹扩展的充分必要条件是，应力 σ 既满足式(3-14)又满足式(1-11)。令式(3-14)和式(1-11)右边相等，即

$$\sqrt{\frac{2\gamma E}{\pi a}} = \sqrt{\left(\frac{2\gamma E}{\pi a}\right)\left(\frac{\pi \rho}{8 a_0}\right)} \qquad (3\text{-}15)$$

得到

$$\rho = \frac{8}{\pi} a_0 \qquad (3\text{-}16)$$

由此可知，当裂纹尖端的曲率半径 ρ 的取值为

$$0 \leqslant \rho \leqslant \frac{8}{\pi} a_0 \qquad (3\text{-}17)$$

时，应力一旦满足式(3-14)，同时也会满足式(1-11)。式(3-14)所表示的应力就是裂纹扩展的临界应力。而当

$$\rho > \frac{8}{\pi} a_0 \qquad (3\text{-}18)$$

时，即使应力满足式(3-14)，若式(1-11)不成立，裂纹也不会扩展。满足式(3-17)的裂纹称为 Griffith 裂纹，满足式(3-18)的裂纹称为缺陷。对于 Griffith 裂纹，能量条件就是裂纹的扩展条件。

　　将裂纹尖端的曲率半径的下限值设为 $\rho_m = a_0 \sim \frac{8}{\pi} a_0$。对于缺陷，其尖端的原子面分离应力，即满足式(1-11)的 σ 较满足式(3-14)的 σ 大很多，而一旦发生原子面分离，缺陷尖端即呈裂纹状，能量条件必然能得到满足，因此裂纹会继续扩展。

　　需注意的是，Griffith 公式适用的对象是只发生微小变形的弹性体。橡胶虽然是脆性材料，但在破坏之前会发生很大的变形。用刀在橡胶上做一切口，施加拉应力使其断裂，可观察到切口处发生钝化，因此切口对破坏的作用较小。Griffith 公式对于大变形材料不适用。

3.5 裂纹扩展速度[1,5]

当能量释放率 g 超过临界值 $g_c = 2\gamma$ 时,裂纹开始扩展(见图 3-5),随着裂纹的增大,提供给裂纹的能量继续增多,而 g_c 与裂纹长度无关。因此,系统的自由能随裂纹的扩展而不断增大,这个能量会转换为裂纹的动能。在 Griffith 条件下,裂纹扩展速度由开始扩展时的零速急剧增大。从实际经验知,脆性材料的破坏在瞬间完成,给人一种材料整体同时发生破坏的错觉,这是随裂纹扩展 g 急剧增大,裂纹扩展速度非常大所造成的效果。下面讨论裂纹扩展速度的计算。

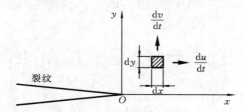

图 3-5 计算裂纹动能坐标系[1]

设裂纹长度为 $l = 2a$,根据能量关系,有

$$\frac{dE_k}{da} = 2\frac{dE_k}{dl} = 2g\left(1 - \frac{4\gamma}{2g}\right) = \frac{2\pi a\sigma^2}{E}\left(1 - \frac{2\gamma E}{\pi a\sigma^2}\right) \tag{3-19}$$

参照图 3-5,设裂纹尖端附近的面单元具有变形速度分量 du/dt 和 dv/dt,则裂纹的动能为

$$E_k = \frac{1}{2}\rho \int_{-\infty}^{+\infty}\int_{-\infty}^{+\infty}\left[\left(\frac{du}{dt}\right)^2 + \left(\frac{dv}{dt}\right)^2\right]dxdy = \frac{\kappa\rho a^2 V_c^2\sigma^2}{2E^2} \tag{3-20}$$

式中:ρ 为材料密度;κ 为实际积分后得到的数值系数;$V_c = da/dt$ 为裂纹扩展速度。

因此有

$$\frac{dE_k}{da} = \frac{\kappa\rho a V_c^2\sigma^2}{E^2} \tag{3-21}$$

令式(3-19)、式(3-21)右边相等,得

$$V_c = \sqrt{\frac{2\pi}{\kappa}}\sqrt{\frac{E}{\rho}}\sqrt{1 - \frac{2\gamma E}{\pi a\sigma^2}} = BV_s\sqrt{1 - \frac{2\gamma}{g}} = BV_s\sqrt{1 - \frac{a_0}{a}} \tag{3-22}$$

$$V_s = \sqrt{\frac{E}{\rho}} \tag{3-23}$$

式中:B 为一常数,$B = \sqrt{2\pi/\kappa} = 0.38$;$V_s$ 为固体内的声速(弹性波的传播速度);a_0 为裂纹开始扩展时的尺寸,$a_0 = 2\gamma E/\pi\sigma^2$。

由此可知:当 $g = g_c = 2\gamma$ 时,裂纹扩展速度为 0;当 $g \gg g_c = 2\gamma$ 或 $a \gg a_0$ 时,$V_c = 0.38V_s$。一般情况下存在以下关系:

$$0 \leqslant V_c \leqslant 0.38 V_s \tag{3-24}$$

例 3-4　在例 3-2 中,设裂纹开始扩展时的长度为 a_0,求裂纹长度达到 a 时的裂纹扩展速度。

解　将以裂纹面为界分开的上、下两部分看作悬臂梁,长度方向(x 方向)速度分量 du/dt 可以忽略,y 方向面单元的变形看作与裂纹面的变形 $v(x)$ 相等。以试样端面中心(裂纹一侧)作为坐标原点,有

$$EIv(x) = \frac{1}{6}Fx^3 - \frac{1}{2}Fa^2x + \frac{1}{3}Fa^3$$

$$EI\frac{dv(x)}{da} = Fa(a-x)$$

裂纹动能为

$$E_k = \frac{1}{2}\rho b \iint \left(\frac{dv}{dt}\right)^2 dx dy = \frac{1}{2}\rho b(2h)\int \left(\frac{dv}{dt}\right)^2 dx \tag{3-25}$$

注意到

$$\frac{dv}{dt} = \frac{dv}{da}\frac{da}{dt} = V_c\frac{dv}{da}$$

由

$$\int_{x=0}^{x=a} \left(\frac{dv(x)}{da}\right)^2 dx = \frac{1}{(EI)^2}\frac{F^2a^5}{3}, \quad dA = bda$$

得到

$$E_k = \frac{1}{2}\rho \frac{2bh}{(EI)^2}\frac{F^2a^5}{3}V_c^2 \tag{3-26}$$

$$\frac{dE_k}{dA} = \frac{5\rho h F^2 a^4}{3(EI)^2}V_c^2$$

根据能量关系,有

$$\frac{dE_k}{dA} = g - 2\gamma = \frac{F^2a^2}{EIb}\left[1 - \left(\frac{a_0}{a}\right)^2\right] \tag{3-27}$$

令式(3-26)和式(3-27)相等,得到

$$V_c^2 = \frac{3EI}{5\rho bha^2}\left[1 - \left(\frac{a_0}{a}\right)^2\right]$$

$$V_c = \frac{1}{2\sqrt{5}}\frac{V_s h}{a}\sqrt{1 - \left(\frac{a_0}{a}\right)^2} \tag{3-28}$$

习　题

1. 固体内应力波的传播速度 $V_s = \sqrt{E/\rho}$,试推导之。

2. 钢材的密度 $\rho = 7\,800\ kg/m^3$,估计其中的应力波速度。若材料内有一裂纹,当其扩展到 $a \gg a_0$ 时,裂纹扩展速度大约为多少?

3. 已知材料弹性模量 $E = 2 \times 10^{11}$ N/m^2，表面能密度 $\gamma = 8$ J/m^2，受拉应力 70 MPa作用，问：材料中能扩展的裂纹最小长度是多少？

4. 利用关系式 $u = k_1 \sigma \sqrt{ar}/E$、$v = k_2 \sigma \sqrt{ar}/E$ 推导式(3-21)。

5. 已知材料弹性模量 $E = 200$ GPa，$a_0 = 2.5 \times 10^{-10}$ m，表面能密度 $\gamma = 5$ J/m^2，求材料的理论拉伸强度。若材料中含有裂纹，裂纹长度为 $2a = 0.2$ mm，求破坏应力。

本章参考文献

[1] 小林英男. 破坏力学[M]. 東京：共立出版株式会社，1993.

[2] HERTZBERG R W. Deformation and fracture mechanics of engineering materials[M]. New York：John Wiley & Sons Inc，1995.

[3] 哈宽富. 断裂物理基础[M]. 北京：科学出版社，2000.

[4] COURTNEY T H. Mechanical behavior of materials[M]. 2nd ed. New York：McGraw-Hill Book Company，Inc.，2000.

[5] 陈建桥. 材料强度学[M]. 武汉：华中科技大学出版社，2008.

第4章　断裂力学分析方法

Fracture Mechanics Method

　　含裂纹物体破坏与否取决于裂纹尖端的应力应变状态,需利用断裂力学来进行分析。断裂力学研究工作包括:分析含裂纹物体中裂纹尖端的应力应变场;测试材料的断裂韧度;建立裂纹扩展判据;等等。对于线弹性或满足小范围屈服条件的问题,应力强度因子是描述裂纹尖端场强弱程度的有效参量,与能量释放率也有着一一对应的关系。对于大范围屈服问题,需利用 J 积分等弹塑性断裂力学参量来描述裂纹尖端场,并建立相应的断裂判据。

4.1　应力强度因子

　　工程上对构件或结构的常规计算与设计是以材料力学和结构力学为基础来进行的。它假定材料是均匀的连续体,不考虑其存在缺陷和裂纹的情况。为保证构件的安全,引入一个安全系数,规定工作应力不能超过许用应力,即

$$\sigma \leqslant [\sigma] = \sigma_c / n \tag{4-1}$$

式中:σ 为工作应力;$[\sigma]$ 为许用应力;σ_c 为材料的极限应力,如屈服强度或拉伸强度;n 为安全系数,$n > 1$。

　　基于材料力学的设计方法直至现在仍然发挥着重要的作用,但是,工程中一系列突发断裂事故说明,上述设计方法存在着较大局限性。比较典型的断裂事故举例如下:1938 年,比利时横跨阿尔巴特运河上的桥梁,在交付使用一年后突然断成三截;第二次世界大战期间,美国建造的多艘油轮在海港停泊时突然断开;1965 年,在英国,一个研究小组在对一个壁厚为 15 cm 的圆筒形压力容器做水压试验时该压力容器断裂。还有许多类似的事故。经过观察和研究发现,这些破坏事故具有的共同特点是:

- 破坏时的工作应力远远小于材料的屈服应力;
- 破坏均起源于构件内存在的微小裂纹,如焊接缺陷等。

　　因此,有必要对含有裂纹的物体进行系统研究,由此形成了断裂力学这一固体力学的重要分支。

　　断裂力学以裂纹体为对象,研究裂纹尖端附近的应力应变情况,裂纹在载荷作用下的扩展规律,以及带裂纹构件的承载能力。设构件内存在长度为 $2a$ 的裂纹,则强度的控制参数不是应力 σ,而是应力强度因子(stress intensity factor)K,其表

达式为

$$K = Y_\sigma \sqrt{\pi a} \tag{4-2}$$

式中：Y 为取决于试样尺寸、裂纹几何形状和加载形式的参数，是一无量纲系数，称为形状修正因子。

将构件或材料抵抗断裂的强度指标记为 K_c，称之为临界应力强度因子或断裂韧度，则裂纹体发生断裂的条件是

$$K \geqslant K_c \tag{4-3}$$

K_c 对应材料力学中的 σ_c，K 则与材料力学中 σ 的地位相当。

断裂力学并不能取代材料力学，基于断裂力学的设计方法是传统设计方法的重要补充和发展。

4.2　裂纹尖端应力场[1-3]

弹性力学平面问题的基本方程有平衡方程、变形协调方程以及边界条件。忽略体积力，平衡方程为（见附录 A）

$$\begin{cases} \dfrac{\partial \sigma_x}{\partial x} + \dfrac{\partial \tau_{xy}}{\partial y} = 0 \\[2mm] \dfrac{\partial \tau_{yx}}{\partial x} + \dfrac{\partial \sigma_y}{\partial y} = 0 \end{cases} \tag{4-4}$$

令

$$\sigma_x = \frac{\partial^2 F}{\partial y^2}, \quad \sigma_y = \frac{\partial^2 F}{\partial x^2}, \quad \tau_{xy} = -\frac{\partial^2 F}{\partial x \partial y} \tag{4-5}$$

则平衡方程自动成立，函数 $F(x, y)$ 称为 Airy 应力函数。将式(4-5)代入式(4-4)可知，平衡方程(4-4)恒成立。另外，变形协调方程为

$$\frac{\partial^2 \varepsilon_x}{\partial y^2} + \frac{\partial^2 \varepsilon_y}{\partial x^2} = \frac{\partial^2 \gamma_{xy}}{\partial x \partial y} \tag{4-6}$$

运用胡克定律，应变分量可用应力分量来表示，将式(4-5)代入式(4-6)，得到 F 函数须满足的条件为

$$\begin{cases} \boldsymbol{\nabla}^4 F = 0 \\[2mm] \boldsymbol{\nabla}^4 = (\boldsymbol{\nabla}^2)^2 = \left(\dfrac{\partial^2}{\partial x^2} + \dfrac{\partial^2}{\partial y^2} \right)^2 = \dfrac{\partial^4}{\partial x^4} + 2\dfrac{\partial^4}{\partial x^2 \partial y^2} + \dfrac{\partial^4}{\partial y^4} \end{cases} \tag{4-7}$$

满足 $\boldsymbol{\nabla}^2 f = 0$ 的函数 f 称为调和函数，而 F 称为双调和函数。考虑复变函数

$$Z(z) = p + iq, \quad z = x + iy$$

如果 $Z(z)$ 是解析函数，则其实部 p 和虚部 q 均为调和函数。定义

$$F = \mathrm{Re}\,\overline{Z} + y\,\mathrm{Im}\,\overline{Z} \tag{4-8}$$

式中：Re 和 Im 分别表示实部和虚部；$\overline{Z}$ 和 $\overline{\overline{Z}}$ 分别是复变解析函数 Z 的一重积分和二重积分。

可以证明，由式(4-8)定义的 F 是双调和函数。将其作为应力函数，则相应的应力分量为

$$
\begin{cases}
\sigma_x = \dfrac{\partial^2 F}{\partial y^2} = \mathrm{Re}Z - y\mathrm{Im}Z' \\[2mm]
\sigma_y = \dfrac{\partial^2 F}{\partial x^2} = \mathrm{Re}Z + y\mathrm{Im}Z' \\[2mm]
\tau_{xy} = -\dfrac{\partial^2 F}{\partial x \partial y} = -y\mathrm{Re}Z'
\end{cases}
\tag{4-9}
$$

式中：Z' 为 Z 的导函数。

在式(4-9)中，令 $y=0$，有

$$\sigma_x = \sigma_y, \quad \tau_{xy} = 0$$

考虑带裂纹的无限大板在远处受双向拉伸作用的情况，如图 4-1 所示。在裂纹面上，以下边界条件成立：

$$y=0, \quad |x|<a, \quad \sigma_y = \tau_{xy} = 0$$
$$y=0, \quad |x| \to \infty, \quad \sigma_x = \sigma_y = \sigma, \quad \tau_{xy} = 0$$
$$y=0, \quad x \to a, \quad \sigma_y \to \infty$$

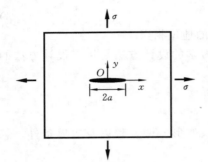

图 4-1　裂纹体受双向拉伸作用

选取

$$Z = \frac{\sigma z}{\sqrt{z^2 - a^2}} \tag{4-10}$$

则上述边界条件均成立，Z 就是本问题的解。

对于带裂纹无限大板只在 y 方向受拉的问题，可以将其转换为在双向拉伸的基础上，叠加一无裂纹平板在远处受 x 方向压缩应力 σ 作用的问题来求解。由于裂纹尖端的应力奇异性对裂纹体的断裂行为起主导作用，而均匀压缩与应力奇异性没有关系，可以忽略，因此，通常将式(4-10)作为单向受拉裂纹体的解。

考虑图 4-2(a)所示有长 $2a$ 穿透裂纹的无限大板受拉伸应力 σ 作用的情况。以裂纹尖端作为原点，取坐标系 Oxy。利用式(4-10)，并且将坐标原点移至裂纹

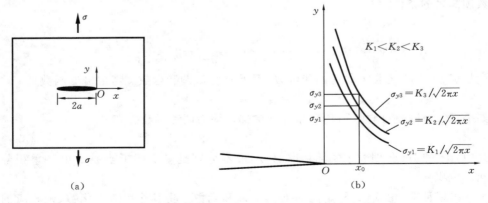

(a)　　　　　　　　　　　　　　(b)

图 4-2　无限大板穿透裂纹及裂纹尖端应力分布

尖端,则 $y=0$ 时,应力分量 σ_y 沿 x 轴的分布为

$$\sigma_y = \frac{\sigma(a+x)}{\sqrt{x(2a+x)}}, \ x \geqslant 0 \tag{4-11}$$

当 $x \rightarrow 0$ 时,$\sigma_y \rightarrow \infty$,在裂纹面上($-2a<x<0$),$\sigma_y = 0$,因此,裂纹尖端具有应力奇异性,$x=0$ 是应力奇异点。

将式(4-11)展开后得到

$$\sigma_y = \sigma \left(\sqrt{\frac{a}{2x}} + 0 + \frac{3}{4}\sqrt{\frac{x}{2a}} + \cdots \right) \tag{4-12}$$

在 $x \ll a$ 的范围内,保留式(4-12)右端括号内的第一项,则式(4-12)可近似写为

$$\sigma_y = \sigma \sqrt{\frac{a}{2x}} \tag{4-13}$$

式(4-13)表示的近似解与式(4-11)表示的精确解的差别举例如下。

当 $x=0.1a$ 时,

$$\frac{\sigma_y(\text{近似解})}{\sigma_y(\text{精确解})} = 0.93$$

当 $x=0.2a$ 时,

$$\frac{\sigma_y(\text{近似解})}{\sigma_y(\text{精确解})} = 0.87$$

由此可知,式(4-13)较好地描述了裂纹尖端附近的应力场。定义

$$K = \sigma \sqrt{\pi a} \tag{4-14}$$

则式(4-13)可写为

$$\sigma_y = \frac{K}{\sqrt{2\pi x}} \tag{4-15}$$

式中:K 为应力强度因子。K 与加载应力 σ 及裂纹尺寸 a 有关,与局部坐标系的选取无关。对于有限宽平板,K 写为式(4-2)所示的形式,即需要考虑形状修正因子。式(4-15)表明,裂纹尖端的应力场可以通过 K 唯一地确定。

式(4-15)还表明,当 $x=0$ 时,不论 K 大小如何,都有 $\sigma_y = \infty$,而当 $x=x_0$ 时,该处的应力值由 K 唯一地确定,K 较大,则 σ_y 较大,如图 4-2(b)所示。此外,由式(4-14)知,即使两试样裂纹长度 a 不相等,通过调整外加应力 σ 的大小,使得两试样的 K 值相同,则裂纹尖端的应力分布就完全相同。

对于一般的三维问题,裂纹有三种基本的变形形式(见图 4-3):张开型(Ⅰ型)、剪切型(Ⅱ型)、面外剪切型(Ⅲ型)。与前述方法类似,可定义各基本变形下的应力强度因子,分别记为 K_{I}、K_{II}、K_{III}。裂纹尖端一般处在三维应力状态,如图 4-4 所示。下面给出三种裂纹对应的应力的数学表达式。

对 Ⅰ 型裂纹,有

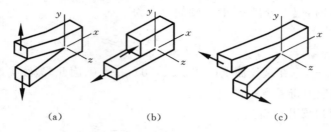

图 4-3　三种裂纹变形形式

(a) Ⅰ型;(b) Ⅱ型;(c) Ⅲ型

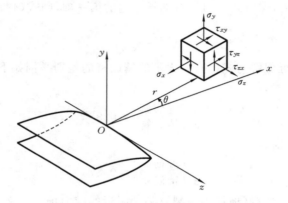

图 4-4　三维裂纹尖端坐标及应力场

$$
\begin{Bmatrix} \sigma_x \\ \sigma_y \\ \tau_{xy} \end{Bmatrix} = \frac{K_{\mathrm{I}}}{\sqrt{2\pi r}} \begin{Bmatrix} \cos\dfrac{\theta}{2}\left(1-\sin\dfrac{\theta}{2}\sin\dfrac{3\theta}{2}\right) \\ \cos\dfrac{\theta}{2}\left(1+\sin\dfrac{\theta}{2}\sin\dfrac{3\theta}{2}\right) \\ \cos\dfrac{\theta}{2}\sin\dfrac{\theta}{2}\cos\dfrac{3\theta}{2} \end{Bmatrix} \tag{4-16}
$$

对Ⅱ型裂纹,有

$$
\begin{Bmatrix} \sigma_x \\ \sigma_y \\ \tau_{xy} \end{Bmatrix} = \frac{K_{\mathrm{II}}}{\sqrt{2\pi r}} \begin{Bmatrix} -\sin\dfrac{\theta}{2}\left(2+\cos\dfrac{\theta}{2}\cos\dfrac{3\theta}{2}\right) \\ \sin\dfrac{\theta}{2}\cos\dfrac{\theta}{2}\cos\dfrac{3\theta}{2} \\ \cos\dfrac{\theta}{2}\left(1-\sin\dfrac{\theta}{2}\sin\dfrac{3\theta}{2}\right) \end{Bmatrix} \tag{4-17}
$$

对Ⅲ型裂纹,有

$$
\begin{Bmatrix} \tau_{yz} \\ \tau_{zx} \end{Bmatrix} = \frac{K_{\mathrm{III}}}{\sqrt{2\pi r}} \begin{Bmatrix} \cos\dfrac{\theta}{2} \\ -\sin\dfrac{\theta}{2} \end{Bmatrix} \tag{4-18}
$$

对于Ⅰ型和Ⅱ型裂纹，

$$\sigma_z = \begin{cases} 0 & \text{（平面应力）} \\ \mu(\sigma_x + \sigma_y) & \text{（平面应变，} \mu \text{为泊松比）} \end{cases}$$

对于Ⅲ型裂纹，

$$\sigma_x = \sigma_y = \sigma_z = \tau_{xy} = 0$$

当拉应力为 σ、面内或面外切应力为 τ 时，有

$$\begin{pmatrix} K_{\mathrm{I}} \\ K_{\mathrm{II}} \\ K_{\mathrm{III}} \end{pmatrix} = \begin{pmatrix} Y_{\mathrm{I}}\,\sigma \\ Y_{\mathrm{II}}\,\tau \\ Y_{\mathrm{III}}\,\tau \end{pmatrix} \sqrt{\pi a} \qquad (4\text{-}19)$$

式中：a 为裂纹尺寸；Y_{I}、Y_{II} 及 Y_{III} 分别为Ⅰ、Ⅱ、Ⅲ型裂纹的形状修正因子。

　　以下无特别注明时，只考虑对工程实际而言最重要的Ⅰ型裂纹，为简便起见，下标Ⅰ常常省略。

　　例 4-1　①用复变函数直接表达应力强度因子 $K = \sigma\sqrt{\pi a}$；②求裂纹尖端后方 x 处的位移 v；③求Ⅰ-Ⅱ-Ⅲ复合型裂纹的 σ_y。

　　解　①比较式（4-10）、式（4-14），得到

$$K = \mathrm{Re}\Big[\lim_{z \to a}\sqrt{2\pi(z-a)}\,Z(z)\Big] \qquad (4\text{-}20)$$

　　②参考附录 A.9 节，有

$$v = \frac{2}{E}\mathrm{Im}\overline{Z} - \frac{1+\mu}{E}y\,\mathrm{Re}Z$$

具体表达式为

$$v = \frac{1+\mu}{2\pi E}K\sqrt{2\pi r}\sin\frac{\theta}{2}\left(\frac{4}{1+\mu} - 2\cos^2\frac{\theta}{2}\right)$$

当 $\theta = \pi$ 时，即对于裂纹后方 $x(x<0)$ 处，有

$$v = \frac{2}{\pi E}K\sqrt{2\pi(-x)} \qquad (4\text{-}21)$$

　　③Ⅲ型裂纹对应的 $\sigma_y = 0$，因此对于Ⅰ-Ⅱ-Ⅲ复合型裂纹，有

$$\sigma_y = \frac{K_{\mathrm{I}}}{\sqrt{2\pi r}}\cos\frac{\theta}{2}\left(1 + \sin\frac{\theta}{2}\sin\frac{3\theta}{2}\right) + \frac{K_{\mathrm{II}}}{\sqrt{2\pi r}}\sin\frac{\theta}{2}\cos\frac{\theta}{2}\cos\frac{3\theta}{2} \qquad (4\text{-}22)$$

4.3　应力强度因子的影响因素

　　在一般情况下，应力强度因子写为式（4-2）所示的形式，即

$$K = Y\sigma\sqrt{\pi a}$$

式中：Y 为形状修正因子。对于无限大板中心裂纹问题，有 $Y=1$。对于有限板，通过半解析方法、数值分析方法或试验方法可求得 Y 的值。

1. 试样几何尺寸的影响

图 4-5 所示为有限板中心穿透裂纹的数值计算结果。以裂纹半长 a 为横坐标、K/σ 为纵坐标作图。可以看出,有限宽板($W=200\text{ mm}$)的 K 大于无限大板的 K,边裂纹的尺寸效果更明显。

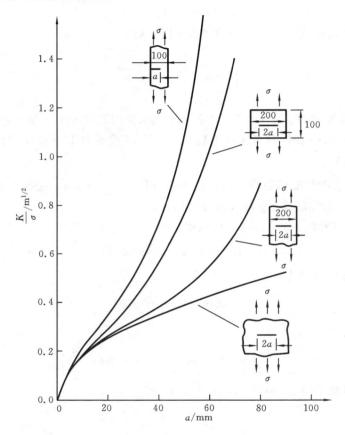

图 4-5　试样几何尺寸对 K 的影响[1]

(图中尺寸单位:mm)

对于中心裂纹,不同研究者提出了许多关于 K 的经验表达式,其结果示于图 4-6。Feddersen 则提出了如下更为方便的解的形式,即

$$K=\sigma\sqrt{\pi a}\cdot\sqrt{\sec(\pi a/W)} \tag{4-23}$$

式(4-23)为一个经验公式,不仅对中心裂纹有效,还可以用来计算表面裂纹的 K,此时,a 为缺陷深度,W 为 2 倍的板厚。

2. 应力集中的影响

图 4-7 中实线所示为无限大板上中心圆孔裂纹的数值计算结果。其中,圆孔

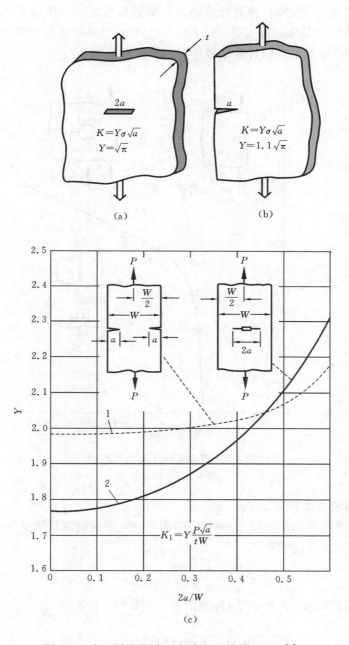

图 4-6　中心裂纹及对称边裂纹 K 的修正因子[4]

注：曲线 1 由 Bowie 给出的结果绘制，曲线 2 由 Forman 和 Kobayashi、Isida、Mendelson 等人给出的结果绘制。

直径 $D=100$ mm, $2a=D+2a_0$, a_0 为圆孔一端的裂纹长度。当 a 的尺寸范围在 50 mm 附近,即当 a_0 较小时,数值计算结果与受远场应力 (3σ) 作用半无限板上长度为 a_0 的边裂纹的结果近似相等;当 a_0 较大时,数值计算结果与无限大板上长度为 $2a$ 的中心圆孔裂纹的数值计算结果近似相等。

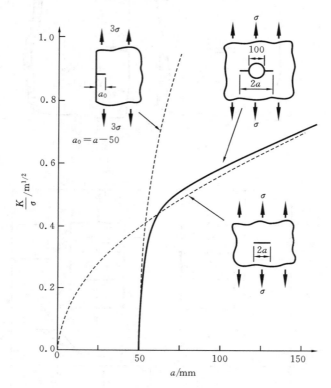

图 4-7　应力集中对 K 的影响[1]

(图中尺寸单位:mm)

3. 三点弯曲试样

图 4-8 所示为标准的三点弯曲试样,用来测定断裂韧度或疲劳裂纹扩展速度。其应力强度因子表达式为

$$K=\frac{FS}{BW^{3/2}}f\left(\frac{a}{W}\right) \tag{4-24}$$

式中:S 为跨度尺寸,取 $S=4W$;B 为板厚,$B=W/2$;且有

$$f\left(\frac{a}{W}\right)=\frac{3\sqrt{a/W}}{2(1+2a/W)(1-a/W)^{3/2}}$$

$$\times\left[1.99-\frac{a}{W}\left(1-\frac{a}{W}\right)\left(2.15-3.93\frac{a}{W}+2.7\frac{a^2}{W^2}\right)\right]$$

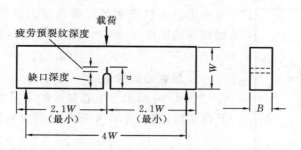

图 4-8　三点弯曲试样[1]

4. 三维椭圆裂纹

图 4-9 所示为内埋三维椭圆形裂纹受远场拉应力作用的情况。裂纹前沿任意一点的应力强度因子可表示为

$$K = \frac{F(\theta)}{\Phi} \sigma \sqrt{\pi a} \tag{4-25}$$

式中：Φ 是第二类完全椭圆积分，可通过查表求得，且有

$$\Phi = \int_0^{\pi/2} \sqrt{1 - \left(\frac{c^2 - a^2}{c^2}\right) \sin^2 \phi} \, \mathrm{d}\phi \tag{4-26}$$

$F(\theta)$ 为椭圆前缘位置的函数，计算式为

$$F(\theta) = \left[\left(\frac{r_0}{a}\right)^2 \cos^2 \theta + \left(\frac{r_0}{c}\right)^2 \left(\frac{a}{c}\right)^2 \sin^2 \theta \right]^{1/4} \tag{4-27}$$

其中：a/c 是裂纹的深度与长度之比，称为形状比（aspect ratio）；r_0 是椭圆中心到任意位置的距离。

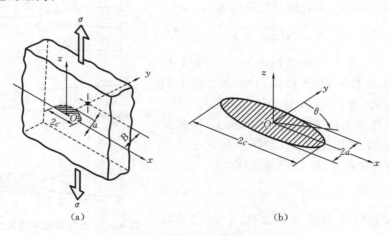

图 4-9　三维椭圆形裂纹[1]

对于表面浅裂纹，即 $\dfrac{a}{B}$ 很小的情形，在式（4-25）至式（4-27）的基础上，需进一

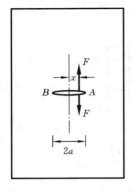

图 4-10　裂纹面作用集中力

步考虑表面修正系数。最大应力强度因子出现在表面裂纹的底部，$\theta=0$，$r_0=a$，$F(\theta)=1$，有

$$K=1.12\sigma\sqrt{\pi a}/\Phi \tag{4-28}$$

5. 加载形式的影响

图 4-10 所示含中心裂纹的无限大板受一对楔力 F 作用时，裂纹尖端 A 和 B 处的应力强度因子分别为

$$K_A=\frac{F}{\sqrt{\pi a}}\left(\frac{a+x}{a-x}\right)^{\frac{1}{2}}, \quad K_B=\frac{F}{\sqrt{\pi a}}\left(\frac{a-x}{a+x}\right)^{\frac{1}{2}} \tag{4-29}$$

当 $x=0$ 时，

$$K_A=K_B=\frac{F}{\sqrt{\pi a}} \tag{4-30}$$

在裂纹开始扩展后，随着裂纹长度的增加，应力强度因子减小，阻碍了裂纹的进一步扩展。因此，裂纹体的破坏是否在瞬间完成，取决于加载方式是否使 K 随 a 增加而增大。

4.4　应力强度因子与能量释放率的关系[1,6]

考虑平面应力 Ⅰ 型裂纹问题（见图 4-11(a)）。距离裂纹尖端 x 处的应力为

$$\sigma_y=K/\sqrt{2\pi x} \tag{4-31}$$

考虑裂纹扩展一小段长度 Δa，在新的状态（见图 4-11(b)）下，点 A 处的开口位移为

$$v=\frac{2}{\pi E}K\sqrt{2\pi(\Delta a-x)} \tag{4-32}$$

因为 $\Delta a\ll a$，有 $K(a)\approx K(a+\Delta a)$。在图 4-11(a)所示的状态下，点 A 位移 $v=0$；而在图 4-11(b)所示的状态下，点 A 处的应力 $\sigma_y=0$。

从能量的角度考虑，裂纹扩展 Δa 所释放的能量，等于在如图 4-11(c)所示的状态下裂纹表面力使裂纹重新闭合所做的功，即

$$g\Delta a=\int_0^{\Delta a}\sigma_y v\mathrm{d}x \tag{4-33}$$

将应力和开口位移的表达式代入，经过演算求得

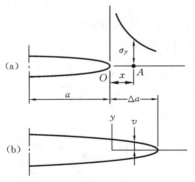

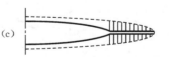

图 4-11　虚功原理和能量释放率

$$g=\frac{1}{\Delta a}\cdot\frac{2K^2}{\pi E}\int_0^{\Delta a}\sqrt{\frac{\Delta a-x}{x}}\mathrm{d}x=\frac{K^2}{E} \tag{4-34}$$

　　对于平面应变问题,将 E 替换为 $E/(1-\mu^2)$,相应的公式仍然成立。对于 Ⅰ -Ⅱ -Ⅲ 复合型裂纹,则有

$$g = g_{Ⅰ} + g_{Ⅱ} + g_{Ⅲ}$$
$$= \frac{1}{E'}\left[K_{Ⅰ}^2 + K_{Ⅱ}^2 + (1+\mu)K_{Ⅲ}^2\right] \tag{4-35}$$

式中:
$$E' = \begin{cases} E & （平面应力） \\ E/(1-\mu^2) & （平面应变） \end{cases}$$

因此,能量释放率和应力强度因子在描述裂纹体时具有等效的作用。对于线弹性问题,裂纹扩展条件可以等效表示为

$$g \geqslant g_c = 2\gamma$$

或

$$K \geqslant K_c = \sqrt{E'g_c} = \sqrt{2E'\gamma} \tag{4-36}$$

　　性能指标 K_c 和 g_c 之间有一一对应关系,都称为断裂韧度,前者的单位是 $\mathrm{MPa} \cdot \mathrm{m}^{\frac{1}{2}}$,后者的单位是 $\mathrm{MPa} \cdot \mathrm{m}$。

　　对于延性材料,裂纹尖端存在塑性区。随着裂纹的扩展,裂尖的后方区域卸载,应力应变关系图上出现迟滞曲线,其包围的面积代表裂纹扩展过程中所消耗的塑性变形功。因此:一方面,弹性应变能随裂纹的扩展而释放一部分,成为裂纹扩展的驱动力;另一方面,裂尖区域伴随有能量的耗散,耗散的能量成为新生裂纹面的表面能和塑性变形功(形成裂纹扩展的阻力)。

　　裂纹扩展单位面积所耗散的能量为

$$\Gamma = 2\gamma + \gamma_p \tag{4-37}$$

式中:γ 是单位面积上的表面能;γ_p 代表塑性变形功。在小范围屈服条件(参见4.6节)下,可将式(4-36)修正为如下的形式:

$$K \geqslant K_c = \sqrt{E'\Gamma} \tag{4-38}$$

式(4-38)称为断裂的 Irwin 判据,适用于脆性或准脆性断裂。

　　对于玻璃类脆性材料,$2\gamma \approx 1 \sim 10 \ \mathrm{J/m}^2$,且 $\gamma_p \ll 2\gamma$,塑性变形功可以忽略不计。对于钢,$\gamma_p \gg 2\gamma$,$\Gamma \approx 1\ 000 \ \mathrm{J/m}^2$,表面能可以忽略不计;对于环氧树脂材料,$\Gamma = 10 \sim 1\ 000 \ \mathrm{J/m}^2$。对同一种材料,处于平面应变状态时,裂纹尖端的塑性变形受到约束,与平面应力状态相比,塑性变形功较小。若两种状态下的塑性变形功的比值为 1 : 5,则断裂韧度之比为(泊松比设为 0.3):

$$\sqrt{[1/(1-\mu^2)]/5} = 0.47$$

　　考虑厚度较大的平板中存在一穿透裂纹的情况。在厚度方向上的中心区域,裂纹率先扩展,并形成平断面。而在靠近表面的区域,则形成 45° 的剪切唇断面(见图 4-12)。

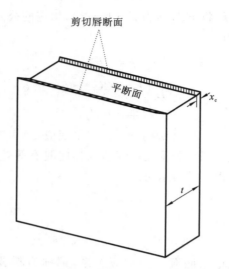

图 4-12　平面应变下的平断面及表面的剪切唇断面

例 4-2　说明如何利用试验方法,求紧凑型试样应力强度因子 $K = \dfrac{F}{B\sqrt{W}}f\left(\dfrac{a}{W}\right)$ 的修正系数 $f\left(\dfrac{a}{W}\right)$。紧凑型裂纹试样如图 4-13 所示,图中 $B = \dfrac{W}{2}$。

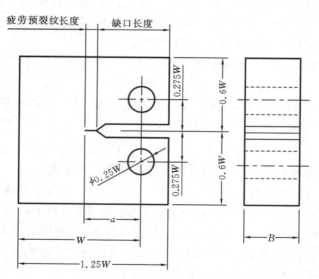

图 4-13　紧凑型裂纹试样

解　利用第 3 章中式(3-5),即

$$g = \frac{1}{2}\frac{F^2}{B}\frac{\partial C}{\partial a}$$

式中：C 为柔度系数；B 为试样的厚度。通过无量纲化处理，将上式改写为

$$\frac{EWB^2}{F^2}g = \frac{1}{2}\frac{\partial(EBC)}{\partial(a/W)}$$

式中：E 为弹性模量；W 为试样宽度。根据 K 和能量释放率的关系，有

$$K^2 = Eg$$

$$\left[f\left(\frac{a}{W}\right)\right]^2 = \frac{WB^2}{F^2}K^2 = \frac{EWB^2}{F^2}g = \frac{1}{2}\frac{\partial(EBC)}{\partial(a/W)}$$

通过试验，测定 EBC 和 a/W 的函数关系，利用最小二乘法，得到拟合公式

$$EBC = \sum_{i=0}^{n}A_i\left(\frac{a}{W}\right)^i$$

由此求得

$$f\left(\frac{a}{W}\right) = \sqrt{\frac{1}{2}\sum_{i=0}^{n}iA_i\left(\frac{a}{W}\right)^{i-1}}$$

例 4-3 讨论相似试样的破坏应力的大小。

解 假定有两个试样，其材料相同，形状具有相似性，且有 $a_1/W_1 = a_2/W_2$，$2a_1 > 2a_2$，如图 4-14 所示。由式(4-24)，应力强度因子可以表示为

$$K = \sigma\sqrt{\pi a}f\left(\frac{a}{W}\right) = \sigma\sqrt{\pi a\sec\left(\frac{\pi a}{W}\right)}$$

由裂纹扩展条件 $K = K_c$，可以得到裂纹体的破坏应力为

$$\sigma_f = \frac{K_c}{\sqrt{\pi a\sec\left(\frac{\pi a}{W}\right)}} \tag{4-39}$$

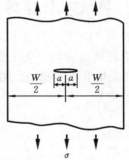

图 4-14 有限板中心裂纹试样

由此得到

$$\frac{\sigma_f^{(1)}}{\sigma_f^{(2)}} = \frac{K_c/\sqrt{\pi a_1\sec(\pi a_1/W_1)}}{K_c/\sqrt{\pi a_2\sec(\pi a_2/W_2)}} = \sqrt{\frac{a_2}{a_1}} < 1 \tag{4-40}$$

即大试样的破坏应力较小。这个结果也称为尺寸效应。

例 4-4 比较边裂纹试样与中心裂纹试样的破坏应力的大小。

解 半无限板中含长度为 a 的边裂纹，其应力强度因子为

$$K = 1.12\sigma\sqrt{\pi a} \tag{4-41}$$

无限大板含长度为 a 的中心裂纹，其应力强度因子为

$$K = \sigma\sqrt{\pi a/2} \tag{4-42}$$

两种试样的破坏应力之比为

$$\frac{\sigma_f^{(1)}}{\sigma_f^{(2)}}=\frac{K_c/1.12\sqrt{\pi a}}{K_c/\sqrt{\pi a/2}}=0.63 \qquad (4\text{-}43)$$

即相同尺寸的裂纹,位于边缘时较位于中央时危险。这一现象也称为表面效应。

例 4-5　比较椭圆形裂纹短轴和长轴处应力强度因子的大小(见图 4-9)。

解　在实际问题中,椭圆形裂纹比较常见。椭圆短轴和长轴处的应力强度因子之比为

$$\frac{K(\theta=0)}{K(\theta=\pi/2)}=\frac{\sigma\sqrt{\pi a}/\Phi}{\sqrt{a/c}\cdot\sigma\sqrt{\pi a}/\Phi}=\sqrt{\frac{c}{a}}>1 \qquad (4\text{-}44)$$

即短轴处的应力强度因子最大。因此,椭圆形裂纹首先由短轴处开始扩展。

在 $0\leqslant a/c\leqslant1$ 的范围内,Φ 可通过以下经验公式求出:

$$\Phi=\frac{\pi}{8}\left[3+\left(\frac{a}{c}\right)^2\right] \qquad (4\text{-}45)$$

表面裂纹的深长比小于 $0.5(a/c\leqslant0.5)$ 时,Φ 的值较稳定,在 $1.18\sim1.28$ 之间变化,这表明最大应力强度因子与表面长度没有太大关系,仅依赖于深度尺寸。

4.5　裂纹与位错的力学相似性

若图 4-9 中的裂纹不是椭圆形裂纹,而是圆形币状裂纹,在拉应力作用下,裂纹前沿任何地方均发生Ⅰ型变形。若施加与裂纹面平行的切应力(见图 4-15),在 AA' 处发生Ⅱ型变形,在 BB' 处发生Ⅲ型变形。在裂纹前沿其他地方则发生Ⅱ-Ⅲ复合型变形。

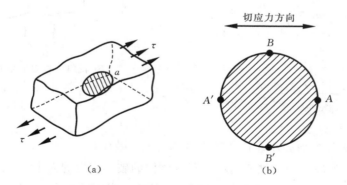

图 4-15　圆形裂纹面平行作用切应力[1]

将图 4-15(b)中的圆环看作位错环,考虑位错环的扩张伴随的滑移,则 AA' 处为刃型位错,BB' 处为螺型位错,分别与Ⅱ、Ⅲ型变形相对应。

位错环的扩张需要力的作用。与位错线垂直的单位长度的构形力 f(参见第 2 章)为

$$f=\tau b \qquad (4\text{-}46)$$

f 的作用使得位错环扩张。f 是滑移力,其方向取决于 Burgers 矢量 $\boldsymbol{b}$,垂直于位错线。

考虑相应的裂纹扩展问题。设在裂纹前沿作用有单位长度的力 f(图 4-16)。为使裂纹扩展,f 需要克服材料的阻力(表面能)而做功,即当裂纹扩展 $\mathrm{d}x$ 时,应有

$$f \mathrm{d}l\mathrm{d}x \geqslant \mathrm{d}W_f$$

式中:$\mathrm{d}W_f$ 是表面能的增量。

注意到 $\mathrm{d}l\mathrm{d}x = \mathrm{d}A$ 代表裂纹的面积增量,有

$$f \geqslant \mathrm{d}W_f/\mathrm{d}A = 2\gamma \qquad (4\text{-}47)$$

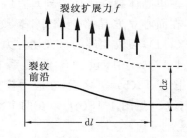

图 4-16　裂纹驱动力

由第 3 章 3.2 节可知,$f = g$ 即为裂纹扩展力(crack driving force)。

4.6　塑性变形机制及裂纹尖端塑性区尺寸

如图 4-17 所示,与裂纹尖端的变形相关的因素包括:原子、位错、亚晶界、亚晶粒、滑移带、晶粒、夹杂、孔洞和作为连续体的多晶体。为从宏观上分析裂纹尖端的塑性变形对应力强度因子的影响,假定裂纹尖端的材料为均匀各向同性的弹塑性体。

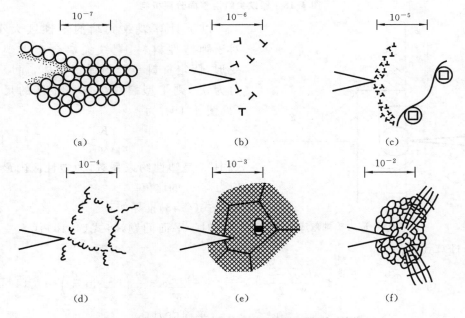

图 4-17　裂纹尖端塑性变形的不同尺度影响因素(单位:cm)

(a) 原子;(b) 位错;(c) 亚晶界;(d) 亚晶粒、滑移带;(e) 晶粒、夹杂、孔洞;(f) 多晶体

当裂纹尖端处发生塑性变形时,裂纹自身的形状会发生变化(见图 4-18)。考虑单晶体裂纹试样受到垂直载荷作用,裂纹尖端两个对称滑移系开动的情形。如在面心立方晶格金属中,裂纹面方位为(001),两个滑移面方位分别为($11\bar{1}$)、(111);裂纹尖端的最大切应力方向大致与两个对称滑移系的滑移方向一致。在图4-18(a)中,设 AB 滑移系首先开动,由此产生新生表面 AA' 和 BB'(见图 4-18(b))。之后,在应力较大的 A' 处,另一滑移系开动,产生新生表面 $A'A''$ 和 $C'C''$(见图 4-18(c))。在两个滑移系交替作用下,裂纹尖端发生塑性钝化并开口。

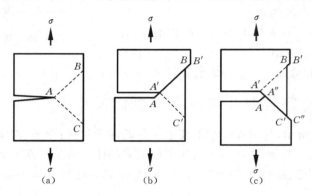

(a)   (b)   (c)

图 4-18   裂纹尖端滑移面分离机制

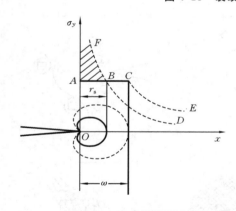

图 4-19   应力松弛效应

以下计算裂纹尖端的塑性区大小。对于弹塑性材料,裂纹尖端会产生塑性变形,假定材料是理想弹塑性体,屈服应力为 σ_{ys},则 I 型裂纹尖端屈服区的尺寸(见图 4-19)为

$$\omega = \frac{1}{\pi} \left(\frac{K_{I}}{\lambda \sigma_{ys}} \right)^2 \tag{4-48}$$

式中:λ 是塑性约束系数,为塑性区内最大应力与 σ_{ys} 的比值。

式(4-48)推导如下。

对于平面问题,将式(4-16)代入主应力计算式,得到

$$\frac{\sigma_1}{\sigma_2} = \frac{\sigma_x + \sigma_y}{2} \pm \sqrt{\left(\frac{\sigma_x - \sigma_y}{2} \right)^2 + \tau_{xy}^2} = \frac{K_{I}}{\sqrt{2\pi r}} \cos \frac{\theta}{2} \left(1 \pm \sin \frac{\theta}{2} \right) \tag{4-49}$$

$$\sigma_3 = \begin{cases} 0 & \text{(平面应力)} \\ \mu(\sigma_1 + \sigma_2) & \text{(平面应变)} \end{cases}$$

采用如下的 Mises 屈服条件:

$$(\sigma_1-\sigma_2)^2+(\sigma_2-\sigma_3)^2+(\sigma_3-\sigma_1)^2=2\sigma_{ys}^2 \tag{4-50}$$

将式(4-49)代入式(4-50),解出 r_s,得到

$$r_s=\frac{K_I^2}{2\pi\sigma_{ys}^2}\cos^2\frac{\theta}{2}\left[(1-2\widetilde{\mu})^2+3\sin^2\frac{\theta}{2}\right] \tag{4-51}$$

$$\widetilde{\mu}=\begin{cases}0 & \text{(平面应力)}\\ \mu & \text{(平面应变)}\end{cases}$$

在 x 轴上,$\theta=0$,得到

$$r_s=(1-2\widetilde{\mu})^2\cdot\frac{1}{2\pi}\left(\frac{K_I}{\sigma_{ys}}\right)^2 \tag{4-52}$$

在 $\theta=0$ 的 x 轴上,由式(4-49),有

$$\sigma_1=\sigma_2,\quad \sigma_3=\widetilde{\mu}(\sigma_1+\sigma_2)=2\widetilde{\mu}\sigma_1$$

代入式(4-50),得

$$(1-2\widetilde{\mu})^2\sigma_1^2=\sigma_{ys}^2$$

因此求出

$$\lambda=\frac{\sigma_1}{\sigma_{ys}}=\frac{1}{1-2\widetilde{\mu}} \tag{4-53}$$

在平面应力状态下,$\lambda=1$;在平面应变状态下,试验测定的 λ 在 1.5~2.0 之间,一般取 $\lambda=\sqrt{2\sqrt{2}}=1.68$,它是采用切口圆柱试样测出的值。定义 λ 之后,式(4-52)可以改写为

$$r_s=\frac{1}{2\pi}\left(\frac{K_I}{\lambda\sigma_{ys}}\right)^2 \tag{4-54}$$

式中:$\lambda\sigma_{ys}$ 称为有效屈服应力。式(4-54)给出的 r_s 与式(4-48)中的 ω 相差两倍。实际上,裂纹尖端材料发生塑性变形会引起应力的松弛,应力分布曲线既不是图 4-19 中的曲线 FBD,也不是曲线 ABD,而是曲线 $ABCE$,因此屈服区将进一步扩大。

根据净截面上的内力与外力平衡的条件,可以求出屈服区尺寸 ω。图 4-19 中曲线 FBD 和曲线 $ABCE$ 下面的面积分别代表屈服前和屈服后的净截面上的内力,这两部分面积应相等;又因为 BD 和 CE 两段曲线均代表弹性应力场的变化规律,这两段曲线下的面积也相等。由此可知,曲线 FB 以下的面积应当等于曲线 ABC 以下的面积,即

$$\int_0^{r_s}\frac{K_I}{\sqrt{2\pi x}}\mathrm{d}x=(\lambda\sigma_{ys})\,\omega \tag{4-55}$$

积分并由式(4-54),得到

$$\omega=2r_s=\frac{1}{\pi}\left(\frac{K_I}{\lambda\sigma_{ys}}\right)^2 \tag{4-56}$$

该结果正与式(4-48)一致。

如前所述,式(4-15)成立的条件是 $x\ll a$,因此,若 $\omega<x\ll a$ 成立,塑性区外侧

· 64 ·

的弹性应力场仍可用式(4-15)描述。$\omega \ll a$ 的条件表明,裂纹尖端的塑性区非常小,对塑性区外侧的弹性应力不产生影响。该条件称为小范围屈服条件,其具体表达式为

$$a \geqslant 2.5\left(\frac{K}{\sigma_{ys}}\right)^2 \tag{4-57}$$

例 4-6　考察式(4-57)(小范围屈服条件)的物理意义。

解　小范围屈服条件 $\omega \ll a$ 不是一个定量的描述。由裂纹尖端应力场的计算知道,σ_y 的近似解(见式(4-13))与精确解(见式(4-11))相符的条件为 $x \leqslant (0.1 \sim 0.2)a$。因此有

$$\omega < x \leqslant (0.1 \sim 0.2)a$$

在平面应力状态下,将 $\omega \approx (K/\sigma_{ys})^2/\pi$ 代入上式,有

$$a > (1.6 \sim 3.2)\left(\frac{K}{\sigma_{ys}}\right)^2$$

在 $1.6 \sim 3.2$ 的范围内取 2.5,即得到式(4-57),对应的 $\omega \leqslant 0.127a$。

对于有限宽板中的中心裂纹问题,设板的宽度为 $2W$,裂纹长度为 $2a$,韧带尺寸(裂尖与板的边缘之间的距离)$b = W - a$。由于小范围屈服条件还应包括 $\omega \ll b$,通过类似的推导得到

$$b \geqslant 2.5\left(\frac{K}{\sigma_{ys}}\right)^2$$

例 4-7　平板上有长度为 16 mm 的中心裂纹,受大小为 350 MPa 的远场垂直应力的作用,材料屈服应力为 1 400 MPa。求裂纹尖端塑性区尺寸,以及考虑裂纹尖端塑性区修正后的应力强度因子。

解　在平面应力状态下

$$r_s = \frac{K^2}{2\pi\sigma_{ys}^2}$$

设有效裂纹长度等于裂纹原长加上塑性区半径,则有

$$K_{eff} = Y\left(\frac{a + r_s}{W}\right)\sigma\sqrt{\pi(a + r_s)}$$

忽略塑性区尺寸对形状修正因子 Y 的影响,由上面两式解出

$$K_{eff} = \frac{Y\sigma\sqrt{\pi a}}{\sqrt{1 - \frac{Y^2}{2}\left(\frac{\sigma}{\sigma_{ys}}\right)^2}}$$

对于无限大板,有

$$K_{eff} = \frac{\sigma\sqrt{\pi a}}{\sqrt{1 - \frac{1}{2}\left(\frac{\sigma}{\sigma_{ys}}\right)^2}}$$

将具体数值代入 r_s 和 K_{eff} 的计算式,得

$$r_s = \frac{1}{2\pi}\left(\frac{350^2 \times \pi \times 0.008}{1\,400^2}\right) \text{ m} = 0.25 \text{ mm}$$

$$K_{eff} = \frac{350 \times \sqrt{\pi \times 0.008}}{\sqrt{1 - 0.5(350/1\,400)^2}} \text{ MPa} \cdot \text{m}^{-1} = 56.4 \text{ MPa} \cdot \text{m}^{-1}$$

该结果与不做修正的 $K = 55.5$ MPa·m^{-1} 相比,仅高出 2%。

对于本算例,$\omega = 2r_s = 0.5$ mm,$a = 8$ mm,$\omega/a = 0.063$,满足小范围屈服条件,在计算应力强度因子时,可以不考虑塑性区修正的影响。

下面介绍求解裂纹尖端塑性区尺寸的 Dugdale 模型。

在平面应力条件下,设裂纹尖端塑性区呈带状(见图 4-20)。裂纹原长 $2c$,加上塑性区尺寸后变为 $2a$。塑性区内的应力等于材料的屈服应力 σ_{ys},在垂直的远场应力 σ 作用下,根据塑性区顶端无奇异性的条件($K = K'(\sigma) + K''(-\sigma_{ys}) = 0$),可以导出

$$\frac{c}{a} = \cos\left(\frac{\pi\sigma}{2\sigma_{ys}}\right) \tag{4-58}$$

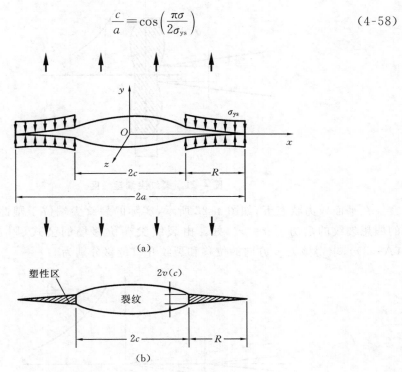

图 4-20　Dugdale 模型[4]

当 $\sigma \ll \sigma_{ys}$ 时,通过级数展开并忽略高阶项,得到

$$\frac{R}{c} = \frac{a-c}{c} = \sec\left(\frac{\pi\sigma}{2\sigma_{ys}}\right) - 1 \approx \frac{\pi^2}{8}\left(\frac{\sigma}{\sigma_{ys}}\right)^2 \tag{4-59}$$

利用 $K=\sigma\sqrt{\pi c}$，式（4-59）可写为

$$R=\frac{\pi}{8}\left(\frac{K}{\sigma_{ys}}\right)^2 \tag{4-60}$$

对于平面应力问题，塑性约束系数 $\lambda=1$。忽略系数的差别，该结果与由式（4-48）得到的结果一致。

4.7　裂纹尖端开口位移

裂纹尖端在发生塑性变形时，会产生钝化和开口位移（见图 4-21）。以下利用裂纹尖端塑性区尺寸补偿的概念，计算裂纹尖端开口位移（crack opening displacement，COD）。

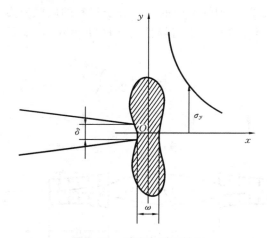

图 4-21　裂纹尖端塑性区

在平面应力状态下，如图 4-22 所示，实际的裂纹尖端位于塑性区尺寸补偿后的假想裂纹的后方—$x=r_s^*$ 处。由裂纹尖端位移场的公式（附录 A 中的公式（A-63）），求得该处 y 方向的位移和裂纹开口位移分别为

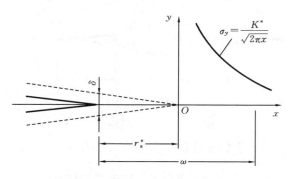

图 4-22　假想裂纹尖端与裂纹开口位移

$$v^* = \frac{2}{\pi E} K^* \sqrt{2\pi r_s^*}$$

$$\delta = 2v^* = \frac{4}{\pi E} K^* \sqrt{2\pi r_s^*} \tag{4-61}$$

利用关系

$$r_s^* = \frac{1}{2\pi} \left(\frac{K^*}{\sigma_{ys}} \right)^2, \quad K^* \approx K$$

得到

$$\delta = \frac{4}{\pi} \frac{K^2}{E\sigma_{ys}} = \frac{4}{\pi} \frac{g}{\sigma_{ys}} \tag{4-62}$$

对于平面应变,有

$$r_s = \frac{1}{2\pi} \left(\frac{K}{\lambda \sigma_{ys}} \right)^2$$

$$\delta = \frac{4(1-\mu^2)}{\pi} \frac{K^2}{E\lambda \sigma_{ys}} = \frac{4}{\pi} \frac{g}{\lambda \sigma_{ys}} \tag{4-63}$$

一般 $4(1-\mu^2)/\pi \approx 1$,并且取 $\lambda = 2$,则有

$$\delta = \frac{K^2}{2E\sigma_{ys}} \tag{4-64}$$

综上所述,弹塑性体在满足小范围屈服条件时,裂纹尖端的应力场、塑性区尺寸以及开口位移都可以由应力强度因子 K 唯一地确定。塑性区内部的应力应变场很难精确计算,但与外侧的应力场、塑性区尺寸、开口位移等有关,而这些量均由 K 决定。如果只考虑裂纹尖端的局部破坏,则破坏条件也可由 K 的某个函数来表示,即 $f(K)=0$,这对于工程应用是非常方便的。

在小范围屈服条件下,$g \geqslant g_c$ 与 $K \geqslant K_c$ 是等效的。因此,由式(4-61)看出,裂纹尖端开口位移也可以作为断裂判据,即 $\delta \geqslant \delta_c$。在大范围屈服条件下,线弹性断裂判据不再适用。而裂纹尖端开口位移这个参量仍然有意义,且可以实测出来,断裂判据 $\delta \geqslant \delta_c$ 仍然是适用的。

例 4-8　塑性区尺寸的计算公式是基于理想塑性材料假设得到的。对于应变硬化材料,塑性区以及塑性区内部的应力分布如何?

解　对于理想塑性体,由Ⅲ型裂纹的弹塑性分析得到塑性区尺寸的精确解为

$$\omega = \frac{1}{\pi} \left(\frac{K_{\text{Ⅲ}}}{\tau_{ys}} \right)^2 \tag{4-65}$$

且裂纹尖端塑性区的形状为与裂纹尖端相切的圆,该圆的直径为 ω。对于应变硬化材料,Ⅲ型裂纹尖端塑性区如图 4-23 所示。图中,n 为硬化指数。当 $n=0$ 时,塑性区尺寸的解同理想弹塑性体的结果;当 n 增大时,圆的中心靠近裂纹尖端;当 $n=1$ 时,圆的中心和裂纹尖端重合。塑性区尺寸的理论解为

$$\omega = \frac{1}{\pi} \frac{1}{1+n} \left(\frac{K_{\text{Ⅲ}}}{\tau_{ys}} \right)^2 \tag{4-66}$$

塑性区内部的应力应变可分别表示为

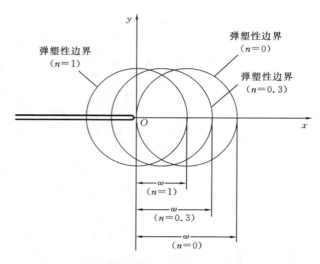

图 4-23　硬化指数对Ⅲ型裂纹尖端塑性区尺寸的影响

$$\frac{\tau_{yz}}{\tau_{ys}} = \left(\frac{\omega}{x}\right)^{n/(1+n)}, \quad \frac{\gamma_{yz}}{\gamma_{ys}} = \left(\frac{\omega}{x}\right)^{1/(1+n)} \tag{4-67}$$

图 4-24 为Ⅲ型裂纹的塑性区内部应力分布示意图。在塑性区内,应力呈现 $x^{-n/(1+n)}$ 奇异性。实际材料的 n 值介于 $0\sim0.3$ 之间,因此,硬化指数对裂纹尖端应力应变场的影响一般可以忽略不计。

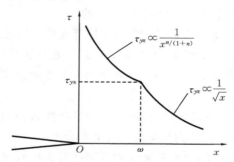

图 4-24　Ⅲ型裂纹的塑性区内部应力分布

4.8　弹塑性断裂力学基础[2,5,6]

金属材料的裂纹尖端存在屈服区(塑性区)。如果塑性区尺寸很小(与裂纹尺寸以及试样尺寸相比),塑性区周围仍被广大的弹性区所包围,则裂纹尖端的屈服现象称为小范围屈服。这时对塑性区影响做适当修正,线弹性断裂力学的分析结果仍然适用。若塑性区尺寸很大,甚至裂纹扩展前韧带已经整体屈服,塑性区布满整个韧带(即裂尖与试样边缘之间的区域),则此时发生的屈服现象称为大范围屈服。在这种情况下,线弹性断裂力学分析结果不再适用,不能用 $K \geqslant K_c$ 或 $g \geqslant g_c$ 作为断裂判据。这类弹塑性裂纹的断裂问题,需要用弹塑性断裂力学的方法来解决。目前应用最广的是 J 积分理论和裂纹开口位移理论。4.7 节对裂纹尖端开口位移做了介绍,下面主要介绍 J 积分理论。

1. J 积分的定义

如图 4-25 所示,在单位厚度($B=1$)试样中有一个贯穿裂纹。设 w 是应变能密度(单位体积应变能),则体积为 dV 的单元体的应变能为 $dU = w dV = w dA$,总应变能为

$$U = \iint w dA = \iint w dx dy \qquad (4-68)$$

沿整个试样边界 Γ 外力做功为

$$W_e = \int_\Gamma \boldsymbol{u} \cdot \boldsymbol{F}_T ds \qquad (4-69)$$

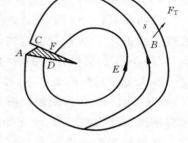

式中:$\boldsymbol{u}$ 是边界上各点的位移矢量;$\boldsymbol{F}_T$ 是面积力矢量;ds 是周界弧长元。系统势能为

$$E_p = U - W_e = \iint w dx dy - \int_\Gamma \boldsymbol{u} \cdot \boldsymbol{F}_T ds \qquad (4-70)$$

图 4-25　J 积分回路

由此可以证明

$$g = -\frac{\partial E_p}{\partial a} = \int_\Gamma \left(w dy - \boldsymbol{F}_T \cdot \frac{\partial \boldsymbol{u}}{\partial x} ds \right) \qquad (4-71)$$

式中:Γ 为裂纹下表面走向上表面的任意一条路径(如图 4-25 中 $\Gamma = ABC$)。

式(4-71)是在线弹性条件下得到的。但对于任何弹塑性体,包括在大范围屈服或整体屈服条件下,式(4-71)右边的积分都总是存在的,称之为 J 积分,即

$$J = \int_\Gamma \left(w dy - \boldsymbol{F}_T \cdot \frac{\partial \boldsymbol{u}}{\partial x} ds \right) \qquad (4-72)$$

在弹塑性体中,如果总的应变量(弹性应变和塑性应变之和)很小,就称之为小应变条件。在小应变条件下,满足一定假设条件时,可以证明 J 积分与积分路径无关,即 Γ 选取 ABC 与选取 DEF(见图 4-25),所得到的积分值是一样的。式(4-72)中的 Γ 可以是围绕裂纹尖端从下表面逆时针通往上表面的任意一条回路。

在线弹性条件下

$$J = g_{\mathrm{I}} = \frac{K_{\mathrm{I}}^2}{E'} \qquad (4-73)$$

在弹塑性小应变条件下,有

$$J = g_{\mathrm{I}} = -\frac{\partial E_p}{\partial a} \qquad (4-74)$$

2. J 积分和裂纹前端应力、应变场的关系

在线弹性条件下,将式(4-73)改写为 $K_I = \sqrt{E'J}$,代入裂纹尖端应力应变场的公式,可得

$$\begin{cases} \sigma_{ij} = \sqrt{\dfrac{E'J}{2\pi r}} f_{ij}(\theta) \\[3mm] \varepsilon_{ij} = \dfrac{1}{2G}\sqrt{\dfrac{E'J}{2\pi r}} \varphi_{ij}(\theta) \end{cases} \tag{4-75}$$

式中:$f_{ij}(\theta)$ 和 $\varphi_{ij}(\theta)$ 为应力应变场的公式中相应的关于 θ 的函数。

很明显,当 $r \to 0$ 时,σ_{ij}、$\varepsilon_{ij} \to \infty$,裂纹尖端应力、应变场存在奇异性。这表明,在线弹性条件下,J 积分通过式(4-75)决定了裂纹前端应力、应变场的大小。条件 $J_I = J_{Ic}$ 可作为裂纹开始扩展的断裂判据。

在大范围屈服的条件下,K_I 已不能用来表示裂纹尖端应力、应变场的特征,$K_I = K_{Ic}$ 也不能作为断裂判据。但可以证明:在小应变条件下,可用 J 积分来表示弹塑性裂纹尖端应力、应变场的奇异性。

在裂纹尖端弹性应变与幂率项相比可忽略不计时,本构关系表示为 $\varepsilon/\varepsilon_{ys} = \alpha(\sigma/\sigma_{ys})^n$, 其中 $\sigma_{ys} = E\varepsilon_{ys}$。 裂纹尖端应力、应变场可用 J 积分来表示,即

$$\begin{cases} \sigma_{ij} = \sigma_{ys}\left(\dfrac{J}{\alpha\sigma_{ys}\varepsilon_{ys}I_n r}\right)^{1/(n+1)} f_{ij}(\theta) \\[4mm] \varepsilon_{ij} = \alpha\varepsilon_{ys}\left(\dfrac{J}{\alpha\sigma_{ys}\varepsilon_{ys}I_n r}\right)^{n/(n+1)} \varphi_{ij}(\theta) \end{cases} \tag{4-76}$$

式中:n 和 α 是材料常数;I_n 是与硬化指数 n 有关的数值因子,对于 I 型裂纹,$I_n = 5$。

由式(4-76)可知,弹塑性裂纹前端各点 (r,θ) 的应力、应变场完全由 J 积分决定,J 积分是弹塑性应力场强度的度量。式(4-76)中应力和应变分别含 $r^{-1/(n+1)}$ 和 $r^{-n/(n+1)}$ 项,呈现奇异性,称之为"HRR 奇异性",相应的应力场称为"HRR 场"(因由 Hutchinson、Rice 和 Rosengreen 导出而得名)。

按式(4-73),在线弹性条件下,$J = g_I = K_I^2/E'$。这个关系式在临界条件下也成立,即

$$J_{Ic} = \frac{1}{E'}K_{Ic}^2 \tag{4-77}$$

式中:K_{Ic} 表示平面应变断裂韧度(见 5.7 节)。试验表明,如将裂纹开始扩展作为临界条件,试样尺寸满足平面应变的要求,则用较小的试样所测得的 J_{Ic} 是稳定的,且按式(4-77)换算得到的 K_{Ic} 与采用大试样测得的 K_{Ic} 相一致。

3. J 积分的形变功率定义

用回路积分所定义的 J 积分的物理含义不是很明确,在计算和测定方面比较

困难。J 积分的另一定义方法是用形变功率定义,即

$$J = -\frac{1}{B}\frac{\mathrm{d}U}{\mathrm{d}a} + \int_C F_{Ti}\frac{\mathrm{d}u_i}{\mathrm{d}a}\mathrm{d}s \tag{4-78}$$

式中:B 为试样厚度;U 为试样的应变能;C 为试样的边界围线;F_{Ti}、u_i 分别为试样边界上的面积力和位移;$\mathrm{d}s$ 为试样边界上的微弧元。

可以证明,J 积分的形变功率定义与回路积分定义是完全一致的。

在式(4-78)中,第二项是沿着试样边界进行的积分,计算起来比较方便,也便于试验标定。

例 4-9 在断裂韧度的测试中,常用的加载方式如图 4-26 所示。带切口试样的厚度为 B,上端边界固定,下端载荷为 P。求该条件下 J 积分的表达式。

解 在自由边界上,$F_{Ti}=0$;在固定边界上,$\dfrac{\mathrm{d}u_i}{\mathrm{d}a}=0$。因此在式(4-78)右端第二项围线积分中,只需考虑活动边界(加载面)的贡献。在活动边界 C_1 上,$F_{Ti}=\dfrac{P}{BW}$,其中 W 是试样宽度。令加载点的位移 $u=\Delta$,则积分项的贡献为 $\dfrac{P}{B}\cdot\dfrac{\mathrm{d}\Delta}{\mathrm{d}a}$。代入 J 积分表达式有

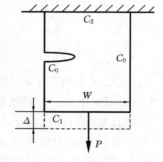

$$J = -\frac{1}{B}\frac{\mathrm{d}U}{\mathrm{d}a} + \frac{P}{B}\frac{\mathrm{d}\Delta}{\mathrm{d}a} \tag{4-79}$$

图 4-26 单边裂纹拉伸试样

系统势能 E_p 与应变能 U 和外力功 W_e 之间的关系为

$$E_p = U - W_e \tag{4-80}$$

$$\frac{\mathrm{d}E_p}{\mathrm{d}a} = \frac{\mathrm{d}U}{\mathrm{d}a} - P\frac{\mathrm{d}\Delta}{\mathrm{d}a} - \Delta\frac{\mathrm{d}P}{\mathrm{d}a} \tag{4-81}$$

代入式(4-79),经整理得到

$$J = -\frac{1}{B}\left(\frac{\mathrm{d}E_p}{\mathrm{d}a} + \Delta\frac{\mathrm{d}P}{\mathrm{d}a}\right) \tag{4-82}$$

在线弹性条件下,$E_p = U - W_e = -U$。因此对于载荷恒定的情形,有

$$J = \frac{1}{B}\left(\frac{\partial U}{\partial a}\right)_P \tag{4-83}$$

当位移恒定时,由式(4-79)得到

$$J = -\frac{1}{B}\left(\frac{\partial U}{\partial a}\right)_\Delta \tag{4-84}$$

对于弹塑性体,J 积分的物理意义是:两个具有相同外形,且裂纹尺寸相近(仅相差 Δa)的试样,在单调加载到相同的位移(见图 4-27(a)),或具有相同的载荷

（见图 4-27(b)）时所接受的形变功的差别。所以在非弹性体条件下，J 积分的物理意义也是十分明确的。

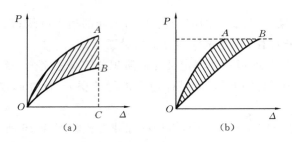

图 4-27　非弹性体载荷-位移关系及形变功

习　题

1. 无限大平板含中心裂纹，裂纹长度为 $2a = 5/\pi$ cm，受远场垂直于裂纹面的应力 $350\,\mathrm{MPa}$ 作用。材料的屈服强度为 $500\,\mathrm{MPa}$。

（1）计算应力强度因子。

（2）计算裂纹尖端塑性区尺寸。

（3）讨论以上计算结果的有效性。

2. 物体内含圆币状裂纹，裂纹直径 $d = 2.5\,\mathrm{cm}$，当外载荷达到 $700\,\mathrm{MPa}$ 时发生破坏，问：该材料的断裂韧度为多大？

3. 对于 Ti-6Al-4V 合金，有 $K_{Ic} = 115.4\,\mathrm{MPa \cdot m^{1/2}}$，$\sigma_{ys} = 910\,\mathrm{MPa}$。同样材料的试样含一表面椭圆裂纹，$a/(2c) = 0.2$，承受应力大小为 $\sigma = 0.75\sigma_{ys}$，求该试样的临界裂纹尺寸。

4. 对于 I 型平面问题，裂纹尖端的塑性区边界为一平面曲线，$r = r(\theta)$。问：角度 θ 多大时，塑性区边界距离裂纹尖端最远？

5. 薄壁容器内表面有一半圆形表面裂纹，$r = 0.25\,\mathrm{cm}$，裂纹面与 σ_θ 方向垂直。容器壁厚 $t = 1.25\,\mathrm{cm}$，$K_{Ic} = 88\,\mathrm{MPa \cdot m^{1/2}}$，$\sigma_{ys} = 825\,\mathrm{MPa}$，$\sigma_\theta = 275\,\mathrm{MPa}$。在交变应力作用下，裂纹不断增大。问：容器在破坏之前是否发生泄漏？

6. 对于含中心裂纹的平板，其裂纹面与远场拉伸载荷成 β 角。

（1）求裂纹尖端的 I 型和 II 型应力强度因子。

（2）假设平板处于平面应力状态，求能量释放率。

7. 大平板含长度为 $2a$ 的中心裂纹，满足小范围屈服条件，则应力比值 σ/σ_{ys} 在什么范围内？又，若平板含有长度为 a 的边裂纹，结果有何变化？

8. 圆柱形容器壁厚为 t，平均直径为 D，内压为 p，材料的屈服应力为 σ_{ys}。有半椭圆表面裂纹,深度为 a,沿纵向长度为 $2c$,且 $a/c=0.38$,若裂纹体满足小范围屈服条件,则 p 应在什么范围内?

9. 两端封闭的薄壁圆筒存在着穿透裂纹,裂纹与轴线夹角为 α,内压为 p,求应力强度因子。圆筒直径为 D,壁厚为 t,裂纹长 $2a$,不考虑内压泄漏(提示:忽略圆筒的曲率,按平板穿透裂纹处理)。

本章参考文献

[1] 小林英男.破壊力学[M].東京:共立出版株式会社,1993.

[2] 村上裕則,大南正瑛.破壊力学入門[M]. 東京:オーム社,1979.

[3] 张俊善. 材料强度学[M]. 哈尔滨:哈尔滨工业大学出版社,2004.

[4] HERTZBERG R W. Deformation and fracture mechanics of engineering materials[M]. New York:John Wiley & Sons Inc, 1995.

[5] 赵建生.断裂力学与断裂物理[M].武汉:华中科技大学出版社,2003.

[6] MEYERS M A,CHAWLA K K. Mechanical behavior of materials[M]. New York:Cambridge University Press,2009.

第5章 材料的断裂韧度及抗断裂设计

Fracture Toughness and the Fracture Control Design

进行抗断裂设计时,需要知道载荷条件、缺陷方位和尺寸、断裂类型和材料的断裂韧度等信息。为保证结构的完整性,在结构的服役过程中,需要对缺陷进行连续监测,基于断裂力学正确估算其剩余寿命,并合理确定检修周期。材料的断裂韧度随着测试试样厚度的增大而降低,进而趋近一稳定值,该值定义为平面应变断裂韧度,是重要的材料性能参数。本章介绍材料抗断裂设计的基本概念和方法,以及断裂韧度的各种测试方法。

5.1 结构完整性保障

断裂力学是以缺陷或裂纹的存在作为前提来展开分析的。一般机械部件不希望材料有缺陷。因此,机械部件的强度设计主要是根据材料力学的理论来进行的,断裂力学起辅助作用,主要用来对基于材料力学设计的部件进行结构完整性评定。

结构完整性是指机械部件能够完成设计预想的功能或作用的程度。影响结构完整性的最主要因素是缺陷。缺陷有多种,包括:材料的固有缺陷,如非金属杂质等;制造加工时产生的缺陷,如焊接缺陷、加工刀痕等;使用过程中产生的缺陷,如腐蚀坑、磨损、疲劳裂纹、应力腐蚀裂纹。在设计时对所有这些缺陷都加以考虑是不现实的。所以,在多数情况下都是按材料力学理论来进行设计,然后利用断裂力学理论进行结构完整性评定。

在设计阶段,通常假定设计好的机械部件中有适当大小的缺陷(如对于核电设备,假定其中存在大小为材料厚度 1/4 的表面缺陷),根据设计载荷进行结构完整性评定。若完整性得不到保证,则修正原有设计,比如更换材料,直至达到要求。

在机械部件投入使用前,要对主要部位进行无损探伤,根据检测结果,估算该缺陷尺寸扩展到临界尺寸时机械部件的使用时长,由此进行完整性评定,或确定检修周期的长短。若通过无损探伤未检测出缺陷,则假定缺陷尺寸刚好等于最小检测能力所对应的尺寸。

在机械部件使用过程中,根据实测的载荷对剩余寿命进行估算时,对使用前检测出的缺陷进行连续监测,以保证寿命估算精度。即使缺陷尺寸不断增大,只要其扩展规律符合断裂力学分析结果,结构完整性就可以得到保证。实时修正使用条件、设计寿命或检修周期,既能保证结构的完整性,又能使经济性要求得到满足。

5.2　缺陷评定方法[1,2]

应用断裂力学进行缺陷评定需要以下三个方面的资料：

● 载荷条件；

● 缺陷种类、形状、尺寸和方位；

● 断裂类型及材料的断裂韧度。

如果有载荷实测值，则利用该值；如果没有实测值，则利用设计值。应特别注意附加载荷（如过载、振动载荷、热应力等）的影响。此外，不仅需要知道载荷的大小，在某些情况（如剩余寿命估算）下，还必须知道载荷历程（包括波形、频度、循环周次、保持时间等）。

缺陷通过无损探伤的方法确定。对于三维缺陷，通常将其投影到部件的主应力平面，即转换为平面缺陷，对其作外切矩形，然后作该矩形的内切椭圆，即将三维缺陷最终转换为平面椭圆形裂纹（见图 5-1）。将立体缺陷转换成平面椭圆裂纹来进行缺陷评定，对于断裂强度和寿命都是较为保守的。

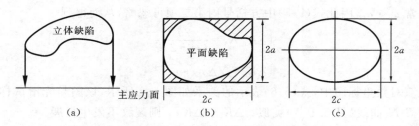

图 5-1　立体缺陷转换为平面缺陷

静态断裂包括瞬时断裂、稳态断裂、塑性塌陷。以下考虑一维裂纹问题，裂纹长度为 $2a$。对于瞬时断裂，若给定载荷，则可以得到裂纹临界尺寸，即

$$a_c = \frac{1}{\pi Y^2}\left(\frac{K_c}{\sigma}\right)^2 \tag{5-1}$$

当 K_c 和裂纹尺寸 a 给定时，则可计算断裂应力

$$\sigma_c = \frac{K_c}{Y\sqrt{\pi a}} \tag{5-2}$$

断裂韧度 K_c 与断裂类型、温度、部件尺寸等有关。

由式(5-2)知，当 a 减小时，σ_c 增大，而当 a 小到一定值时，缺陷实际上对断裂应力不产生影响，σ_c 与光滑材料的拉伸强度 σ_b 几乎相等。通常，材料不容许发生屈服破坏。因此，缺陷体不发生塑性塌陷的条件是

$$\sigma_{net} < \lambda\sigma_{ys} \tag{5-3}$$

式中：σ_{net} 为按有效横截面积计算的应力；λ 为依赖于应力状态的塑性约束系数，且有 $1 \leqslant \lambda \leqslant 3$。

对于稳态断裂过程,裂纹开始稳态扩展时的 a_c 和 σ_c 仍分别由式(5-1)和式(5-2)计算,不过应当用平面应变断裂韧度 K_{Ic} 替换 K_c。一般 $K_{Ic} \ll K_c$,因此,裂纹开始稳态扩展的临界尺寸或临界应力远小于瞬时断裂对应的临界值。

时间相关断裂在 $K < K_{Ic}$ 或 $K < K_c$ 时仍可发生。如对于疲劳破坏,对 Paris 公式 $\dfrac{\mathrm{d}a}{\mathrm{d}N} = C\Delta K^m$ 进行积分,有

$$\int_{a_0}^{a_1} (Y\sqrt{\pi a})^{-m}\mathrm{d}a = C\int_0^{N_1} \Delta\sigma^m\mathrm{d}N \tag{5-4}$$

式中:a_0 为初始缺陷长度(检测值或假想值);a_1 为下次检修时容许的最大裂纹尺寸;N_1 为到下次检修时经历的载荷循环周次。

若 $\Delta\sigma$ 和 Y 不变,对式(5-4)积分后得到

$$\Delta\sigma^m N_1 = \frac{2}{(m-2)CY^m\pi^{m/2}}\left[\frac{1}{a_0^{(m-2)/2}} - \frac{1}{a_1^{(m-2)/2}}\right], \quad m > 2 \tag{5-5}$$

若令 $a_1 = a_c$,则 $N_1 = N_f$ 就给出了剩余寿命。对压力容器,在发生瞬时断裂之前,为保证安全,常进行气体泄漏试验,此时令 $a_c = t$(壁厚)。

通常 $a_0 \ll a_c$,因此式(5-5)中方括号内第二项可忽略,从而得到

$$\begin{cases} \Delta K_0^m N_f = \dfrac{2a_0}{(m-2)C} \\ \Delta K_0 = Y\Delta\sigma\sqrt{\pi a_0} \end{cases} \tag{5-6}$$

在双对数坐标图中,式(5-6)表示的关系如图 5-2 所示,该图与光滑试样疲劳试验的 S-N 曲线(见 8.1 节)类似。$\Delta K_0 < \Delta K_{th}$,则裂纹不发生扩展。

最有害的缺陷是表面缺陷,并且其深度方向的尺寸对构件寿命有主要的影响。图 5-3 所示为椭圆形表面裂纹,其应力强度因子在短轴顶点处达到最大,并可按以下公式求出:

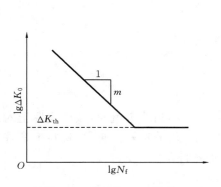

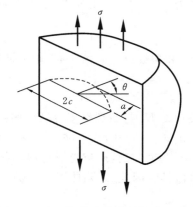

图 5-2　裂纹体 S-N 曲线　　　　　图 5-3　半无限体中的半椭圆表面裂纹

$$K = \frac{1.12}{\Phi} \sigma \sqrt{\pi a} \qquad (5\text{-}7)$$

4.4 节中已经指出,表面裂纹最大 K 值与表面尺寸 $2c$ 没有多大关系,而主要取决于深度方向尺寸 a。在进行无损检测时,不仅要测出缺陷与厚度的相对大小,还应测出缺陷深度方向的绝对尺寸,这样才能做出正确评价。

保全试验(proof test)是一种间接的缺陷评价方法。对于压力容器,保全试验就是耐压试验。在压力容器使用前或对其进行定期检查时,施加应力 $\sigma_p = \beta\sigma$ 进行试验。$\beta > 1$,σ 为实际工作应力。依据断裂力学理论,计算出试验应力下的裂纹在深度方向的临界尺寸 a_p,即

$$a_p = \frac{1}{\pi Y^2}\left(\frac{K_c}{\beta\sigma}\right)^2 = \frac{a_c}{\beta^2} < a_c \qquad (5\text{-}8)$$

a_c 为工作应力 σ 下的裂纹临界尺寸。机械部件中若存在大于 a_p 的裂纹,在保全试验时其将发生破坏。不发生破坏则说明裂纹尺寸小于 a_p。所以,在以后的使用过程中,能够容许的裂纹扩展量为 $a_c - a_p = (\beta^2 - 1)a_p$,由此可计算出部件的剩余寿命。

例 5-1　假定高强度钢板($\sigma_Y = 1\,700$ MPa,$K_{Ic} = 75$ MPa $\cdot$ m$^{1/2}$)上有一半椭圆疲劳表面裂纹,裂纹深长比 $a/2c = 0.19$,$\dfrac{a}{c} = 0.38$。无损探伤检测缺陷的能力为 $2c = 10$ mm。假设在检测中未检出缺陷,求不会造成瞬时破坏的最大应力。若检测能力提高到 $2c = 5$ mm,同样未检出缺陷,则临界应力如何变化?

解　计算半椭圆表面裂纹短轴处的 K:

$$\Phi \approx \frac{\pi}{8}\left[3 + \left(\frac{a}{c}\right)^2\right] = 1.23$$

$$K = \frac{1.12}{1.23}\sigma\sqrt{\pi a} = \frac{1.12}{1.23}\sqrt{3.14 \times 0.19 \times 10^{-2}}\,\sigma = 0.07\sigma \text{ MPa} \cdot \text{m}^{1/2}$$

由此得到临界应力为

$$\sigma_c = K_{Ic}/0.07 = 1\,071 \text{ MPa}$$

由 $\sigma_c = \dfrac{K_{Ic}}{(\sqrt{1.12/\Phi})\sqrt{\pi a}}$,检测能力提高一倍($a$ 减小一半),临界应力变为原来的 $\sqrt{2}$ 倍。

5.3　损伤容限设计

飞机设计多采用损伤容限设计,其基本思想是:一方面,尽量减小制造缺陷或损伤;另一方面,对可能漏检或使用中生成的疲劳裂纹进行定量评价,在达到临界尺寸之前进行监测和修理。传统的抗疲劳设计是努力控制疲劳的发生,而损伤容限设计则是预测和控制疲劳的发展。如图 5-4 所示,对检出的裂纹进行断裂力学分析,就可以在设计阶段或不同的检修阶段预测剩余寿命。

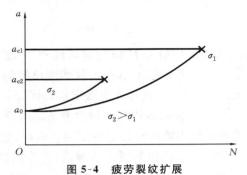

图 5-4　疲劳裂纹扩展

疲劳寿命预测需要三个方面的信息：

- 初始缺陷；
- 裂纹扩展特性；
- 检测方法和周期。

初始缺陷由无损检测、保全试验或疲劳试验等方法确定。在无法确定时，假定所有孔边都存在角裂纹，深度方向的尺寸大于 1.27 mm；假定其他关键部件存在表面裂纹，深度方向的尺寸大于 3.175 mm，如图 5-5 所示。

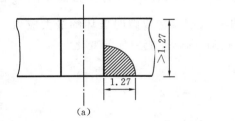

(a)

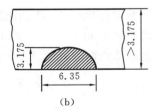

(b)

图 5-5　初始缺陷假定（单位：mm）

飞机承受的载荷一般是不规则的，这时首先分析各个应力水平下的裂纹扩展情况，然后进行累加，最后对疲劳寿命进行估算。

定期检修对保证飞行安全是必不可少的环节。此外，对服役期超过设计寿命的飞机，定期检修也是延长其寿命的重要手段。

例 5-2　某飞机发生坠落事故的原因为：若干铆钉孔边出现疲劳裂纹且裂纹快速长大，导致后部压力舱壁破坏。求临界裂纹尺寸大小，并分析疲劳破坏过程。事故发生时的飞机高度为 7 200 m，客舱压差为 0.060 MPa。飞机正常飞行高度为 12 000 m，压差为 0.061 MPa。舱壁视为半球形，曲率半径 $\rho = 2.56$ m，由上、下辐板，紧固夹板和放射状加强板组成，各部分用铆钉连接。辐板用 2024-T42 包覆铝合金制成，厚度为 0.82 mm，材料断裂韧度 $K_{Ic} = 935$ N·mm$^{-3/2}$。稳态破坏抵抗的最大值（上升 R 曲线的饱和值，参见图 5-9）设为 $2K_{Ic}$。铆钉孔径为 3.9 mm，孔中心间隔为 18 mm。

解　高度 12 000 m 处的应力为

$$\sigma = \frac{p\rho}{2t} = \frac{0.061 \times 2.56 \times 10^3}{2 \times 0.82} \text{ MPa} = 95.2 \text{ MPa}$$

由 $\sigma = \dfrac{K_{\mathrm{I}c}}{\sqrt{\pi c}}$，得到裂纹扩展的临界尺寸为

$$2a_c = \frac{2}{\pi} \left(\frac{K_{\mathrm{I}c}}{\sigma} \right)^2 = \frac{2}{\pi} \left(\frac{935}{95.2} \right)^2 \text{ mm} = 61 \text{ mm}$$

高度 7 200 m 处的应力为

$$\sigma = \frac{p\rho}{2t} = \frac{0.060 \times 2.56 \times 10^3}{2 \times 0.82} \text{ MPa} = 93.7 \text{ MPa}$$

瞬时断裂时裂纹的临界尺寸为

$$2a_c = \frac{2}{\pi} \left(\frac{2K_{\mathrm{I}c}}{\sigma} \right)^2 = \frac{2}{\pi} \left(\frac{2 \times 935}{93.7} \right)^2 \text{ mm} = 254 \text{ mm}$$

由此推断：在事故发生之前，在若干个铆钉孔边（约三个孔），疲劳裂纹形核、长大并连为一体，达到临界尺寸 61 mm 时开始稳态扩展，数个稳态扩展的裂纹合并，达到临界尺寸 254 mm 之后发生瞬时断裂。

5.4　破坏控制设计[2]

在结构设计方法由传统设计方法转换到损伤容限设计方法的期间，破坏性事故时有发生。损伤容限设计在技术层面和人们的认识方面都存在局限，进行破坏控制设计势在必行。

破坏控制设计与损伤容限设计的基本思想类似：将结构设计、材料选取、制造和维护作为一个完整的工程，以断裂力学为手段，对破坏进行检测、预测和控制。损伤容限设计以破坏的预测为重点，而破坏控制设计着重于控制。同时，考虑到预测精度的局限性，在维护管理中对预测偏差采取补偿手段。

以疲劳断裂为例，由几种不同设计方法得到的寿命预测结果如图 5-6 所示。

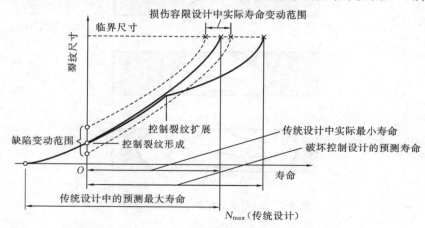

图 5-6　传统设计、损伤容限设计与破坏控制设计的寿命预测

　　传统设计中,假定材料中没有缺陷和裂纹,实际寿命可能大大低于预测最大寿命。在假定存在初始裂纹的基础上,损伤容限设计仅对裂纹扩展寿命进行预测,而忽略裂纹的形成寿命,这是一种较保守的方法。因对实际存在的缺陷并不了解,因此,预测的扩展寿命有一个变动范围。

　　在破坏控制设计中,首先关注裂纹形核位置(crack initiation site)的控制,由此将缺陷的变动控制在最低水平,尽可能消除实际寿命的变动,提高预测寿命结果的可靠度;然后依据与损伤容限设计相同的方法,对裂纹扩展部分进行预测及控制,努力延缓裂纹的扩展,以延长结构寿命。同时,将在假定初始裂纹基础上得到的结果与实际裂纹扩展的监测结果相对照,保证分析精度。

　　破坏控制设计中可以控制的要素有破坏类型、裂纹形核位置、裂纹扩展路径、裂纹扩展速度等。破坏控制设计目前还处在探索阶段,并未形成体系。以下用几个具体事例来说明运用此方法的思路。

1. LBB 设计

　　压力容器、管道的破坏前泄漏试验(leak before break,LBB)设计为破坏控制设计的典型例子。如图 5-7 所示,压力容器内壁有缺陷,在疲劳载荷或应力腐蚀作用下,裂纹按①→②→③的顺序扩展。若状态①对应临界裂纹尺寸,则材料会在无任何征兆情况下发生瞬时断裂,这种情形非常危险。若状态③为临界状态,在瞬时断裂发生之前,裂纹经历一个贯穿壁厚的稳态扩展过程(对应状态②),导致压力容器发生泄漏。因泄漏容易检测,因此可以采取有效措施,防止瞬间断裂的发生。设计的目的是希望出现图 5-7(c)所示的破坏形式,而避免图 5-7(a)所示情形的发生。这样一种破坏控制设计是通过适当的壁厚、加载应力和材料的断裂韧度组合而实现的。

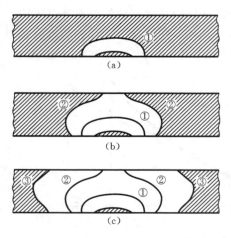

图 5-7　LBB 设计中的破坏控制设计

目前,LBB 设计方法已应用于核电站的配管设计。在管道使用过程中,还需要采用其他的控制方法,进行多重防护设计,如避免管道中出现裂纹扩展和泄漏现象,即使发生泄漏,也可以保证安全。

假设刚刚穿透壁厚时的裂纹形状为半圆形($a=t$)。若此时的应力强度因子 K 不超过 K_c,则 LBB 条件成立,即

$$Y\sigma\sqrt{\pi t}<K_c$$

对于应力水平较低、壁厚小、断裂韧度较高的情况,LBB 条件较容易满足。

例 5-3　管道平均直径 $D=1$ m,壁厚 $t=25$ mm,内壁有半圆形表面裂纹,材料性能参数 $\sigma_{ys}=600$ MPa,$K_{Ic}=60$ MPa·$m^{\frac{1}{2}}$,求满足 LBB 条件时的极限内压。

解　当裂纹深度 $a=t$ 时,$K=K_{Ic}$,因此有

$$K=1.12\times\frac{2}{\pi}\sigma\sqrt{\pi t}=K_{Ic}$$

求出
$$\sigma=300\text{ MPa},\qquad p=\frac{2t}{D}\sigma=15\text{ MPa}$$

2. 控制裂纹扩展

对裂纹扩展路径或速度进行控制的设计方法多用于航空结构、船舶结构,以及大型储藏容器的设计。如在裂纹的垂直方向设置肋条,采用断裂韧度高的材料,利用铆钉孔来阻止疲劳裂纹的扩展等。

改变或利用加载条件来控制裂纹扩展的方法有:降低载荷水平,利用过载引起的裂纹延迟效应,开展压力容器的定期耐压试验等。此外,还可以通过改变结构形状、多方向加载、利用残余应力场等方法来改变裂纹扩展路径。

5.5　断裂韧度

材料的断裂韧度是判定材料是否发生破坏的关键性能参数。若断裂的能量条件也是断裂的充分条件,则断裂韧度对应材料的表面能与裂纹尖端的塑性变形功之和。在某些情形下,需考察断裂的局部条件(见图 5-8),以确定相应的断裂韧度。

假定弹塑性体的应力应变关系可表示为如下形式:

$$\frac{\sigma}{\sigma_{ys}}=\alpha\left(\frac{\varepsilon}{\varepsilon_{ys}}\right)^n \tag{5-9}$$

在小范围屈服条件下,裂纹尖端塑性区尺寸为

$$\omega=\frac{1}{\beta}\left(\frac{K}{\sigma_{ys}}\right)^2 \tag{5-10}$$

式中:参数 β 依赖于硬化指数 n 和塑性约束系数 λ,对于平面应力,$\beta=\pi(1+n)$。类比 Ⅲ 型裂纹的精确解,对于 Ⅰ 型裂纹,得到塑性区内的应力应变分布为

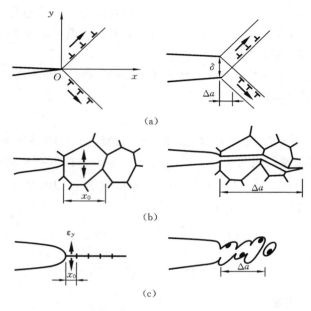

图 5-8　裂纹尖端钝化机理与断裂的应力条件[2]

$$\frac{\sigma_y}{\lambda \sigma_{ys}} = \left(\frac{\omega}{x}\right)^{n/(1+n)} \tag{5-11}$$

$$\frac{\varepsilon_y}{\lambda \varepsilon_{ys}} = \left(\frac{\omega}{x}\right)^{1/(1+n)} \tag{5-12}$$

裂纹尖端钝化机理如图 5-8(a)所示。斜面上的滑移机制依次启动后,裂纹尖端产生开口位移 δ,裂纹扩展 Δa。参照图 5-8(b),塑性区内特定晶粒的解理断裂条件假定为

$$\sigma_y(x = x_0) \geqslant \sigma_f \tag{5-13}$$

式中:x_0 为与晶粒半径相关的尺度参数。

式(5-13)表明,当按晶粒尺寸平均后的应力达到材料的拉伸强度 σ_f 时,材料就发生解理断裂。拉伸强度 σ_f 与材料的理论拉伸强度有相同的含义,但其取值大小依赖于材料的微观结构及加载环境。利用关系式(5-10)、式(5-11),可将断裂条件式(5-13)改写为

$$K \geqslant \left[\frac{\beta x_0}{\lambda^{(1+n)/n}}\right]^{1/2} \sigma_{ys} \left(\frac{\sigma_f}{\sigma_{ys}}\right)^{(1+n)/2n} \tag{5-14}$$

式(5-14)右端即代表材料的断裂韧度 K_c。参照图 5-8(c),发生延性断裂(即塑性区内微小孔洞与裂纹合并)的条件假定为

$$\varepsilon_y(x = x_0) \geqslant \varepsilon_f \tag{5-15}$$

式中:x_0 为与第二相粒子的平均间距相关的材料尺度参数。

　　式(5-15)表明,在按第二相粒子间距尺寸平均后的应变达到材料的断裂应变ε_f的临界值时,材料就发生延性断裂。断裂应变ε_f与光滑试样的断裂应变含义相同,但数值一般不相等。

　　利用式(5-10)、式(5-12),可将延性断裂条件式(5-15)改写为

$$K \geqslant \left(\frac{\beta x_0}{\lambda^{(1+n)}}\right)^{1/2} \sigma_{ys} \left(\frac{\varepsilon_f}{\varepsilon_{ys}}\right)^{(1+n)/2} \tag{5-16}$$

　　式(5-16)的含义与$K \geqslant K_c$相同,右端表示临界应力强度因子K_c,即延性断裂的断裂韧度。从式(5-14)、式(5-16)可以看出,对于解理断裂和延性断裂,K_c的物理含义和取值是不相同的。除了材料自身的影响,K_c的大小还受到力学约束、温度、应变速度等因素的影响。

　　断裂韧度K_c随试样厚度B的增大而减小。在B大于某个值之后,K_c的值趋于稳定,记为K_{Ic},称为平面应变断裂韧度。作为工程实际中的一种保守计算,将K_{Ic}作为材料断裂韧度的代表。满足平面应变断裂条件的最小试样厚度为

$$x_{min} = 2.5\left(\frac{K}{\sigma_{ys}}\right)^2 \tag{5-17}$$

　　在一般情况下,随着试验温度的下降,材料的屈服应力减小,延性降低。应变速度的增大会导致类似的结果,即随着应变速度的增大,屈服应力减小,延性降低。因此,断裂韧度随应变速度的增大会减小。在有效的断裂韧度试验中,应变速度的大小需满足

$$\frac{dK}{dt} = 33\sim165 \text{ MPa} \cdot \text{m}^{1/2}/\text{min} \tag{5-18}$$

采用$B=25 \text{ mm}$的标准试样时,对于三点弯曲和紧凑拉伸试验,式(5-18)分别对应如下的条件:

$$\frac{dF}{dt} = 18\sim89 \text{ kN/min}$$

$$\frac{dF}{dt} = 20\sim100 \text{ kN/min}$$

　　超过速度上限得到的断裂韧度称为动态断裂韧度(dynamic fracture toughness),记为K_{id}。K_{id}一般是dK/dt的函数,随dK/dt的增大而降低。

5.6　裂纹扩展阻力曲线

　　裂纹扩展需要消耗能量,包括生成新的裂纹面需要的表面能,以及裂纹尖端的塑性变形功。设裂纹扩展单位面积所需的能量为R,则有[3]

$$R = 2\gamma + \gamma_p \tag{5-19}$$

式中:γ为比表面能;γ_p为裂纹扩展单位面积所消耗的塑性变形功。可以将R视作一种裂纹扩展的阻力。

对金属材料来说，$\gamma_p \gg \gamma$，如 $\gamma_p = (10^2 \sim 10^4)\gamma$。

随着裂纹的扩展，γ 是一定值，而 γ_p 有可能升高，因此，R 也会升高。阻力曲线如图 5-9 所示。该曲线不仅与材料的断裂韧度有关，而且与试样尺寸有关。一般来说，在平面应力条件下，随着裂纹的扩展，R 明显升高，如图中的曲线 $ABCD$ 所示；在平面应变条件下，裂纹少量扩展后就趋于饱和，如图中的曲线 AEF 所示，AEF 也是大多数脆性材料的阻力曲线特征。

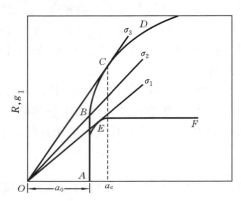

图 5-9　裂纹扩展的阻力曲线和动力曲线[4]

裂纹扩展的动力（即裂纹扩展力 g_I）大于阻力，即 $g_I > R$，则裂纹扩展。

随着裂纹的扩展，g_I 和 R 都增大。若 $dR/da > dg_I/da$，裂纹扩展一段距离后，会出现 $g_I < R$ 的情形，裂纹停止扩展，构件不会断裂。

若外加恒应力为 σ_2，则动力曲线为 OB，它和韧性材料（或平面应力条件下）阻力曲线 $ABCD$ 相交于点 B，如图 5-9 所示。在点 B 以下，$g_I > R$，裂纹扩展；超过点 B 之后，$g_I < R$，裂纹停止扩展。若外加恒应力为 σ_3，则动力曲线为 OC，它和韧性材料阻力曲线 $ABCD$ 相切，裂纹能一直扩展到试样断裂。切点 C 就对应裂纹失稳扩展的临界状态。令

$$\frac{dg_I}{da} = \frac{dR}{da} \tag{5-20}$$

可以求出临界裂纹长度 a_c 以及裂纹失稳扩展的临界阻力 $g_c = K_{Ic}^2/E'$，如图 5-9 所示。

在一般情况下，当平面应变条件不成立时，阻力曲线的形状与试样厚度 B 有关，因此 g_c 也和厚度有关。一旦试样满足了平面应变断裂条件（见式(5-17)），即

$$B > 2.5\left(\frac{K_{Ic}}{\sigma_{ys}}\right)^2 \tag{5-21}$$

则阻力曲线恒定，如图 5-9 中的曲线 AEF 所示。试验表明，在平面应变断裂条件下，临界点（失稳扩展）所对应的裂纹长度是初始裂纹长度的 1.02 倍，即

$$a_c = 1.02a_0 \tag{5-22}$$

也就是说,裂纹相对扩展 2% 以后就会发生失稳扩展,直至断裂。此时对应的临界裂纹扩展阻力 $R_c = g_{Ic}$ 是一个最低的稳定值,即材料的断裂韧度。

5.7　断裂韧度 K_{Ic} 测试

由 5.6 节所述,在平面应变条件下,阻力曲线与动力曲线相切的临界点和 $\Delta a/a = 2\%$ 相对应,据此可以测定材料的断裂韧度。通常采用三点弯曲试样或紧凑拉伸试样来进行测试(见图 5-10)。

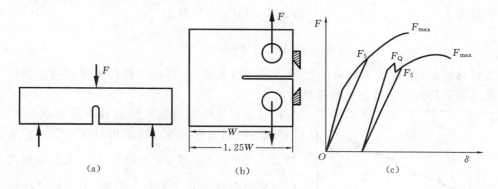

图 5-10　测试 K_{Ic} 的试样和 $F\text{-}\delta$ 曲线

对于标准紧凑拉伸试样(CT),应力强度因子为

$$K_I = \frac{F\sqrt{a}}{BW}f_1\left(\frac{a}{W}\right) = \frac{F}{B\sqrt{W}}f\left(\frac{a}{W}\right) \tag{5-23}$$

式中的修正系数 $f\left(\dfrac{a}{W}\right)$ 可以查表得到,或由经验公式确定(见本章习题 1)。通过试验得到 $F\text{-}\delta$ 曲线,将裂纹失稳扩展临界点($\Delta a/a = 2\%$)对应的 F 代入式(5-23),就可以求出断裂韧度 K_{Ic}。

利用 CT 进行测试时,首先在试样中预制疲劳裂纹,在缺口两侧装引伸计,用来测张开位移 δ。把试样拉伸至断裂,记录 $F\text{-}\delta$ 曲线,如图 5-10 所示。可以证明,$\Delta a/a = 2\%$ 的状态相当于 $\Delta\delta/\delta = 5\%$ 的状态。在 $F\text{-}\delta$ 图上画出斜率比初始 $F\text{-}\delta$ 弹性直线低斜率小 5% 的直线,得到交点 F_5,并且令 $F_Q = F_5$。若 F_5 之前存在较大的载荷,则将载荷最大点对应的 F 值定义为 F_Q。将式(5-23)中的 F 用 F_Q 替换,由此计算对应的 K_{IQ},若有

$$F_{max}/F_Q \leqslant 1.1, \quad B \geqslant 2.5(K_{IQ}/\sigma_{ys})^2 \tag{5-24}$$

即试样厚度满足平面应变断裂条件,测得的 K_{IQ} 就是断裂韧度 K_{Ic}。否则,将试样厚度加大 1.5 倍,重新测试。

5.8　临界 J_{Ic} 测试

对于三点弯曲深裂纹试样,以下近似关系成立[5,6]:

$$J = \frac{2U}{B(W-a)}, \quad U = \int F \mathrm{d}\Delta \tag{5-25}$$

当 $B/(W-a) \geqslant 2$,能保证屈服属于平面应变时,通过极限分析,可以得到载荷 F 与加载点位移 Δ 之间的关系为

$$F = \phi(\Delta) B(W-a)^2$$

于是有

$$U = \int_0^\Delta F \mathrm{d}\Delta = B(W-a)^2 f(\Delta) \tag{5-26}$$

$$f(\Delta) = \int_0^\Delta \phi(\Delta) \mathrm{d}\Delta$$

当位移恒定时,利用 J 积分的计算式(4-84)和式(5-26),可得到式(5-25)。利用此关系进行测试的方法称为单试样法。

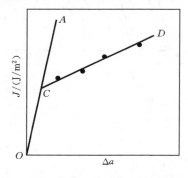

图 5-11　J 积分阻力曲线

将一组试样加载到屈服后在不同的载荷 F_i 下卸载,利用染色法等方法求出对应的裂纹扩展量 Δa_i。由 $F\text{-}\Delta$ 曲线,求出 $U_i = \int_0^{F_i} F \mathrm{d}\Delta$,根据式(5-25)得到对应的 J 积分。因此,用一组试样可以测出图 5-11 所示的 J 积分阻力曲线。

裂纹扩展前会先产生钝化,从而产生一个伸长区,它所对应的表观裂纹扩展量是 Δa^*。钝化曲线 OA 的表达式为

$$J = 1.5(\sigma_{0.2} + \sigma_b) \Delta a^* \tag{5-27}$$

钝化曲线 OA 和阻力曲线 CD 相交于点 C。

若式(5-28)成立,点 C 对应的 J_{Ic} 就是裂纹开始扩展时的临界 J 积分:

$$\begin{cases} B > 25 J_{Ic}/\sigma_0 \\ (W-a) > 25 J_{Ic}/\sigma_0 \\ \sigma_0 \equiv \dfrac{\sigma_{0.2} + \sigma_b}{2} \end{cases} \tag{5-28}$$

J_{Ic} 的单位为 MPa・m 或 J/m²。满足式(5-28)的试样尺寸一般远小于由式(5-24)所确定的试样尺寸。

在线弹性条件下,$J = g_1 = (1-\mu^2) K_I^2/E$,因此在临界条件下,有

$$J_{Ic} = \frac{(1-\mu^2) K_{Ic}^2}{E} \tag{5-29}$$

在弹塑性条件下,如选开裂点(即裂纹开始扩展的点)作为临界点,尺寸满足式

(5-28),则所测得的 J_{Ic} 是稳定的,且由式(5-29)换算得到的 K_{Ic} 与采用大试样(即满足式(5-24)的试样)实际测得的 K_{Ic} 相一致。需要注意的是,测 J_{Ic} 时的临界点是裂纹刚开始扩展的开裂点,而测 K_{Ic} 时的临界点是裂纹失稳扩展点,故 J_{Ic} 是开裂临界值,而 K_{Ic} 是断裂临界值。

例 5-4　比较 K_{Ic} 试样和 J_{Ic} 试样的相对大小。

解　由式(5-24)和式(5-28), K_{Ic} 和 J_{Ic} 试样最小厚度 B 之比为

$$\alpha = \left(\frac{2.5K_{Ic}^2}{\sigma_{ys}^2}\right) \bigg/ \left(\frac{25J_{Ic}}{\sigma_0}\right)$$

利用 $J_{Ic} \approx K_{Ic}^2/E$, $\sigma_0 \approx \sigma_{ys}$,比值变为

$$\alpha = E/(10\sigma_{ys})$$

若 $\sigma_{ys} = 400\,\mathrm{MPa}$, $E = 200\,\mathrm{GPa}$,则有 $\alpha = 50$。可见,测 J_{Ic} 的试样厚度 B 远远小于测 K_{Ic} 的试样。在小范围屈服条件下,利用小试样测 J_{Ic},然后换算为 K_{Ic} 较为简便。

习　　题

1. 对紧凑拉伸试样进行断裂韧度测试,参见图 5-10,式(5-23)。 $W = 10\,\mathrm{cm}$, $B = 5\,\mathrm{cm}$, $a = 5\,\mathrm{cm}$, $F_Q = 100\,\mathrm{kN}$, $F_{max} = 105\,\mathrm{kN}$。

(1)若材料的屈服应力为 700 MPa,问:该测试结果是否有效?

(2)屈服应力为 350 MPa 时结论如何? 紧凑拉伸试样修正系数为

$$f\left(\frac{a}{W}\right) = 29.6\left(\frac{a}{W}\right)^{1/2} - 185.5\left(\frac{a}{W}\right)^{3/2} + 655.7\left(\frac{a}{W}\right)^{5/2}$$
$$- 1\,017.0\left(\frac{a}{W}\right)^{7/2} + 638.9\left(\frac{a}{W}\right)^{9/2}$$

2. 压力容器壁厚 $t = 20\,\mathrm{mm}$,内径 $= 400\,\mathrm{mm}$。内表面有一半圆形裂纹,深度 $a = 0.25t$。已知 $\sigma_{ys} = 1\,500\,\mathrm{MPa}$, $K_{Ic} = 102\,\mathrm{MPa \cdot m^{1/2}}$,受周向应力 $\sigma_\theta = 75\,\mathrm{MPa}$ 作用,问:该容器是否安全?

3. 利用紧凑拉伸试样测定低碳钢的断裂韧度。若材料 $E = 210\,\mathrm{GPa}$, $\mu = 0.3$,断裂韧度估计值为 $175\,\mathrm{MPa \cdot m^{1/2}}$,屈服应力为 350 MPa。问:进行 K_{Ic} 测试和 J_{Ic} 测试所需的最小试样尺寸各为多大?

4. 气瓶内径 $D = 508\,\mathrm{mm}$,壁厚 $t = 36\,\mathrm{mm}$,有纵向表面裂纹,长 $2c = 128\,\mathrm{mm}$,深 $a = 16\,\mathrm{mm}$,材料的屈服应力 608 MPa, $K_{Ic} = 110\,\mathrm{MPa \cdot m^{1/2}}$。求爆破压力 p。

5. 某结构材料的屈服应力为 1 260 MPa, $K_{Ic} = 1\,590\,\mathrm{MPa \cdot mm^{1/2}}$,许用应力(设计最大应力)为 820 MPa,构件有半椭圆表面裂纹,危险点处应力强度因子 $K = (1.12/\Phi)\sigma\sqrt{\pi a}$。

（1）若 $2c=11$ mm，$a=2$ mm，问：材料的力学设计是否安全？

（2）设 $a/c=0.25$，求容许的最大裂纹尺寸。

6. 在疲劳裂纹扩展的 Paris 公式中，若指数 $m=2$，求出裂纹扩展寿命的表达式。

7. 两个穿透裂纹合并和两个表面裂纹合并时，裂纹长度均变为 2 倍，前者与后者对裂纹扩展的增大效果有什么不同？

8. 高强度钢构件中有边裂纹，$a_0=2.02\times10^{-3}$ m，在腐蚀环境（80 ℃水）中受拉伸应力 $\sigma=345$ MPa 作用。裂纹扩展规律 $\mathrm{d}a/\mathrm{d}t=AK-B$，$A=9.32\times10^{-5}$，$B=2.08\times10^{-3}$，其中 a 的单位是 m，K 的单位是 MPa·$\mathrm{m}^{1/2}$，t 的单位是天。材料断裂韧度 $K_{\mathrm{Ic}}=55$ MPa·$\mathrm{m}^{1/2}$，求该构件的寿命。

9. 压力容器壁厚 $t=20$ mm，内径 $D=400$ mm，其内表面有一半圆形裂纹，深度方向尺寸 $a=0.25t$。已知 $\sigma_{\mathrm{ys}}=1\,500$ MPa，$K_{\mathrm{Ic}}=102$ MPa·$\mathrm{m}^{1/2}$，求该容器能承受的最大内压 p。

本章参考文献

［1］日本材料科学会，破壊と材料［M］．東京：裳華房，1997．

［2］小林英男．破壊力学［M］．東京：共立出版株式会社，1993．

［3］郦正能，张纪奎．工程断裂力学［M］．北京：北京航空航天大学出版社，2012．

［4］褚武扬．断裂与环境断裂［M］．北京：科学出版社，2000．

［5］HERTZBERG R W. Deformation and fracture mechanics of engineering materials［M］. New York：John Wiley & Sons Inc，1995．

［6］赵建生．断裂力学与断裂物理［M］．武汉：华中科技大学出版社，2003．

第6章　金属的脆性破坏和韧性破坏

Brittle and ductile fracture of metals

根据微观机制,材料的破坏分为解理断裂、微孔洞汇聚断裂、滑移面分离等类别。解理断裂是材料沿着特定的结晶学平面劈开而导致的,多数是脆性破坏。在第二相粒子处孔洞形核,孔洞随着塑性变形的增加而长大汇聚直至断裂,是一种典型的韧性破坏。纯金属单晶体中发生的滑移面分离也是一种韧性破坏。本章介绍脆性破坏的特征及断裂判据、韧性破坏机理、韧-脆转变的概念,以及材料微观结构对断裂模式的影响。

6.1　破坏分类[1]

金属材料的破坏形态依赖于材料、加载条件、环境等因素。从宏观形态上来分,有拉伸断裂和剪切断裂;从塑性变形发生的难易程度来分,有脆性断裂(brittle fracture)和韧性断裂(ductile fracture);从金属组织结构形式来分,有穿晶断裂(transgranular fracture)和沿晶断裂(intergranular fracture);从外部加载方式来分,有静破坏、冲击破坏、疲劳、高温蠕变断裂等。

1. 脆性断裂和韧性断裂

图 6-1 所示为断裂的四种基本类型。图 6-1(a)中,断面和拉力轴线垂直,材料无明显塑性变形,这种断裂属于脆性断裂。图 6-1(b)、(c)、(d)所示的断裂都属于韧性断裂。其中:图 6-1(b)所示为剪切断裂,单晶体在拉力作用下沿着一组平行滑移面滑移,最终因剪切分离而断裂,其断裂面就是滑移面;图 6-1(c)所示为韧性非常好的金属(如金和锡)因拉伸而产生严重的塑性变形,直至拉细到一点才断

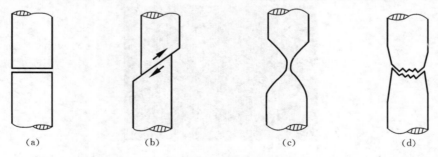

(a)　　　　　　(b)　　　　　　(c)　　　　　　(d)

图 6-1　单轴拉伸断裂形式

(a)脆性断裂;(b)剪切断裂;(c)完全韧性断裂;(d)杯锥状断裂

开,这是完全的韧性断裂;图 6-1(d)所示为具有中等韧性的多晶体金属常见的断裂形式,在拉伸颈缩区中心部位首先产生裂纹或孔洞,然后沿横向扩展,最后试件在表层附近剪断,形成杯锥(cup-cone)状断口。

2. 沿晶断裂和穿晶断裂

如果根据裂纹扩展的途径来分类,可将多晶体金属的断裂分为穿晶断裂和沿晶断裂两种形式。沿晶断裂多数属于脆性断裂,其特点是裂纹沿晶界扩展(见图 6-2(a)),断口呈颗粒状(见图 6-3)。穿晶断裂的特点是裂纹穿过晶粒内部(见图 6-2(b)),穿晶断裂可能是韧性的,也可能是脆性的。

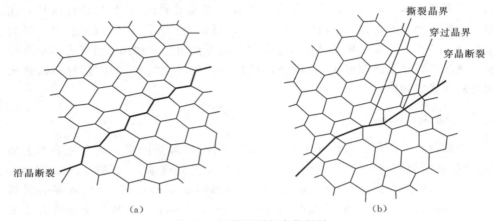

（a）　　　　　　　　　　　　　　　　　　（b）

图 6-2　沿晶断裂和穿晶断裂

（a）沿晶断裂;（b）穿晶断裂

材料破坏后,对断面进行显微观察,可以发现其特有的破坏特征。

不论是穿晶断裂还是沿晶断裂,解理断裂、微孔洞汇聚断裂、滑移面分离这三种破坏形态都可以同时出现。一般情况下,实际材料的破坏也是几种破坏形态共存,只不过某一形态占主导地位。图 6-3(a)、(b)、(c)所示分别为沿晶断裂、解理断裂、微孔洞汇聚断裂破坏形态的显微照片。

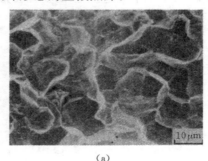

（a）

图 6-3　破坏形态

（a）沿晶断裂;（b）解理断裂;（c）微孔洞汇聚断裂

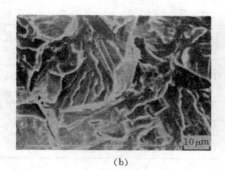
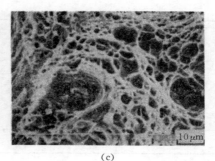

(b)　　　　　　　　　　　　　　　　　　　　(c)

续图 6-3　破坏形态

6.2　解理断裂[2-4]

解理断裂是指在拉应力的作用下,由于原子间的结合键被破坏,材料沿着一定的结晶学平面(解理面)劈开而导致的穿晶断裂。解理断裂是脆性断裂。体心立方、密排六方晶格金属在低温、应力集中及冲击加载条件下易发生解理断裂,面心立方晶格金属因为具有较好的塑性,一般不出现解理断裂。表 6-1 所示为部分金属的解理面及解理断裂的临界正应力。

表 6-1　金属晶体的解理面及解理临界正应力[2]

金属	晶格类型	解理面	解理断裂的临界正应力/MPa	温度/℃
α-铁	体心立方	(001)	260	−100
		(001)	276	−185
钨	体心立方	(001)	—	—
镁	密积六方	(0001),(10$\bar{1}$1) (10$\bar{1}$2),(10$\bar{1}$0)	—	—
锌	密排六方	(0001)	1.8～2.0	−185
锌(0.03%镉)	密排六方	(0001)	1.9	−80
		(0001)	1.9	−185
		(10$\bar{1}$0)	18.0	−185
锌(0.13%镉)	密排六方	(0001)	3.0	−185
锌(0.53%镉)	密排六方	(0001)	12.0	−185
碲	六方	(10$\bar{1}$0)	4.3	+20

续表

金属	晶格类型	解理面	解理断裂的临界正应力/MPa	温度/℃
铋	菱方	(111)	3.2	+20
		(111)	3.2	−80
		(11$\bar{1}$)	6.9	+20
锑	菱方	(11$\bar{1}$)	6.6	+20

理想的解理断裂的断口形貌应是一个平坦完整的晶面,但由于晶体中存在各种缺陷,因此断裂并非沿单一的晶面,而是沿一族相互平行的晶面(均为解理面)发生。在高度不同的平行解理面之间存在解理台阶,在电子显微镜下观察解理断口,可看到由解理台阶的侧面汇合形成的所谓"河流"状图形。

解理断裂是沿特定的晶面(schmid 因子小)发生的原子之间的拉伸分断,断口上留下解理痕迹,几乎不伴有塑性变形(见图 6-4)。对于多晶体受拉伸的情况,宏观断面与拉应力垂直。从微观上看,断面是由各晶粒的解理面(与宏观断口的断面并非完全一致)构成的。单个晶粒内的微小解理面称为小刻面,小刻面上往往存在解理台阶,是晶粒内两个沿高度不同的平行解理面扩展的解理裂纹相交时产生的。

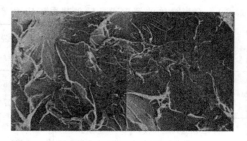

图 6-4 低碳钢解理断裂

如图 6-5 所示,断裂过程中,反方向的两个台阶可以合并而消失(见图 6-5(a)),同方向的台阶合并形成较大的台阶(见图 6-5(b))。沿裂纹的传播方向,裂纹与落差较小的段合流,逐步变为落差较大的段(见图 6-5(c))。这类似于主干河流与支流的关系,断面的这种特征形貌称为河流形貌(river pattern,见图 6-6)。从断口的河流形貌可以判定破坏类别为解理断裂,还可判定破坏的起点以及裂纹的传播方向等。

解理破坏大多以材料固有缺陷为起点而发生,此外,对于多晶体材料,当特定晶粒内的滑移在晶界受阻,产生严重的应力集中现象时,可以诱导相邻晶粒发生解理破坏。

如 2.10 节中式(2-59)所示,当多晶体某一晶粒内发生滑移时,滑移带尖端产

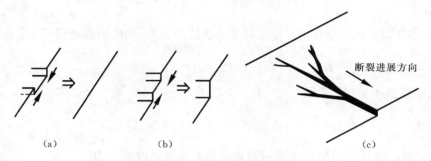

（a）　　　　　　　　　（b）　　　　　　　　　　　（c）

图 6-5　河流形貌产生机理

生与裂纹尖端相同的应力奇异性。对于 Ⅱ 型裂纹，在极坐标系下，裂纹尖端应力场（见图 6-7）可表示为

$$
\begin{cases}
\sigma_r = \dfrac{K_{\text{Ⅱ}}}{\sqrt{2\pi r}} \dfrac{1}{2} \sin\dfrac{\theta}{2}(3\cos\theta - 1) \\[2mm]
\sigma_\theta = -\dfrac{K_{\text{Ⅱ}}}{\sqrt{2\pi r}} \dfrac{3}{2} \cos\dfrac{\theta}{2}\sin\theta \\[2mm]
\tau_{r\theta} = \dfrac{K_{\text{Ⅱ}}}{\sqrt{2\pi r}} \dfrac{1}{2} \cos\dfrac{\theta}{2}(3\cos\theta - 1)
\end{cases}
\tag{6-1}
$$

图 6-6　低碳钢断口的河流形貌

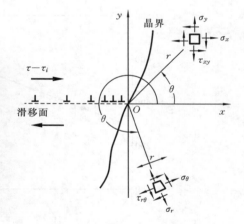

图 6-7　滑移带尖端应力场

设滑移带与邻近晶粒的解理面之间成 θ 角（见图 6-7），当 $\cos\theta = 1/3$，$\theta = 289.5°$ 时，周向应力 σ_θ 达到最大值，即

$$
\sigma_{\theta,\max} = \frac{2}{\sqrt{3}} \frac{K_{\text{Ⅱ}}}{\sqrt{2\pi r}}
\tag{6-2}
$$

如果这个最大周向应力达到材料的理论断裂强度 σ_0，长度为 r 的解理裂纹就

会形成。

　　将单个晶粒内的滑移带长度作为 II 型裂纹的长度,则应力强度因子 K_{II} 表示为

$$K_{II} = (\tau - \tau_i)\sqrt{\pi\frac{d}{2}}$$

因此,σ_θ 的最大值为

$$\sigma_{\theta,\max} = (\tau - \tau_i)\frac{1}{\sqrt{3}}\sqrt{\frac{d}{r}} \tag{6-3}$$

式中:τ 和 τ_i 分别为沿滑移带作用的切应力和位错的摩擦应力。

　　由破坏条件 $\sigma_{\theta,\max} = \sigma_0 = \sqrt{\dfrac{\gamma E}{a_0}}$ 解出:

$$\tau = \tau_i + \sqrt{3r}\cdot\sigma_0 d^{-\frac{1}{2}} \tag{6-4}$$

利用关系式 $\sigma = m\tau$,将式(6-4)改写为

$$\begin{cases} \sigma = \sigma_i + k_c d^{-\frac{1}{2}} \\ k_c = \sqrt{3r}\cdot m\sigma_0 \end{cases} \tag{6-5}$$

　　式(6-5)表明,解理断裂强度(断裂应力)与晶粒尺寸之间符合 Hall-Petch 关系,如图 6-8 所示[5]。材料的屈服应力与晶粒尺寸之间亦遵从 Hall-Petch 关系(见式(2-62)),试验结果一并表示在图 6-8 中。

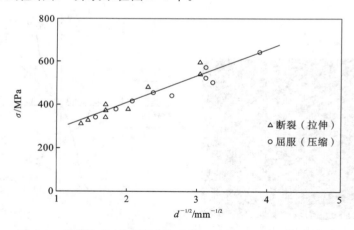

图 6-8　屈服应力/断裂应力与晶粒尺寸的关系(低碳钢,77K)

邻近晶粒不发生滑移而形成解理裂纹的条件可表示为

$$\begin{cases} \sigma < \sigma_{ys} \\ k_c < k_y \\ \sqrt{\dfrac{r}{x}} < \dfrac{2}{\sqrt{3}}\dfrac{\tau^*}{\sigma_0} \end{cases} \tag{6-6}$$

式中：x 为滑移带尖端到相邻晶粒内位错源的距离，可近似看作材料常数。

激活位错源所需应力远远小于材料的理论强度，即 $\tau^* \ll \sigma_0$，因此，由式（6-6）知，即使形成解理裂纹，其长度 r 也是非常小的。

解理破坏过程一般包括局部塑性变形诱发的解理裂纹的形成和裂纹在单个晶粒内的长大（见图 6-9（a）、（b）），解理裂纹长大至晶粒尺度并越过障碍（晶界等）（见图 6-9（c））。

图 6-9（d）是晶界处位错塞积导致解理裂纹形核的示意图。两滑移面上的位错不断流入相交处，形成楔状空隙，即产生解理裂纹，称为 Zener-Stroh 裂纹。

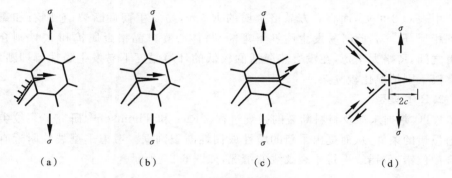

图 6-9　解理破坏过程

6.3　发生解理的条件[5-8]

1. KTC 模型

在解理断裂过程中，裂尖不发生或只发生微小塑性变形。如果材料的剪切屈服强度比拉伸断裂强度小得多，则会发生韧性断裂而不发生脆性解理断裂。基于此，Kelly、Tyson 和 Cottrell[9] 提出了解理断裂的一种判据（简称 KTC 判据）：裂纹尖端最大正应力（也是最大主应力）与最大切应力之比记为 R，当 R 大于该材料最大理论拉伸强度和最大理论剪切强度之比 $m = \sigma_{max} / \tau_{max}$ 时，将发生脆性解理断裂。这里用"最大理论拉伸强度"和"最大理论剪切强度"是因为不同晶面上的理论拉伸强度和理论剪切强度不相同。表 6-2 列出几种材料的 m 值和 R 值，以及温度为 0 K 时的断裂类型。

表 6-2　几种材料的 m 值和 R 值以及温度为 0 K 时的断裂类型

材　料	m	R	断裂类型
铜	28.2	12.6	韧性断裂
银	30.2	14.4	韧性断裂
金	33.8	24.7	韧性断裂

续表

材　料	m	R	断裂类型
镍	22.1	7.9	韧性断裂
钨	5.04	5.5	不确定
α-铁	6.75	8.5	不确定
金刚石	1.16	3.66	解理断裂
氯化钠	0.94	2.94	解理断裂

由表 6-2 可见,面心立方晶格金属的 $R \ll m$,易发生韧性断裂;金刚石和氯化钠则相反,$R > m$,此时易发生脆性解理断裂;体心立方晶格金属钨和 α-铁则介于两者之间,R 略大于 m,在没有热激活的较低的环境温度下易发生脆性解理断裂,在室温下则情况比较复杂。

2. R-T 模型

KTC 判据未涉及材料断裂的微观过程。Rice 和 Thomson[6]研究了裂纹尖端发射位错的条件,从而提出了新的脆性或韧性断裂判据。考虑 Ⅰ 型裂纹附近有一复合型位错,位错线平行于裂纹线的情况,如图 6-10 所示。

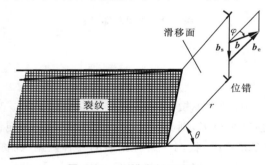

图 6-10　位错发射示意图

由裂纹尖端应力场的极坐标表达式可得位错滑移面上 (r,θ) 处的切应力为

$$\tau_{r\theta} = \frac{K_{\mathrm{I}}}{(8\pi r)^{1/2}} \sin\theta \cos\frac{\theta}{2} \tag{6-7}$$

利用关系 $2\gamma = g = (1-\mu^2)K_{\mathrm{I}}^2/E$,$\xi = r/b$,$b_{\mathrm{e}} = b\cos\varphi$,得到单位长度位错线所受的斥力为

$$f_\sigma = \tau_{r\theta} b_{\mathrm{e}} = \left[\frac{E\gamma b}{4\pi(1-\mu^2)\xi} \right]^{1/2} \sin\theta \cos\frac{\theta}{2} \cos\varphi \tag{6-8}$$

在裂纹附近,位错受到裂纹自由表面的镜像力的吸引作用。裂纹镜像力可用弹性力学方法求得,即

$$f_i = \frac{Eb_e^2}{8\pi(1-\mu^2)r} + \frac{Eb_s^2}{8\pi(1+\mu)r} = \frac{Eb(1-\mu\sin^2\varphi)}{8\pi(1-\mu^2)\xi} \tag{6-9}$$

位错平衡条件为

$$f(\xi) = f_\sigma - f_i = Gb\left\{-\frac{1}{4\pi\xi}\frac{1-\mu\sin^2\varphi}{(1-\mu)} + \frac{1}{\eta\beta}\left[\frac{1}{2\pi(1-\mu)\xi}\right]^{1/2}\right\} = 0 \tag{6-10}$$

式中：$\beta = 1\left/\left(\sin\theta\cos\dfrac{\theta}{2}\cos\varphi\right)\right.$；$\eta = \sqrt{Gb/\gamma}$；$G = E/[2(1+\mu)]$。

将式(6-10)写为如下形式：

$$f(\xi) = Gb\left(-\frac{a}{\xi} + \frac{b}{\sqrt{\xi}}\right) = 0 \tag{6-11}$$

式中：$a = \dfrac{1-\mu\sin^2\varphi}{4\pi(1-\mu)}$，$b = \dfrac{1}{\eta\beta\sqrt{2\pi(1-\mu)}}$。

求解式(6-11)，得到位错平衡位置到裂尖的无量纲化距离 ξ_c' 为

$$\xi_c' = \frac{a^2}{b^2} = \frac{(1-\mu\sin^2\varphi)^2}{8\pi(1-\mu)}\beta^2\frac{Gb}{\gamma} \tag{6-12}$$

适当选取式(6-10)中的各常数，得到更简化的解为

$$\xi_c'' = Gb/(10\gamma) \tag{6-13}$$

Rice 和 Thomson 计算了若干种材料的位错临界平衡位置到裂尖的无量纲化距离的近似值 ξ_c' 和 ξ_c''，以及位错芯半径 ξ_0，结果如表 6-3 所示。表中 ξ_c 是考虑位错发射导致的裂纹钝化效果的更为精确的临界值。

表 6-3　几种材料的 ξ_0、ξ_c、ξ_c'、ξ_c'' 的计算值

材料	ξ_0	ξ_c	ξ_c'	ξ_c''
铅	2	1.1	0.88	0.58
金	2	0.85	0.65	0.48
铜	2	1.00	0.77	0.61
银	2	1.09	0.85	0.65
铝	2	1.4	1.1	0.85
镍	2	1.7	1.3	1.08
钠	2/3	1.2	0.54	0.375
铁	2/3	1.9	1.3	0.87
钨	2/3	4.0	3.9	2.6
氟化锂	0.25	3.2	2.9	2.6
氯化钠	0.25	3.4	3.2	2.6
氧化镁	0.25	3.4	3.2	2.9

续表

材料	ξ_0	ξ_c	ξ_c'	ξ_c''
三氧化二铝	0.25	2.3	2.1	1.8
硅	0.25	2.2	2.0	1.9
锗	0.25	3.7	3.3	3.3
碳	0.25	2.4	2.2	2.4
铍	2/3	4.5	4.1	3.4
锌	2/3	4.3	3.9	3.3

　　当 $\xi<\xi_c'$ 时,可令 $\xi=\xi_c'-\Delta$,Δ 是一个小的正数,由式(6-11)和式(6-12)知,$f(\xi_c')=0$,$f(\xi)=f(\xi_c'-\Delta)<0$。将 ξ_c' 替换为精确值 ξ_c 时,有类似的关系,即 $f(\xi_c)=0$,$f(\xi_c-\Delta)<0$。位错所处位置距裂尖的距离满足条件 $\xi_0<\xi<\xi_c$ 时,位错仍受到引力,此时位错由裂尖发射时需克服一个能量势垒,即需要激活能。低温下位错很难发射,断裂为脆性断裂(体心立方晶格金属钨、离子晶体、金刚石、半导体和密排六方晶格金属)。当 $\xi_c\leqslant\xi_0$ 时位错可以由裂尖自发发射而不需激活,断裂为韧性断裂(面心立方晶格金属)。Rice 和 Thomson 提出:当晶体的位错芯半径较大、与有效表面能相关的无量纲参量 $Gb/\gamma<10$ 时,晶体发生韧性断裂;当晶体的位错芯半径较小、Gb/γ 值很大时,晶体发生脆性断裂。

6.4　微孔洞汇聚和韧性破坏机理 [1,5,10]

　　由微孔洞汇聚或滑移面分离引起的断裂为韧性断裂。

　　金属材料的韧性断裂一般是以第二相粒子为起点,经微孔洞成核、长大、汇聚而形成的。断裂过程可分为以下三个阶段。

　　(1) 微孔洞形成:当外载荷达到一定大小时,在金属中强度较低的夹杂物或第二相粒子中,或它们与基体的界面处首先开裂,形成孔洞。

　　(2) 裂纹形成:随着塑性变形的增大,微孔洞逐渐长大并相互汇合,形成裂纹。

　　(3) 裂纹扩展:裂纹与前方的孔洞汇合,逐步向前发展,最终形成断裂面。

　　在韧性断裂的断口处有大量小坑,称为塑坑或韧窝(dimple),在韧窝底部常可以观察到夹杂物或第二相粒子。韧性断裂面上有大量韧窝,说明材料在此局部区域内曾发生过剧烈的剪切变形(见图 6-11)。

　　韧窝内部是非金属第二相粒子,在第二相粒子周围产生微孔洞,随材料整体塑性变形的增大,微孔洞长大、汇聚,最后形成断面。第二相粒子的尺寸或分布具有不规则性,因此,韧窝大小也具有分散性。微孔洞成核后,在应力作用下逐渐长大和聚合。微孔洞有两种汇聚模式。一种模式如图 6-12(a)所示,随着微

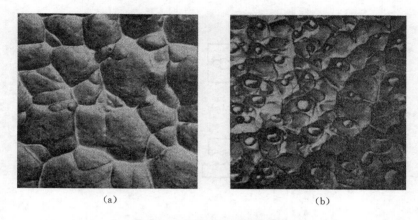

图 6-11　韧性断裂面上的韧窝

(a) 钛合金(×3000×5/10)；(b) 高韧度铜(×3000×5/10)

孔洞长大,微裂纹与微孔洞之间的材料体积缩小,形成"内颈缩"。内颈缩发展到一定程度时,裂纹尖端与长大了的相邻微孔洞相连。裂纹依次和前方微孔洞聚合,于是裂纹扩展。另一种扩展模式是裂纹尖端与微孔洞之间(或微孔洞与相邻微孔洞之间)的材料快速剪切裂开,使裂纹与微孔洞(或微孔洞与微孔洞)相连,如图 6-12(b)所示。

(a)　　　　　　　　　　　　　　　　　　　(b)

图 6-12　微孔洞汇聚的两种模式

韧性断裂是切应力和正应力共同作用的结果,前者促使材料中产生某种缺陷,而后者使缺陷在变形中逐渐形成微孔洞,微孔洞长大并汇聚,最终导致断裂。

韧窝形状取决于应力状态,与第二相粒子本身关系不大。单向拉伸引起拉伸断裂时,韧窝为球状(见图 6-13(a))。当破坏为剪切断裂时,韧窝呈椭球状(见图 6-13(b)),这种韧窝称为剪切韧窝(shear dimple)。在缺口底部或裂纹底部,宏观断裂受 σ_1 支配,局部受多轴应力约束的影响($\sigma_2 \neq \sigma_3$),韧窝也为椭球状(见图 6-13(c)),这种韧窝称为撕裂韧窝(tear dimple)。所以由韧窝形状可以大致推测应力状态。

以下从位错理论的观点考察微孔洞形核的机理(见图 6-14)。

当第二相粒子相对基体较硬时,在第二相粒子周围会产生多重同心圆位错环,如图 6-14(a)所示。从一个断面看,第二相粒子两侧分别塞集符号相反的刃型位错,如图 6-14(b)所示,位错塞积引起的应力集中要么使粒子本身断开,要么使粒

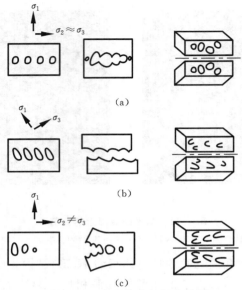

图 6-13　应力状态与韧窝形状

子和基体界面发生剥离,随后更多位错流入剥离后的空隙,形成微孔洞,如图6-14 (c),实际情况可能是有多个滑移面参与,如图 6-14(d)、图 6-14(e)所示。

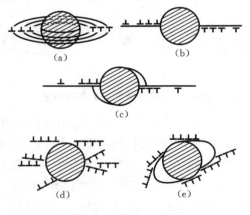

图 6-14　微孔洞形核

　　材料屈服后,在继续发生塑性变形的过程中,在第二相粒子周围,滑移局部阻塞而形成微孔洞,即韧性破坏过程中,微孔洞的形成并不要求滑移完全停止。而解理裂纹的形成需要滑移完全被阻止。这种差别就导致脆性断裂与韧性断裂塑性变形量的差别。第二相粒子周围的微孔洞在以后的塑性变形过程中不断长大,孔洞之间发生汇聚,导致最终断裂。

　　韧性材料的光滑圆棒试样在拉伸时,发生杯锥状断裂。其断裂过程(见图

6-15)说明如下。

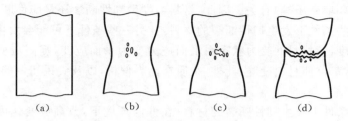

图 6-15　韧性断裂过程

　　随着载荷的增大,塑性变形加剧,试样中心部位处于三轴拉伸应力状态,这是塑性约束的作用效果,如图 6-15(b)所示。中心部位三轴拉伸应力状态促进此处微孔洞的长大与汇集,形成大致为币状的宏观裂纹,如图 6-15(c)所示。裂纹与其他孔洞汇聚扩展,在接近试样表面时,塑性约束消失,裂纹沿最大切应力方向(即45°方向)扩展,导致试样最终断裂,如图 6-15(d)所示。对于薄板试样,塑性约束很小,宏观断裂形态一般为剪切型。另外,对于韧度较小的材料,塑性约束效应也较小,中心部位三轴拉伸应力状态不易出现,因而多以表面缺陷为起点产生破坏。微孔洞汇聚断裂的破坏机理和解理断裂一样,都是裂纹扩展导致的。

　　高纯度金属中的第二相粒子极少,微孔洞不易形成,断裂宏观上表现为刀尖状断裂,其机理是滑移面分离(见图 6-16)。这虽然是一种极端的情况,但这种破坏机理可用于说明一般韧性断裂过程。孔洞之间的材料可视作高纯度材料,这部分材料的断裂通过与图 6-16 类似的机理来实现,其结果是形成微孔洞汇聚(内部颈缩)。

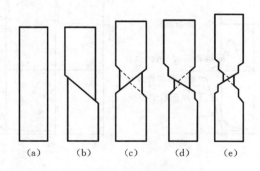

图 6-16　刀尖状断裂

6.5　韧-脆转变 [1,3]

1. 温度与材料的韧-脆转变

材料会发生韧性断裂还是脆性断裂,除了与材料的自身因素(材料的成分、组织结构、杂质分布等)有关以外,还与材料使用时的外部因素(应力状态、环境温度、形变速率和环境介质等)有关。因此,材料会发生韧性断裂还是脆性断裂并不是一定的。在某些条件下发生韧性断裂的材料,在另一些条件下可能会发生脆性断裂。增大材料厚度,使材料的受力状态由平面应力变为平面应变,提高应变速度,降低环境温度等,都可使材料变脆;此外,杂质在晶界偏析,以及尖锐切口的存在也会使材料变脆。

　　在室温条件下发生韧性断裂的材料,在低温环境下,或高应变速度加载,或处于复杂应力状态、存在力学约束等情况下,也会发生脆性断裂。这种现象称为韧-脆转变(ductile-to-brittle transition)。发生韧-脆转变时,既有可能发生断裂机理的改变,如由微孔洞汇聚断裂转变为解理断裂,也有可能不改变断裂机理,而仅仅是塑性变形大大减小。

　　温度对低碳钢韧-脆转变的影响如图 6-17 所示。其中图 6-17(a)为光滑试样的韧-脆转变示意图,图中 A 区是由于微孔洞汇聚而产生的韧性断裂区;C 区是几乎不发生塑性变形的解理脆性断裂区;B 区是转变区域。在 B 区内,断裂应力、断面收缩率和韧性断裂的断面比率都发生急剧的变化。一般将韧性断裂的断面比率为 50% 时的温度定义为断裂模式转变温度(fracture appearance transition temperature,FATT)。在 B 区,形成的解理裂纹越过最初障碍(晶界等)所需的应力就是相应的断裂强度。而 C 区的断裂强度取决于解理裂纹的成核条件。

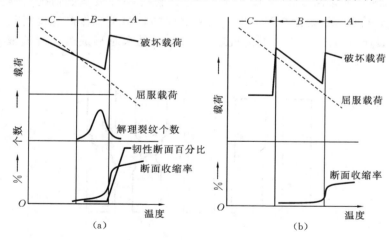

图 6-17　低碳钢韧-脆转变
(a) 光滑试样;(b) 缺口试样

　　缺口试样也有类似的韧-脆转变特性,如图 6-17(b)所示。缺口试样的转变温度较相同材料的光滑试样要高,即在某一温度条件下,光滑试样发生韧性断裂时,同一材料的缺口试样有可能发生脆性断裂。这是由于缺口根部的塑性约束效应使名义上的屈服应力增大了。在 C 区,缺口试样会在远低于 σ_{ys} 的应力下发生解理断裂,称之为低应力脆断。

2. 缺口根部应力状态

缺口并不完全等同于裂纹,缺口根部的应力分布如图 6-18 所示。对于弹性变形状态(见图 6-18(a)),σ_y 从缺口根部起,随距离增加而降低;σ_x 从零开始随距离增加而增大,达到最大值以后,又不断减小至零。所以,在离开缺口根部的某一位置,达到最强的三轴应力状态(平面应变假定)。对于弹塑性变形状态,应力分布如图 6-18(b)所示。在相同的拉应力作用下,缺口根部的塑性区尺寸远大于裂纹尖端的塑性区尺寸。

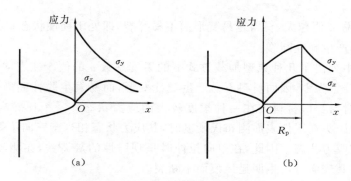

图 6-18　缺口根部应力状态

(a) 弹性变形状态;(b) 弹塑性变形状态

例 6-1　试样缺口在发生全面屈服之前,缺口根部会产生局部塑性区。讨论该塑性区的范围。

解　试样缺口根部附近的应力分布如图 6-18 所示。在根部,与表面垂直的应力分量 σ_x 不存在。该处处于只有 σ_y 存在的单向应力状态,或处于同时存在 σ_y 和 σ_z 的二向应力状态。在离开根部后,σ_y 随 x 单调减小,σ_x 由零开始增加,而后再减小。因此,在离开根部的某一位置,应力状态达到最强的二向应力状态(平面应力假设),或三向应力状态(平面应变假设)。当试样缺口根部产生塑性变形时,在塑性区内部,有如下分析结果:

$$\sigma_y = \sigma_{ys}\left\{1 + \ln\left(1 + \frac{x}{\rho}\right)\right\}, \quad \sigma_x = \sigma_y - \sigma_{ys}$$

两者均随 x 的增大而增大,达到最大值的位置对应弹塑性的边界(见图 6-18(b)),由此可以确定塑性区的大小(R_p)。

3. 应力状态柔度系数

在复杂的应力状态下,切应力和正应力分量对变形和断裂所起的作用是不同的。切应力使位错滑移,从而使材料产生塑性变形。位错在障碍物前的塞积则既可能激活位错源,引起新的塑性变形,又可能引起裂纹的萌生和发展。概括地讲,切应力会促进塑性变形产生和导致韧性断裂,拉伸应力则会导致脆性断裂。因此研究金属在复杂应力状态下是发生脆性断裂还是发生韧性断裂,需要研究切应力和正应力的相对大小。复杂应力状态的柔度系数(或称为软性系数)定义为

$$\alpha=\frac{\tau_{\max}}{\sigma_{\max}}=\frac{\sigma_1-\sigma_3}{2[\sigma_1-\mu(\sigma_2+\sigma_3)]} \tag{6-14}$$

式中:$\tau_{\max}$为最大切应力,$\tau_{\max}=(\sigma_1-\sigma_3)/2$;$\sigma_{\max}$为按最大正应变条件计算得到的等效最大应力 $\sigma_{\max}=\sigma_1-\mu(\sigma_2+\sigma_3)$。

一般来说:α值越大,材料越易变形而不易开裂,即处于韧性状态;反过来,α值越小,则越易产生脆性断裂。

表 6-4 中列出了几种典型加载方式下的柔度系数 α 的值。在三向等拉伸时,因为切应力分量为零,因而材料不易产生塑性变形,而易发生脆性断裂;单向压缩或多向压缩时,$\alpha\geq1$,材料处在一种柔度较大的应力状态。一个比较典型的实例是,当用某种压头在工件表面测布氏硬度时,其应力状态相当于三向不等压缩($\alpha>2$),属于"软"应力状态。因此,在单向拉伸时呈现脆性的灰铸铁,在测硬度时却处于韧性状态,其表面可产生明显压痕而不断裂。

表 6-4　不同加载方式下的柔度系数 α 的值($\mu=0.25$)[11]

加载方式	主 应 力			柔度系数 α
	σ_1	σ_2	σ_3	
三向等拉伸	σ	σ	σ	0
单向拉伸	σ	0	0	0.5
扭转	σ	0	$-\sigma$	0.8
两向压缩	0	$-\sigma$	$-\sigma$	1
单向压缩	0	0	$-\sigma$	2
三向压缩	$-\sigma$	-2σ	-2σ	∞

图 6-19 所示为中碳钢 V 形缺口试样的冲击试验断面照片,缺口根部有韧窝,在与根部有一定距离的位置处,由于强三轴应力效应,试样发生准解理断裂。这种韧-脆转变非常普遍。

对缺口试样进行冲击试验,既可利用高应变速度的影响,又可利用缺口效应(应力约束),这两者均可使转变温度右移。与光滑试样相比,缺口试样能在较高的温度下发生急剧的韧-脆转变,这就非常便于评估材料的韧-脆转变特性。

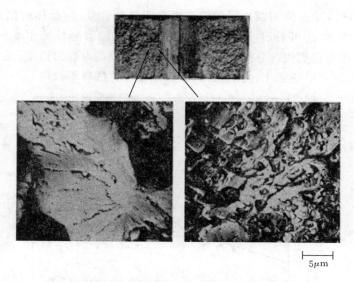

图 6-19　中碳钢 V 形缺口试样的冲击试验断面照片[3]

6.6　材料的微观结构对断裂的影响

1. 晶格类型的影响

晶体结构对金属的断裂影响很大。面心立方晶格金属（如铜、铝、奥氏体钢等）滑移系多，易发生多系滑移，所以面心立方晶格金属的塑性和韧性俱佳，一般不发生解理断裂。体心立方晶格和密排六方晶格金属的塑性和韧性比面心立方晶格金属差得多。体心立方晶格金属一般存在韧-脆转变，在低温和高加载速率下易发生解理断裂。

2. 晶粒尺寸的影响

细化晶粒不仅可以提高金属的强度，还可提高其韧度，因此细化晶粒是一种有效的金属强化方法。在一般情况下，位错滑移不能穿越晶界，因此，晶粒细，滑移距离短，在障碍物前塞积的位错数目也会较少，晶界处的应力集中程度也就较轻。必须提高外加应力才能使晶体中的 F-R 位错源启动，因此细化晶粒可提高金属的屈服强度。另外，由于相邻晶粒取向不同，裂纹越过晶界需要消耗更多的能量，所以晶界对裂纹的扩展也有阻碍作用。晶粒越细，则晶界越多，对裂纹扩展的阻碍作用越大。因此，细化晶粒可提高晶体的解理断裂强度。

图 6-20 所示为低碳钢的断裂强度（断裂应力）、屈服强度（屈服应力）与晶粒尺寸的关系。可以看出，当晶粒直径 d 小于临界值 d_c 时（图中 d_c 的右侧区域），屈服应力低于断裂应力，是先屈服后断裂，晶体在断裂前已先有较大的塑性应变，其断裂属于韧性断裂；当晶粒直径 d 大于临界值 d_c 时，断裂应力就处在屈服应力的延

长线上(图 6-20 中左侧实线),断裂前不再有明显塑性变形,晶体的断裂属于脆性断裂。从图 6-20 还可看出,当晶粒直径小于 d_c 时,随着晶粒尺寸减小,断裂强度比屈服强度提高得更快。总的说来,晶粒细化既可提高材料的强度,又可提高它的塑性和韧性,这是形变强化、固溶强化、弥散强化等方法所不及的。

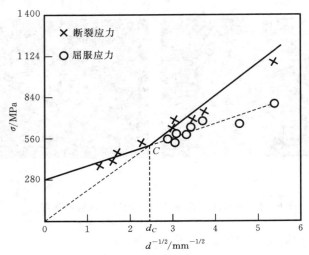

图 6-20　晶粒大小对低碳钢强度的影响（－195℃）[12]

3. 成分的影响

一般说来,纯金属比合金的塑性要好。杂质元素,特别是金属间隙中的杂质元素通常会使金属的塑性和韧性变差。

习　题

1. 增加力学约束,材料倾向于发生脆性破坏,简述其理由。

2. 推导式(6-2)。

3. 求平面应变状态下缺口试样的塑性约束系数。

4. 在第 3 题中,利用 Tresca 条件,计算缺口试样的塑性约束系数。又问:对于平面应力状态,结果如何?

5. 合金钢的屈服强度与温度的关系为:$\sigma_{ys}=(1\,400-3.5T)$MPa。脆性断裂应力 σ_f 与温度成正比关系。已知 $T=200$ K 时,$\sigma_f=1\,200$MPa,韧-脆转变温度为 $T_D=100$ K。若对此合金进行强化处理,使其屈服强度上升 150 MPa,则 T_D 变化多少度?

6. 在温度为－20℃时,低合金钢厚板的断裂韧度 $g_{Ic}=5.1\times10^{-2}$ MPa·m,温度每降低 10℃,g_{Ic} 成比例减小 1.36×10^{-2} MPa·m。若板中存在长度为 $l=10$

mm 的裂纹,求该板在一50℃条件下的破坏应力。已知 $E=2\times10^5$ MPa,$\mu=0.3$。

7. 钼合金晶粒直径 $d=0.32$ mm 时,裂纹形成的临界应力 $\tau_c=380$ MPa;$d=2$ mm 时,$\tau_c=270$ MPa。问:$d=0.02$ mm 时,临界应力为多大?

8. 用废弃的 A4 纸,在对称位置的横方向上剪一切口(切口长度为宽度的一半)。将切口与桌面边沿对齐,用左手手掌压紧桌面上的半页纸,右手捏住另一半,沿切口方向用力拉扯。观察拉坏后的部分与原来切口的角度,并与理论结果相比较。

本章参考文献

[1] 刘孝敏. 工程材料的微细观结构和力学性能[M]. 合肥:中国科学技术大学出版社,2003.

[2] 哈宽富. 金属力学性质的微观理论[M]. 北京:科学出版社,1983.

[3] 中沢一,小林英男. 固体の强度[M]. 東京:共立出版株式会社,1976.

[4] 小林英男. 破壊力学[M]. 東京:共立出版株式会社,1993.

[5] MEYERS M A,CHAWLA K K. Mechanical behavior of materials[M]. New York:Cambridge University Press,2009.

[6] RICE J R,THOMSON R. Ductile versus brittle behavior of crystals[J]. Philosophical Magazine,1974,29:73-97.

[7] SCHOECK G. Dislocation emission from crack tips[J]. Philosophical Magazine, 1991,63(1):111-120.

[8] ANDERSON P M, RICE J R. Dislocation emission from cracks in crystals or along crystal interfaces[J]. Scripta Metallurgica,1986, 20(11):1467-1472.

[9] KELLY A,TYSON W R,COTTRELL A H. Ductile and brittle crystals[J]. Philosophical Magazine, 1967,15(135):567-586.

[10] 哈宽富. 断裂物理基础[M]. 北京:科学出版社,2000.

[11] 匡震邦,顾海澄,李中华. 材料的力学行为[M]. 北京:高等教育出版社,1998.

[12] 郑修麟. 材料的力学性能[M]. 西安:西北工业大学出版社,1981.

[13] 日本材料科学会. 破壊と材料[M]. 東京:裳華房,1997.

[14] RICE J R,JOHRSON M A. Inelastic behavior of solids[M]. New York:McGraw-Hill,1970.

第7章　材料的高温强度

Materials Strength at Elevated Temperatures

在高温环境下,材料的变形或断裂与作用时间密切相关。在热能影响下,材料内部各种扩散过程更加活跃,位错上升运动频繁发生,导致变形不断增大。物体的变形随时间而不断增加的现象称为蠕变,蠕变往往导致最终的蠕变断裂。高温时,晶界处容易发生滑移,因此高温断裂多为沿晶断裂。本章介绍材料的蠕变变形机理、蠕变模型、弹塑性断裂力学在处理蠕变断裂问题时的应用,以及持久寿命预测模型等内容。

7.1　蠕变曲线

在高温环境下保持外载荷一定时,会发生材料变形不断增大的情况,即发生蠕变现象,如图 7-1 所示。蠕变分为三个阶段:在第一阶段,蠕变速率(creep rate)由大变小,这一阶段又称为初始蠕变(primary creep);第二阶段的蠕变速率保持一定,这个阶段称为稳态蠕变(steady state creep);在第三阶段,蠕变速率随时间而不断增大,称为加速蠕变(accelerated creep)。蠕变发展到一定程度时材料发生整体断裂。图 7-1 所示曲线称为蠕变曲线(creep curve)。

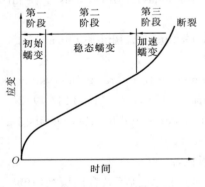

图 7-1　蠕变曲线

应力对蠕变曲线的影响如图 7-2 所示。当应力较小时,初始蠕变起主导作用,随着时间的增加,蠕变速率变得非常小;当应力较大时,稳态蠕变占主导地位。通常用幂函数来表示应力对蠕变的影响,即

$$\varepsilon = \left(\frac{\sigma}{E} + a_0 \sigma^{m_0} \right) + a_1 \sigma^{m_1} t^{n_1} + a_2 \sigma^{m_2} t \tag{7-1}$$

式中:$m_i (i=1,2,3)$ 为应力指数,其值总是大于 1;n_1 为初始蠕变时间指数(约为 0.3)。

式(7-1)中右端的第一项表示瞬间蠕变应变,第二项表示初始蠕变应变,第三项表示稳态蠕变应变。一般随着温度上升,稳态蠕变会更加显著。

蠕变断裂的试验结果如图 7-3 所示,纵坐标表示应力,横坐标表示时间(断裂或

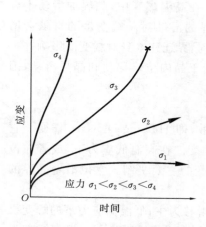

图 7-2　应力对蠕变曲线的影响

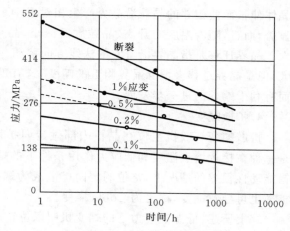

图 7-3　蠕变强度-寿命图

产生指定大小的应变所需时间),这个图称为蠕变强度-寿命图(design data diagram)。由图 7-3,根据要求的寿命和容许的应变,可以确定相应的应力大小,即蠕变强度。

　　蠕变断裂是蠕变累积而导致的结果,一般情况下,稳态蠕变阶段占据材料寿命的大部分时间,稳态蠕变速度 $\dot{\varepsilon}_s$ 与断裂寿命 t_R 之间存在以下关系:

$$\dot{\varepsilon}_s t_R \approx C_0 (常数) \tag{7-2}$$

由式(7-2)推出,稳态蠕变产生的应变与所经历的时间成比例。

7.2　蠕变变形机理[1-3]

1. 位错滑移

　　高温蠕变中的滑移与室温下的滑移基本相同,但是金属在高温下产生滑移所需的作用应力较低,变形比较容易。这是因为金属在高温下还可能有新的滑移系统被激活。例如,在常温下,铝的滑移面为(111)面,而在高温下,滑移可在(111)面、(100)面和(211)面上进行。此外,随着温度升高,热激活可以使位错离开原滑移面而转到其他滑移面上滑移,这将导致交叉滑移的产生。

2. 亚晶粒的形成

　　在高温条件下,位错的交叉滑移及位错的攀移较活跃,容易导致亚晶粒形成,而且亚晶粒尺寸随温度的升高或应变速度的下降而增大。亚晶粒的形成在初始蠕变阶段完成,在随后的稳态蠕变阶段发生亚晶粒相互旋转,以及界面滑移。在应力作用下,亚晶粒内位错源不断放出位错。由于热激活,这些新位错容易通过滑移和攀移并入亚晶界,使亚晶界处位错密度不断增大,而亚晶粒内部位错密度保持不变。

3. 晶界滑动和迁移

　　晶界滑动是指相邻晶粒沿晶界面的相对运动。在外力作用下,晶内滑移引起晶体伸长而使相邻的晶粒沿晶界产生相对滑动。在高温蠕变中,晶界的滑动十分显著,而且,随着温度的升高、晶粒度的减小,晶界的滑动对总蠕变量的贡献会增大。晶界迁移是指晶界沿着它的法线方向移动。晶界迁移本身对蠕变的影响并不大,但是晶界迁移会消除晶界附近的畸变,这有助于晶内位错移动和晶界滑动,因而有利于蠕变的进一步发展。

4. 扩散蠕变

扩散蠕变一般指空位在晶粒内部做定向扩散,即 Herring-Nabarro 蠕变。它是一种在接近熔点温度和低应力作用条件下的蠕变。在高温低应力下,或者在位错能动性很差的情况下,空位的定向扩散成为蠕变的主要机制。空位沿着晶界的扩散也可导致蠕变,称之为 Coble 蠕变。

综上所述:低温高应力下的蠕变机制以位错滑移为主;低温低应力下的蠕变机制以晶界扩散为主;高温低应力下的蠕变机制以空位扩散机制为主。提高蠕变强度的主要途径是增加滑移阻力,抑制晶界的滑动和空位的扩散。

蠕变变形伴随晶界滑移,这是不同于室温变形的显著特点。晶界滑移与晶粒内部的滑移密切相关,两种滑移量之间一般成比例关系。由于晶界滑移,蠕变断裂多为沿晶断裂。

在蠕变过程中,由变形引起的应变强化和由热能引起的软化会同时发生。在初始蠕变阶段,前者占主导地位,因此,蠕变速率是下降的。当两者处于平衡状态时,就进入稳态蠕变阶段。用公式描述应变强化和由热能引起的软化的平衡过程时,有

$$d\sigma = \frac{\partial \sigma}{\partial \varepsilon} d\varepsilon + \frac{\partial \sigma}{\partial t} dt = 0 \tag{7-3}$$

由此得到稳态蠕变速率:

$$\dot{\varepsilon}_s = \frac{d\varepsilon}{dt} = -\frac{\partial \sigma / \partial t}{\partial \sigma / \partial \varepsilon} = \frac{r_e}{h} \tag{7-4}$$

式中:$h = \partial \sigma / \partial \varepsilon$ 为应变强化率;$r_e = -\partial \sigma / \partial t$ 为应力松弛速度。

7.3　蠕变孔洞形核与长大[4]

当晶界上形成如图 7-4 所示形状的孔洞时,系统能量将发生变化,这是因为:

(1) 新的孔洞表面的形成,会引起表面能增加;

(2) 原晶界面积消失,会引起界面能减小;

(3) 孔洞的形成会引起弹性应变能的释放。

形成孔洞时的总自由能变化为

$$\Delta G = -\sigma_n V + \gamma_s A_s - \gamma_B A_B \tag{7-5}$$

式中:σ_n 为晶界正应力;V 为孔洞体积;γ_s 为孔洞表面能;A_s 为孔洞表面积;γ_B 为

晶界能；A_B 为消失的晶界面积。

对于图 7-4 所示形状的孔洞,表面张力平衡方程可写成

$$\gamma_B - 2\gamma_s\cos\theta = 0 \tag{7-6}$$

将 V、A_s 和 A_B 的计算式代入式(7-5),得到 ΔG 的表达式为

$$\Delta G = -\pi r^3 \sigma_n \frac{F_V(\theta)}{4} + \pi r^2 \gamma_s \frac{3F_V(\theta)}{4} \tag{7-7}$$

式中：$F_V(\theta)$ 为形状因子,有

$$F_V(\theta) = \frac{8}{3}(2 - 3\cos\theta + \cos^3\theta)$$

令 $\mathrm{d}(\Delta G)/\mathrm{d}r = 0$,得到临界孔洞形核半径为

$$r_c = \frac{2\gamma_s}{\sigma_n} \tag{7-8}$$

将式(7-8)代入式(7-7),得到孔洞形核的临界功,即

$$\Delta G_c = \frac{\pi\gamma_s^3}{\sigma_n^2}F_V(\theta) \tag{7-9}$$

孔洞形核后将通过吸收空位而长大。孔洞长大模型分为两类：孔洞无约束长大和约束长大。在第一种情况下,孔洞在多晶体的所有晶界上形核,孔洞自由长大直到断裂；在第二种情况下,孔洞在一些孤立的晶界上形核(见图 7-5),这时孔洞长大受到周围基体的限制,孔洞长大速度要与周围基体的蠕变变形相协调。

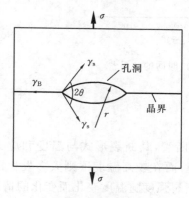

图 7-4　孔洞形核

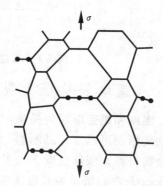

图 7-5　孔洞在孤立的晶界上形成

根据孔洞扩散长大模型,孔洞长大速度表示为

$$\frac{\mathrm{d}V}{\mathrm{d}t} = J_V(2\pi a\delta_B) = \frac{2\pi D_B\delta_B}{kT}\frac{a}{\lambda}\left(\sigma_n - \frac{2\gamma_s}{a}\right) \tag{7-10}$$

式中：a 为球形孔洞的半径,$a > r_c$；σ_n 为晶界正应力,靠近孔洞处晶界正应力为 $2\gamma_s/a$；λ 为分布在晶界面上的孔洞平均间距的一半；J_V 表示空位扩散流通量；D_B 为晶界扩展系数；δ_B 为晶界的厚度。若将孔洞体积用孔洞半径来表示,就可以得

到孔洞半径长大速度。

　　孔洞长大的试验观测结果如图 7-6 所示。将发生蠕变一定时间后的试样在低温下打断，观察沿晶界断口上的蠕变孔洞，用这种方法直接测得 α-铁在 973 K 温度下的蠕变孔洞长大速率。由于孔洞连续形核，测量孔洞的平均直径是没有意义的，应当测量最大的孔洞直径，因为最大的孔洞可以认为是蠕变开始($t=0$)时最早形成的。如图 7-6 所示，孔洞尺寸与 $(\sigma^3 t)^{1/2}$ 成线性关系，这表明任一时刻的孔洞长大速度与 $\sigma^{3/2}$ 成正比，而且在一定应力下，孔洞长大速率随时间增加而降低。

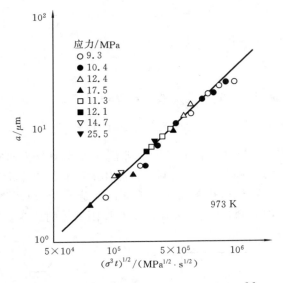

图 7-6　蠕变孔洞尺寸与应力、时间的关系[5]

7.4　蠕变断裂及蠕变裂纹扩展[1,3]

1. 温度和蠕变断裂的关系

　　蠕变断裂可以是穿晶断裂，也可以是沿晶断裂，其断裂形式与温度和应力有关。金属材料在较低温度下大多发生穿晶断裂，而在较高温度下则大多发生沿晶断裂。图 7-7(a)所示为晶内断裂强度和晶界断裂强度随温度变化而变化的情况。

　　由图 7-7(a)可见，晶内断裂强度和晶界断裂强度均随温度升高而降低，但晶界断裂强度下降得更快一些。在某一中等温度(T_E)下，晶界断裂强度与晶内断裂强度相等，此温度称为等强温度。当 $T < T_E$ 时，晶内断裂强度低于晶界断裂强度，晶体发生穿晶断裂；当 $T > T_E$ 时，晶内断裂强度高于晶界断裂强度，晶体发生沿晶断裂。图 7-7(b)所示为等强温度与应变速度的关系。从图 7-7(b)中可以看出，由于晶界断裂强度对应变速度更为敏感，因此，等强温度随应变速度的增加而提高。

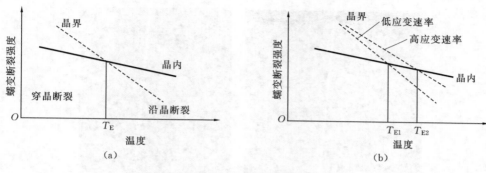

图 7-7　等强温度示意图

2. 沿晶断裂的起因和发展

在高温蠕变条件下,最常见的一种断裂形式是沿晶断裂。沿晶断裂发生的过程是:首先在晶界区萌生裂纹,在蠕变过程中裂纹不断长大,相互连接,最后发生断裂。断口的形貌与试验温度高低和应力大小有关,在应力较大和温度不太高时,断口由楔形裂纹组成(见图 7-8(a)、图 7-9(a));在低应力和高温下,断口通常由孔洞状裂纹组成(见图 7-8(b)、图 7-9(b))。

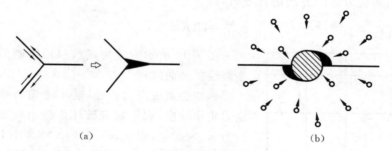

图 7-8　蠕变裂纹形成机理[3]

在高应力情况下,晶界处的滑移量较大,由于强烈的应力集中,在晶粒交界处形成楔形裂纹(W 形),裂纹相互汇聚而导致断裂。在低应力和高温条件下,晶界处滑移较少,发生滑移后在晶界处形成微小空隙,因长时间处于高温状态,原子孔洞向该处扩散,形成圆形微小裂纹(r 形),裂纹相互合并而导致最终断裂。

由此可知,在高应力情况下,滑移对蠕变断裂起主要作用,裂纹多出现在与拉伸应力方向成 45°角的晶界处。在低应力情况下,微孔洞扩展是主要的断裂机制,因此,裂纹多发生在与拉应力方向相垂直的晶界处。在大多数实际工程中,蠕变损伤与断裂属于蠕变孔洞型破坏,即蠕变孔洞在个别晶界上形成,孔洞长大和相互合并形成晶界裂纹,裂纹扩展长大而导致断裂。

3. 蠕变裂纹扩展[7]

蠕变断裂一般是许多晶界微裂纹合并而导致的破坏现象。若是缺口试样,

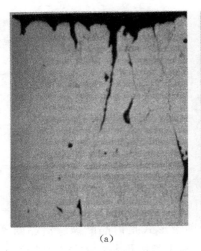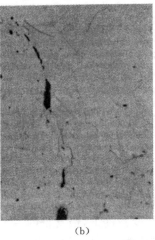

(a)　　　　　　　　　　　　　(b)

图 7-9　两种蠕变断裂的显微照片[6]

由于应力集中效应，缺口根部会产生一条主裂纹，在主裂纹的前方，晶界处形成的微裂纹与主裂纹发生汇聚而引起裂纹的扩展，最终导致蠕变断裂。蠕变裂纹扩展可用断裂力学的方法进行分析，即

$$\frac{\mathrm{d}c}{\mathrm{d}t} = C(K_{\mathrm{I}})^m \tag{7-11}$$

图 7-10 所示为应用式（7-11）绘制的铜的蠕变裂纹扩展曲线。

蠕变会造成应力松弛，若不考虑裂纹尖端的应力集中效应，假定蠕变破坏由最小截面上的净应力 σ_{net} 所控制，则 σ_{net} 一定时，尺寸大小不相同但形状相似的两个试样将具有相同的裂纹扩展速度。图 7-11 所示为 18-8 不锈钢在环境温度为 650 ℃、载荷一定的条件下的蠕变裂纹扩展试验结果，所采用的是相似的试样。图 7-11（a）所示为利用应力强度因子 K 进行分析整理后得到的结果。对于每个试样，裂纹扩展速度大致落在一条直线上，但不同试样之间的差别很大。用 σ_{net} 进行分析的结果如图 7-11（b）所示，数据的分散度较图7-11（a）所示的结果大大减小。在相同 σ_{net} 下，尺寸不同的试样，其最小和最大裂纹扩展速度仍有约 10 倍的差别。

用修正 J 积分进行分析的结果如图 7-11（c）

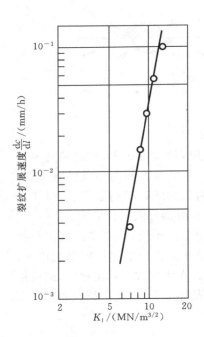

图 7-10　铜的蠕变裂纹扩展

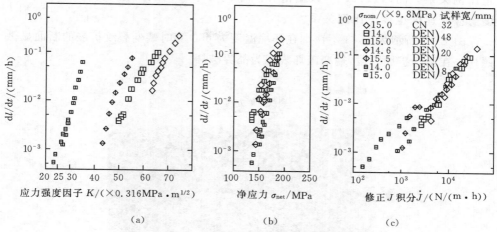

图 7-11　18-8 不锈钢的蠕变裂纹扩展试验结果

所示,同一修正 J 积分、不同试验条件下裂纹扩展速度的差别远小于 K 基准或净应力基准下裂纹扩展速度的差别,因此,在蠕变条件下,修正 J 积分是较好的控制裂纹扩展的参数。修正 J 积分按下式定义:

$$\dot{J} = \int_{\Gamma} \left(\dot{w} \mathrm{d}y - \boldsymbol{T} \cdot \frac{\partial \dot{\boldsymbol{u}}}{\partial x} \mathrm{d}s \right) \tag{7-12}$$

或由变形功率定义为

$$\dot{J} = -\frac{1}{B} \left(\frac{\partial \dot{U}}{\partial a} \right)_{\Delta} \tag{7-13}$$

$$\dot{U} = \int_0^{\dot{u}} P \mathrm{d}\dot{u}$$

只要测得 P-$\dot{u}$ 曲线,就可以进行相关计算。

在稳态蠕变阶段,假定单向应力状态下的应变速度和应力的关系为

$$\dot{\varepsilon} = (\sigma/\sigma_0)^n$$

则裂纹尖端的应力和应变速度分别为

$$\sigma_y = \sigma_0 \left(\frac{\dot{J}}{\sigma_0 I_n} \right)^{1/(1+n)} \frac{1}{r^{1/(1+n)}} f(\theta) \tag{7-14a}$$

$$\dot{\varepsilon}_y = \sigma_0 \left(\frac{\dot{J}}{\sigma_0 I_n} \right)^{n/(1+n)} \frac{1}{r^{n/(1+n)}} g(\theta) \tag{7-14b}$$

式(7-14)中的 n 远大于 1(在 10 左右),因此 $1/(1+n) \approx 0$, $n/(1+n) \approx 1$,应力分布近似为均一分布,而应变速度与 $\dot{J}$ 成正比,与距离成反比。由于蠕变会导致应力松弛,在裂纹尖端几乎没有应力集中,而存在应变集中。$\dot{\varepsilon}_y$ 与 $\dot{J}$ 大致成

正比例关系。图7-11(c)中,数据落在斜率约等于 1 的斜线上,表明裂纹扩展速度与应变速度也成正比例关系。

图 7-12 所示为 18-8 不锈钢在环境温度为 650 ℃时蠕变裂纹扩展的断面显微照片。在稳态扩展阶段,蠕变破坏表现为晶界破坏。

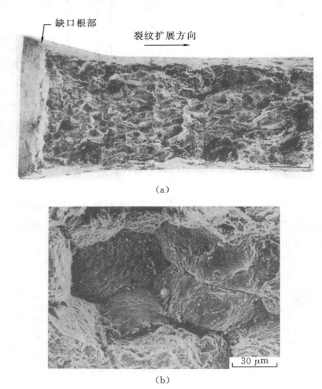

(a)

(b)

图 7-12   18-8 不锈钢蠕变裂纹扩展断口照片[7]

7.5   持久寿命预测[6]

根据不同的应用场景,高温材料的设计寿命(断裂寿命)差别很大。例如,火箭发动机喷嘴的设计寿命为 100 s;某些特殊飞机发动机的设计寿命约为 100 h;用于核反应堆的材料的设计寿命约为 10 年。又如,石化工业的高温反应装置、电站锅炉以及蒸汽轮机的部件按 10^5 h 的使用寿命来设计。对于高温材料或构件,持久寿命(蠕变断裂寿命)t_R 是重要的性能指标。

在一般情况下,不可能做几万甚至十万小时的试验来评价材料的持久性能,而希望用较短时间内的试验数据来推算长时间性能。

　　大量持久试验数据表明,持久寿命 t_R 与稳态蠕变应变速度 $\dot{\varepsilon}_s$ 之间存在下面的关系:

$$\ln t_R + m\ln\dot{\varepsilon}_s = B \tag{7-15}$$

式中:m、B 为材料常数,对于铜、钛、铁、镍基合金等,$0.77 < m < 0.93$,$0.48 < B < 1.3$。若 $m = 1$,则式(7-15)可写为 $\ln(\dot{\varepsilon}_s t_R) = B$ 或 $\dot{\varepsilon}_s t_R = e^B$,这一关系式等同于式(7-2)。

　　蠕变曲线第三阶段的持续时间很短,通常将稳态蠕变阶段的某个点作为材料的使用临界点。取 $t = 10^5$ h,$\dot{\varepsilon}_s$ 小于某个值所对应的应力称为蠕变极限(creep limit)或蠕变强度。10^5 h 相当于 11.4 年,花这么长的时间做一次蠕变试验不太可行。因此,需要对短时间内得到的蠕变试验结果进行插值,以得到长寿命下的断裂应力数据。通常是利用温度与时间的等效原理,将试验温度提高,以缩短试验时间。下面对该方法做简单说明。

　　应变速度与温度的关系可用 Arrhenius 方程表示为

$$\dot{\varepsilon} = A\exp\left(-\frac{Q}{RT}\right) \tag{7-16}$$

式中:Q 为蠕变表观激活能;R 为气体常数;T 为热力学温度;A 为应力的函数。

　　由式(7-2)可知,应变速度与寿命的倒数成比例关系,因此有

$$\frac{1}{t} = A'\exp\left(-\frac{Q}{RT}\right) \tag{7-17}$$

式中

$$A' = A/C$$

式(7-17)两边取对数,得到

$$-\ln t = \ln A' - Q/(RT)$$

将 $\ln t$ 用 $\lg t$ 替换,整理得到

$$T(C + \lg t) = Q/R \tag{7-18}$$

式(7-18)右边与温度和时间无关,因此,在应力一定的条件下,温度与寿命(断裂时间)满足以下关系:

$$P = T(C + \lg t) = 常数 \tag{7-19}$$

式中:P 称为 Larson-Miller 参数。

　　对于某种材料,通过至少两组数据可以确定 C 的值,然后利用式(7-19)对长寿命区的强度进行预测。如已知 $C = 20$,则在 800℃($T = 1\,073$ K)的温度下,寿命为 100 h 时的蠕变强度,可以用 1\,000 ℃的温度下、寿命为 0.035 h 时的蠕变强度来估算。

　　图 7-13 所示为不同温度下的蠕变强度 σ 与参数 P($P = T(20 + \lg t) \times 10^3$)的关系曲线。在这个例子中,温度范围在 540~1\,040 ℃之间,寿命范围在

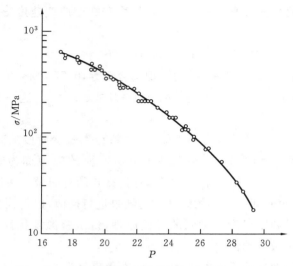

图 7-13　S590 合金钢蠕变强度 σ 与参数 P 的关系

$10^{-3} \sim 10^{3}$ h 之间。所有数据都落在一条曲线上,表明参数 P 与强度有一一对应的关系。利用温度、时间综合参数整理持久数据并进行数据推算的方法已得到广泛应用,尤其是 Lanson-Miller 参数法已成为合金材料持久性能的通用表示法。

7.6　蠕变本构关系及多轴应力下的蠕变分析[6]

多轴应力下的本构方程可表示为

$$\dot{\varepsilon} = f(\sigma, \varepsilon, T) \tag{7-20}$$

即现时的应变速度 $\dot{\varepsilon}$ 依赖于瞬间应力、应变和温度。式(7-20)忽略了加载历程的影响,若应力或温度变化量不是非常大,则它是一个很好的近似表达形式。在温度一定的条件下,有

$$\dot{\varepsilon} = f(\sigma, \varepsilon) \tag{7-21}$$

式(7-21)中右边的函数是应变的减函数,即应变速度随应变增加而减小,因此,式(7-21)称为应变强化理论(strain hardening theory)表达式。

在实际计算时,式(7-21)非常复杂,因此有必要做进一步的简化。经过简化的理论包括时间强化理论和全应变理论,分别用公式表示为

$$\dot{\varepsilon} = f(\sigma, t) \tag{7-22}$$

$$\varepsilon = g(\sigma, t) \tag{7-23}$$

当应力恒定时,应变是随着时间的增加而增大的,即产生蠕变。另外,应变保持恒定时,应力一般是随时间的增加而减小的,这种现象称为应力松弛(relaxation),螺钉松动就是应力松弛的例子。以下分析应力松弛规律。

首先将应变分为弹性应变和稳态蠕变应变两部分,即

$$\varepsilon = \varepsilon_e + \varepsilon_s = 常数 \tag{7-24}$$

式中：$\varepsilon_e = \sigma/E$；ε_s 对应式(7-1)中右端最后一项,将其改写为 $B\sigma^n t$ 的形式。对式(7-24)微分,有

$$\frac{d\varepsilon_s}{dt} = B\sigma^n, \quad \frac{1}{E}\frac{d\sigma}{dt} = -B\sigma^n \tag{7-25}$$

设 $t=0$ 时应力为 σ_0,求解式(7-25),得到

$$\frac{1}{\sigma^{n-1}} = \frac{1}{\sigma_0^{n-1}} + BE(n-1)t \tag{7-26}$$

式(7-26)表示的即为应力松弛规律。其中参数 B、n 等为材料的蠕变参数。所以由材料的蠕变特性可以推测应力松弛特性。需要指出的是,蠕变应变一般远大于弹性应变,而发生应力松弛时蠕变应变与弹性应变的大小在同一数量级。

对于工程应用,稳态蠕变应变速度可表示为

$$\dot{\varepsilon}_s = B'\sigma^n \exp\left(-\frac{Q}{kT}\right) = B\sigma^n, \quad B = B'\exp\left(-\frac{Q}{KT}\right) \tag{7-27}$$

对于不可压缩材料,有 $\dot{\varepsilon}_1 + \dot{\varepsilon}_2 + \dot{\varepsilon}_3 = 0$,假定主切应变速度正比于主切应力,有

$$\frac{\dot{\varepsilon}_1 - \dot{\varepsilon}_2}{\sigma_1 - \sigma_2} = \frac{\dot{\varepsilon}_2 - \dot{\varepsilon}_3}{\sigma_2 - \sigma_3} = \frac{\dot{\varepsilon}_3 - \dot{\varepsilon}_1}{\sigma_3 - \sigma_1} = C \tag{7-28}$$

由此得到

$$\dot{\varepsilon}_1 = \frac{2C}{3}\left[\sigma_1 - \frac{1}{2}(\sigma_2 + \sigma_3)\right] \tag{7-29a}$$

$$\dot{\varepsilon}_2 = \frac{2C}{3}\left[\sigma_2 - \frac{1}{2}(\sigma_3 + \sigma_1)\right] \tag{7-29b}$$

$$\dot{\varepsilon}_3 = \frac{2C}{3}\left[\sigma_3 - \frac{1}{2}(\sigma_1 + \sigma_2)\right] \tag{7-29c}$$

在多向应力作用下,应变和应力均以有效成分代替时,有如下关系：

$$\dot{\varepsilon}_{eq} = B\sigma_{eq}^{n'} \tag{7-30}$$

式中：n' 是多向应力作用下材料的蠕变参数。根据式(7-29)和式(7-30),常数 C 可以表示为

$$\frac{2C}{3} = \dot{\varepsilon}_{eq}/\sigma_{eq} = B\sigma_{eq}^{n'-1} \tag{7-31}$$

7.7　高温疲劳、热疲劳与热冲击[7,8]

在循环应力及高温作用下,材料会发生高温疲劳破坏。常温下材料的疲劳寿命(断裂之前的循环周次)几乎不受加载频率的影响。在蠕变变形下,加载速度越低,以循环周次表示的疲劳寿命越小,但以时间表示的寿命几乎不变。因此,常温下的疲劳

是循环周次起主导作用（cycle-dependent）的疲劳，而高温疲劳是加载时间起主导作用（time-dependent）的疲劳。有平均应力作用时，材料会产生较大的蠕变，称为动态蠕变（dynamic creep），相应的蠕变曲线与静载时相似。在常温疲劳中，应力振幅是影响疲劳强度和材料寿命的第一要素；在高温疲劳中，平均应力（静应力）起主导作用。随着温度的升高，表面滑移带形核转向晶界形核，疲劳裂纹扩展区呈现出疲劳辉纹和沿晶破坏混合的形态，其断面如图7-14所示。

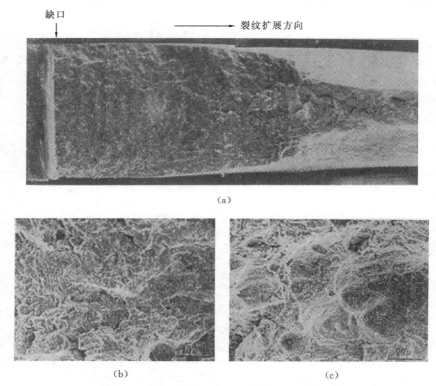

图 7-14　18-8 不锈钢高温疲劳断面显微照片[7]

(a) 断面；(b) 疲劳辉纹；(c) 韧窝

在疲劳辉纹区（见图 7-14(b)），裂纹扩展受 K 主导，而在沿晶破坏区（见图 7-14(c)），蠕变裂纹的扩展由修正 J 积分控制。

高温疲劳的特例是热疲劳（thermal fatigue）。如发动机启动或停机时，加热冷却的不均匀引起热应力，热应力循环作用就导致热疲劳。在热应力循环的一个周期内，温度是变化的，因此热疲劳是材料在不同温度下反复发生塑性变形而产生的，与定常温度下的疲劳相比，其发展过程更为复杂。高温下的拉应力特别有害，它会引起沿晶断裂，从而大大缩短材料寿命。温度变化还会使金属组织结构发生改变，如时效转变、再结晶、相变等。热疲劳是热应变反复发生的结果，是一种低周应变疲劳,寿命的控制因素是材料的韧度,而不是强度。

对于脆性材料,一个或数个热循环作用称为热冲击(thermal shock),这种热冲击作用会导致脆性材料断裂。

对高温疲劳中的蠕变-疲劳相互作用(creep-fatigue interaction)需要予以重视。由 Miner 公式(式(8-9)),将蠕变损伤和疲劳损伤线性累加,得到以下断裂条件:

$$\sum \frac{n}{N} + \sum \frac{t}{t_R} = 1 \tag{7-32}$$

式(7-32)是一个近似表达式,但使用起来十分简便。

习　　题

1. 推导式(7-31)。

2. 参考式(7-19),若 $C=20$,问:在 800℃的温度下、寿命为 100 h 的材料的蠕变强度与在 700 ℃的温度下、寿命为多少时材料的蠕变强度相等?

3. 合金材料 S590 工作温度为 1 020 ℃,要求其寿命不小于 10 h,求允许应力大小。

本章参考文献

[1] 刘孝敏. 工程材料的微细观结构和力学性能[M]. 合肥:中国科学技术大学出版社,2003.
[2] 匡震邦,顾海澄,李中华. 材料的力学行为[M]. 北京:高等教育出版社,1998.
[3] 冯端. 金属物理学(第三卷):金属力学性质[M]. 北京:科学出版社,2000.
[4] 张俊善. 材料强度学[M]. 哈尔滨:哈尔滨工业大学出版社,2004.
[5] CANE B J,GREENWOOD G W. The nucleation and growth of cavities in iron during deformation at elevated temperatures[J]. Metal Science,1975,9(1):55-60.
[6] DIETER G E. Mechanical metallurgy[M]. New York:McGraw-Hill Book Company,Inc.,1986.
[7] 小寺沢良一. フラクトグラフィとその応用[M]. 東京:日刊工業新聞社,1981.
[8] CHEN J Q,TAKEZONO S. Propagation of small surface cracks in stainless steel at high temperature[J]. Engineering Fracture Mechanics,1996,54(6):751-759.

第8章 疲劳破坏

Fatigue

机器部件或工程结构发生疲劳破坏的现象十分普遍。疲劳裂纹多起源于物体中的应力集中部位,在交变应力或交变应变作用下,裂纹不断长大,最终导致疲劳断裂。从整体上来看疲劳破坏过程中部件并没有明显的塑性变形,断裂具有突发性,因此对疲劳破坏需要格外加以重视。本章介绍疲劳断裂的一般特征、疲劳断裂机理、疲劳强度的影响因素、基于断裂力学的疲劳裂纹扩展寿命预测等。

8.1 疲劳断裂特征[1,2]

机械部件受循环加载的情况十分普遍。若部件受远低于材料静强度的应力作用,经过一定循环周次出现断裂,则这种断裂称为疲劳断裂。从宏观上看,疲劳断裂显示为脆性断裂,材料没有明显的塑性变形,断面通常与载荷方向垂直。疲劳断裂发生前通常无明显征兆,是一种十分危险的断裂现象。

与循环加载的大小及变化相对应,疲劳断面上会留下海滩状条纹(beach mark),如图 8-1 所示,从断面特征可以判定破坏是否为疲劳破坏,并可以确定破坏的起点、裂纹传播方向等。机械部件的不连续处,如阶梯处、键槽、螺口或第二相杂质、表面缺

图 8-1 疲劳断面的海滩状条纹

陷等处,由于应力集中,很容易成为疲劳破坏的起点。

8.2 S-N 曲线

在疲劳试验中,根据一个循环周期内应力的最大值与最小值(见图 8-2),定义如下各参数。

应力幅值 $\qquad\qquad \Delta\sigma = \sigma_{\max} - \sigma_{\min}$

应力振幅 $\qquad\qquad \sigma_{\mathrm{a}} = \dfrac{\sigma_{\max} - \sigma_{\min}}{2}$

平均应力 $\qquad\qquad \sigma_{\mathrm{m}} = \dfrac{\sigma_{\max} + \sigma_{\min}}{2}$

应力比 $\qquad\qquad R = \dfrac{\sigma_{\min}}{\sigma_{\max}}$

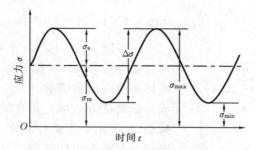

图 8-2　循环应力

　　疲劳试验结果通常表示为循环应力振幅与对应的寿命（断裂时经历的循环周次）的关系，即 *S-N* 曲线（见图 8-3）。如果断裂循环周次趋于无穷大，则对应的应力振幅称为疲劳极限（fatigue limit）。若应力振幅小于疲劳极限，材料就不会发生疲劳断裂。对于钢铁材料，*S-N* 曲线由斜向下的曲线向水平线的转变通常在 $N=10^6\sim10^7$ 时发生，习惯上将循环周次为 10^7 而不发生断裂的应力振幅上限定义为疲劳极限。对于非金属材料，*S-N* 曲线没有水平段，这时，指定断裂循环周次为

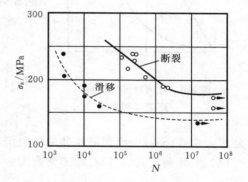

图 8-3　发生疲劳断裂和形成滑移带时的 *S-N* 曲线

（低碳钢，平面弯曲加载）

10^7 或 10^8，与其对应的应力振幅定义为疲劳强度（fatigue strength）。疲劳极限存在与否与材料有无屈服点密切相关，一般说来，有屈服点的材料存在疲劳极限，没有屈服点的材料在 *S-N* 曲线上没有水平段，即不存在疲劳极限。

　　在发生疲劳断裂之前，材料表面已发生大量滑移，形成了滑移带（slip band）。对于光滑试样，正是滑移带中产生的裂纹，以及裂纹的长大与合并才导致了最终的疲劳断裂。在图 8-3 中，形成滑移带时的 *S-N* 曲线也一并示出了。疲劳断裂是疲劳损伤不断累积和加重的结果。

　　例 8-1　A2026-T6 铝合金的 *S-N* 曲线由以下经验公式描述：

$$\Delta\sigma(N_f)^a=c$$

在 400 r/min 的加载频率下，材料试验结果为：$\Delta\sigma=310$ MPa 时，$N_f=10^4$；$\Delta\sigma=230$ MPa 时，$N_f=10^7$。飞机机身构件中用到同一材料。若飞机每天飞行 16 小时，受疲劳载荷作用，$\Delta\sigma=180$ MPa，加载频率为 400 r/min，试估算飞机寿命。

　　解　利用已有数据，确定经验公式中的常数 a、c，进而估算飞机寿命：

$$\frac{310}{230}=10^{3a},\quad a=0.0432,\quad N_f=10^4\left(\frac{310}{180}\right)^{1/a}=2.92\times10^9$$

$$\frac{2.92\times10^9}{16\times60\times400}\ 天=7.6\times10^3\ 天=20.8\ 年$$

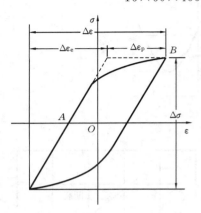

图 8-4　低周疲劳下的应力
应变滞回曲线

一般以 $N_0=10^5$ 为界来区分高周疲劳破坏与低周疲劳破坏。循环周次大于 N_0 的疲劳破坏称为高周疲劳破坏,小于 N_0 的疲劳破坏称为低周疲劳破坏。在高周疲劳中,应力振幅较小,几乎不产生塑性应变。高周疲劳破坏在宏观上表现为脆性断裂。对于低周疲劳,材料的疲劳破坏以及疲劳寿命取决于塑性应变的大小,此时应力与应变的关系如图 8-4 所示。

应变幅值分为弹性部分和塑性部分,即 $\Delta\varepsilon=\Delta\varepsilon_e+\Delta\varepsilon_p$,其中 $\Delta\varepsilon_p$ 在低周疲劳中起主导作用,它与断裂循环周次 N 的关系可表示为

$$\Delta\varepsilon_p N^k = 常数 \tag{8-1}$$

式中:k 约为 $1/2$。式(8-1)称为 Manson-Coffin 公式。将式(8-1)应用到静拉伸的极限情况(见图 8-4 中的曲线 AB),则 $\Delta\varepsilon_p=\varepsilon_f$,$N=1/4$,由此确定式(8-1)右端的常数为 $\varepsilon_f/2$,因此,式(8-1)可写为

$$\Delta\varepsilon_p N^k = \varepsilon_f/2 \tag{8-2}$$

根据式(8-2),给定 $\Delta\varepsilon_p$,可以估算相应的寿命 N。

347 不锈钢的低周疲劳 $\Delta\varepsilon_p$-N 关系曲线如图8-5 所示。

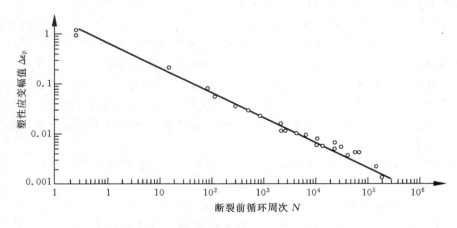

图 8-5　347 不锈钢低周疲劳 $\Delta\varepsilon_p$-N 关系曲线[3]

例 8-2　合金材料低周疲劳满足关系 $N_f^{0.5}\Delta\varepsilon_p=0.4$,若 $\Delta\varepsilon_p=5\times10^{-3}$,求相应的寿命 N_f。

解
$$N_f = \left(\frac{0.4}{5\times10^{-3}}\right)^2 = 6\,400$$

对于低周疲劳,控制破坏的载荷参数不是应力幅值,而是应变幅值。在 Manson-Coffin 公式中载荷参数也是以应变幅值来表示的。在应力循环条件下,材料的静强度是决定疲劳寿命的主要因素,而在应变循环时,材料的韧度(ε_f)对疲劳寿命起决定性作用。

应力(stress)、应变(strain)及滑移(slip)这三个词的英文单词均以 s 开头,广义的 *S-N* 曲线包含了这三种情况。

8.3　疲劳裂纹的形成

当应力振幅大于材料的疲劳极限时,在经过一定的循环周次后,金属表面部分晶粒中开始出现滑移带。滑移带是塑性变形留下的标记,它由不同数量的滑移线构成(见图 8-6)。随着循环周次增加,滑移带变粗、加宽。在这个阶段,如果用电解抛光的方法对表面进行处理,则大部分滑移线可消失,而少量滑移线群仍保留。这部分滑移带深入材料内部,称为驻留滑移带(persistent slip band),也称为持久滑移带。

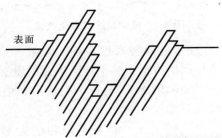

图 8-6　循环应力作用下的滑移带及初始疲劳裂纹的产生

滑移面与拉伸载荷方向所夹的角度依赖于晶粒本身的方位,但一般说来,滑移面与最大剪应力的作用面是一致的。如图 8-6 所示,循环变形使得试样表面变得粗糙,形成挤出脊(extrusion)和侵入沟(intrusion)。挤出脊和侵入沟是相互平行的滑移面各自发生循环滑移而引起的,它们是驻留滑移带在自由表面的出口。

滑移带的形成在最初几千循环周次内完成,之后其数目不增加,但表面显现的侵入沟处有很严重的应力集中现象,使滑移进一步加剧,而逐步向裂纹演化。根据断裂力学对裂纹变形形式的定义,初始疲劳裂纹主要是 II 型裂纹。出现表面滑移带是导致初期疲劳裂纹的最主要的原因,除此之外,在晶界处以及第二相粒子周围也可产生疲劳裂纹。其形成机理可参照静载下位错塞积引发裂纹的机理。

8.4　疲劳裂纹扩展 [4,5]

由滑移带引起的疲劳裂纹,开始时沿最大切应力方向长大(与表面成45°角),如图8-7所示,之后其方向转变为与拉应力方向垂直。疲劳裂纹沿滑移带方向长大的阶段为疲劳裂纹扩展的第Ⅰ阶段。疲劳裂纹沿与拉应力方向垂直的方向传播的阶段为第Ⅱ阶段。从宏观上看,疲劳断裂面与外应力方向是垂直的。

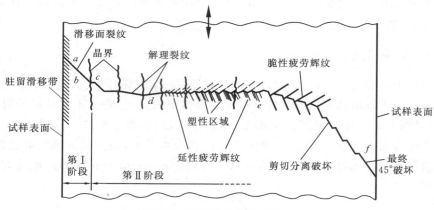

图8-7　疲劳裂纹扩展全过程

第Ⅰ阶段的裂纹尺寸通常与晶粒尺度在同一量级。第Ⅰ阶段裂纹尺寸虽然小,但这一阶段消耗的循环周次占据了整个疲劳寿命的重要部分,因为这一阶段的裂纹传播速度非常慢(10^{-8} cm/周次)。若疲劳裂纹不是由滑移带引发的,则裂纹传播会直接进入第Ⅱ阶段。

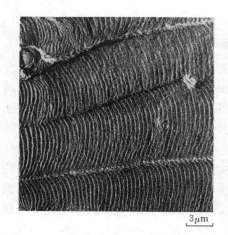

图8-8　7075-T6 铝合金疲劳断面上的疲劳辉纹

疲劳断面的大部分甚至全部均是随第Ⅱ阶段的裂纹扩展而形成的。通过电子显微镜观察可以发现,这个阶段疲劳断面上显示出特有的疲劳辉纹(striation),如图8-8所示。辉纹间隔对应每循环周次裂纹的扩展量,扩展方向与辉纹垂直。仔细观察还可以发现,在辉纹之间存在很细的滑移线,这表明裂纹尖端的破坏机理是滑移面分离。滑移面分离是一种延性断裂模式。所以,疲劳断裂从宏观上来看是脆性断裂,而从微观上来看是延性断裂,只不过塑性变形限于裂纹尖端的局部区域,在整体上显现不出来。

第Ⅱ阶段裂纹扩展的机理如图8-9所示。在一个交变应力循环中,应力最小(图

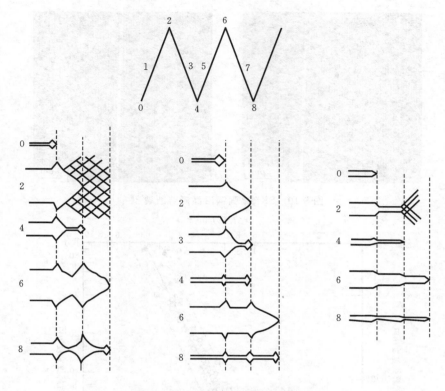

图 8-9　第 Ⅱ 阶段裂纹扩展的机理

8-9 中 0 处)时,裂纹尖端是闭合的,裂尖的张开位移随应力增大而增大(0→1→2)。由于应力集中,在滑移面上产生塑性滑移,裂纹张开并扩展一定距离。卸载过程(2→3→4)中,反方向塑性滑移使裂纹再次闭合,进入下一个扩展前的状态。这样每循环一个周次,裂纹就扩展一定距离,并留下一条疲劳辉纹。卸载时裂纹的闭合是由裂尖附近弹性约束引起的压缩应力造成的。当压缩应力很大时,裂纹闭合完全,疲劳辉纹呈平行沟形,当压缩应力较小时,部分裂纹闭合,疲劳辉纹呈锯齿形。

能够观察到疲劳辉纹的一般限于韧性材料,且裂纹扩展速度每周次扩展0.1～1μm。对于韧度较低的材料,不大容易观察到疲劳辉纹。在低速扩展区以及高硬度材料中,有可能发生沿晶疲劳断裂,如图 8-10 所示。

由于疲劳辉纹代表每次载荷循环后裂纹的前沿位置,破坏断面上某一点处疲劳辉纹宽度与裂纹扩展速度有一一对应的关系。通过观察测定疲劳辉纹,可以得到裂纹扩展的定量信息,即裂纹扩展速度 da/dN。通过断裂力学分析,还可以推测外应力大小。疲劳辉纹宽度与 $\Delta K/E$ 之间存在的对应关系如图 8-11 所示,其中 ΔK 是应力强度因子幅值,E 是材料的弹性模量。

图 8-10　SK5 高强钢沿晶疲劳断裂[6]

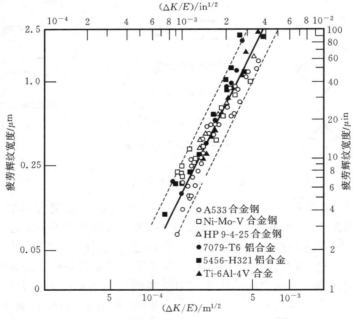

图 8-11　疲劳辉纹宽度与 $\Delta K/E$ 的关系[4]

例 8-3　宽度为 15 cm 的 2024-T3 铝合金板在使用一段时间后,产生一起源于表面、长度为 5 cm 且垂直于加载方向的边裂纹。循环应力大小不超过材料屈服应力(345 MPa)的 20%。由于裂纹大小已达到非常危险的程度,需将此铝合金板予以更换,并进行电子显微观察。在距离裂纹源点 1.5 cm 和 3 cm 处,疲劳辉纹的宽度分别为 10^{-4} mm 和 10^{-3} mm。2024-T3 铝合金板的疲劳性能数据如图 8-12 所示。问:过早破坏是由表面缺陷引起的,还是过高的应力水平引起的?

解　有限宽板边裂纹的应力强度因子 $K = Y\sigma\sqrt{a}$。根据数值结果,在距离裂纹源点 1.5 cm 和 3 cm 处,形状修正因子分别为 $Y_1 = 2.1$,$Y_2 = 2.43$。由图 8-12,根据两处

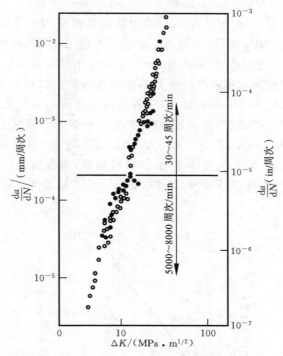

图 8-12　2024-T3 铝合金板的疲劳性能数据[4]

疲劳辉纹宽度观测结果得到的应力强度因子幅值分别是 $\Delta K_1 = 12.7$ MPa · m$^{1/2}$ 和 $\Delta K_2 = 20.9$ MPa · m$^{1/2}$。因此,应力幅值估计为

$$\Delta \sigma_1 = \frac{\Delta K_1}{Y_1 \sqrt{a}} = \frac{12.7}{2.1 \sqrt{0.015}} \text{ MPa} = 49.4 \text{ MPa}$$

$$\Delta \sigma_2 = \frac{\Delta K_2}{Y_2 \sqrt{a}} = \frac{20.9}{2.43 \sqrt{0.03}} \text{ MPa} = 49.7 \text{ MPa}$$

两者结果一致,且符合循环应力的设计预期值,说明破坏是由疲劳裂纹的早期扩展引起的。

8.5　断裂力学在疲劳裂纹扩展中的应用

如前所述,疲劳裂纹的扩展是裂纹尖端发生循环塑性变形的结果。但这种塑性变形局限于裂纹尖端附近的区域,因此,若满足小范围屈服条件,可以应用断裂力学的概念和方法来对疲劳裂纹扩展进行分析。因为是循环加载,应力强度因子以其幅值 ΔK 来代表,裂纹扩展速度 $\dfrac{\mathrm{d}l}{\mathrm{d}N}$ 与 ΔK 之间存在以下关系:

$$\frac{\mathrm{d}l}{\mathrm{d}N} = C(\Delta K)^m \tag{8-3}$$

式中：$m=2\sim4$；C 为常数。式(8-3)称为 Paris-Erdogan 方程。

在双对数坐标系中，$\mathrm{d}l/\mathrm{d}N$ 与 ΔK 的关系曲线图分为三个区域（见图 8-13）。在 I 区，ΔK 较小，$\mathrm{d}l/\mathrm{d}N$ 也较小，当 ΔK 小于临界值 ΔK_{th} 时，$\mathrm{d}l/\mathrm{d}N = 0$，$\Delta K_{\mathrm{th}}$ 称为应力强度因子门槛值（threshold stress intensity factor）。ΔK_{th} 越大，表明材料阻止疲劳裂纹扩展的能力越强。门槛值和疲劳极限都是材料的疲劳抗力指标，前者可用于含裂纹构件的无限寿命设计，后者可用于光滑构件的无限寿命设计。 II 区是疲劳裂纹亚稳态扩展区，其扩展规律由式(8-3)表示。III 区是高 ΔK 区，在这个区域 $\mathrm{d}l/\mathrm{d}N$ 较大。当 $K_{\max}>K_{\mathrm{c}}$，即 $\Delta K>(1-R)K_{\mathrm{c}}$ 时，材料将发生最终断裂，K_{c} 为静态断裂韧度。为了求式(8-3)中的材料常数，通常按 $\Delta K=$ 常数来进行试验。这时，因为裂纹长度不断增大，需要在试验过程中逐步降低载荷，以满足 $\Delta K=Y\Delta\sigma\sqrt{\pi l}=$ 常数的要求。

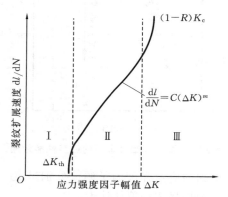

图 8-13　$\mathrm{d}l/\mathrm{d}N$-ΔK 关系曲线

为了考虑平均应力的影响，对式(8-3)进行修正，得到

$$\frac{\mathrm{d}l}{\mathrm{d}N}=\frac{C(\Delta K)^{m}}{(1-R)K_{\mathrm{c}}-\Delta K} \tag{8-4}$$

受塑性变形影响，裂纹尖端周围存在残余应力，因此，裂纹在外应力不等于零时也可能发生闭合。裂纹扩展只有在裂纹张开时才发生，为考虑裂纹闭合的影响，用有效应力强度因子 ΔK_{eff} 来替代 ΔK，得到

$$\frac{\mathrm{d}l}{\mathrm{d}N}=C(\Delta K_{\mathrm{eff}})^{m} \tag{8-5}$$

图 8-14 所示为由式(8-5)绘制的 $\mathrm{d}l/\mathrm{d}N$-ΔK_{eff} 关系曲线。

将 $\Delta K=Y_{1}\Delta\sigma\sqrt{\pi l}$ 代入式(8-3)，假定 $m>2$，积分后求得裂纹扩展寿命 N_{f}，即

$$N_{\mathrm{f}}=\frac{2}{m-2}\cdot\frac{1}{C\pi^{m/2}Y_{1}^{m}\Delta\sigma^{m}}(l_{0}^{1-m/2}-l_{\mathrm{f}}^{1-m/2}) \tag{8-6}$$

式中：l_{0}、l_{f} 分别为初始裂纹长度和临界裂纹长度。

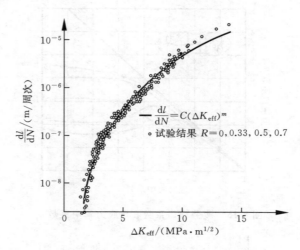

图 8-14　$\mathrm{d}l/\mathrm{d}N\text{-}\Delta K_{\mathrm{eff}}$关系曲线[7]

考虑到 $l_0 \ll l_\mathrm{f}$，$\Delta K_0 = Y_1 \Delta\sigma\sqrt{\pi l_0}$，式(8-6)变为

$$N_\mathrm{f} = \frac{2}{m-2} \cdot \frac{1}{C\pi(Y_1\Delta\sigma)^2} \cdot \frac{1}{\Delta K_0^{m-2}} \tag{8-7}$$

在双对数坐标系中，$N_\mathrm{f}\text{-}\Delta K_0$ 关系曲线为一直线，这也是一种 $S\text{-}N$ 曲线。

8.6　影响疲劳断裂的因素[8]

1.缺口效应

缺口等应力集中部位的存在会大大降低构件的疲劳强度。实际机械部件的疲劳破坏多起源于这样的应力集中部位。定义疲劳缺口系数(fatigue notch factor)为

$$\beta = \sigma_{\mathrm{w0}}/\sigma_\mathrm{w} \tag{8-8}$$

式中：σ_{w0} 为光滑试样的疲劳极限；σ_w 为带缺口试样的疲劳极限；$\beta > 1$，但一般小于按弹性假定计算出的应力集中系数 α。

对于高强度材料或 α 值不大的情形，β 与 α 的值很接近，如图 8-15 所示。因为这种情况下材料的塑性变形较小，局部应力约等于按弹性假定计算出来的应力值。

对于尖缺口试样的疲劳试验，缺口根部形成的疲劳裂纹在扩展一个很小的距离($0.1\sim1$ mm)后可能停止扩展。这样的裂纹称为不扩展裂纹，其产生的条件如图 8-16 所示。

在应力集中系数 α 较小时，缺口根部一旦形成疲劳裂纹，则该裂纹就会一直扩展，直至试样断裂。因此，裂纹形成的临界应力(对应图 8-16 中连接空心圆的实线)就是缺口试样的疲劳极限。在 α 大于某个值以后，使裂纹扩展至断裂所需应力 σ_{w2} 大于相应的裂纹形成的临界应力 σ_{w1}，因此，应力不增加时，裂纹在形成后将停止扩展，如图 8-16 中的阴影部分所示。点 A 是产生不扩展裂纹时对应的 α 的最小

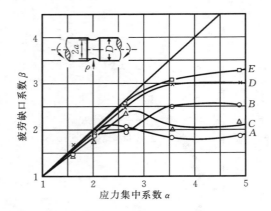

图 8-15　疲劳缺口系数 β 与应力集中系数 α

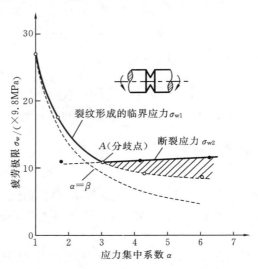

图 8-16　不扩展裂纹产生的条件

点,称为分歧点,相应的缺口根部曲率半径 ρ 为一常数。以 A 点为界,其左边区域的疲劳极限为 σ_{w1},其右边区域的疲劳极限为 σ_{w2}。

2. 表面效应

疲劳断裂通常起源于试样表面,因此试样表面状态对疲劳有很大影响。表面粗糙度与缺口有类似的作用。表面越粗糙,疲劳强度就下降得越多,而且这种影响对高强度材料而言尤为明显。在进行标准疲劳试验时,通常用砂纸将试样表面磨光(注意最后一次磨光的方向选择与加载方向一致),这样,即使在试样表面留有微小伤痕,它对疲劳强度的影响也非常小。

材料表层的性质也是疲劳重要的影响因素。在不降低整体韧度的条件下,为提高零部件的疲劳强度,可以对其进行表面强化,如表面渗碳、渗氮、高频淬火、表面锻压等。

　　材料表层的拉伸残余应力会降低疲劳强度,而压缩残余应力可以提高疲劳强度。因此,引入残余压应力是提高疲劳强度的重要途径。

　　残余应力随循环周次 N 增加而减小。材料发生低周疲劳时,塑性变形较大,残余应力降低较快,所以,残余应力对低周疲劳(应变疲劳)影响不大。而在疲劳极限附近,残余应力对疲劳有很大的影响。

3. 尺寸效应

　　在弯曲或扭转加载方式下,若试样表面最大应力值相同,则相对小试样,大试样的应力梯度较平缓,承受高应力的表层材料较多。因此,大试样表面形成疲劳裂纹的概率较大,更易发生疲劳破坏(见图 8-17)。所以,对于同一材料,大试样疲劳强度要低一些。在试验室条件下,通常用较小尺寸的试样来确定材料的疲劳强度,若以此为基础进行设计,则需要考虑尺寸效应,否则设计是偏危险的。

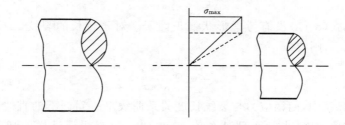

图 8-17　尺寸效应

4. 多轴应力

　　多轴应力下的疲劳试验结果不多,许多情况尚不清楚。通常认为裂纹的形核取决于最大切应力或最大畸变能密度,而裂纹的扩展由垂直于裂纹面的最大拉应力控制。

5. 疲劳累积损伤

　　疲劳载荷的振幅一般是随时间变化的,在进行设计时,需要由常应力振幅试验结果来预测变振幅条件下的疲劳强度。最简便的方法是利用疲劳损伤的线性累积法则来进行预测。线性累积法则又称 Palmgren-Miner 法则。Miner 公式可表示为

$$\sum \frac{n_i}{N_i}=1 \qquad\qquad (8-9)$$

式中:n_i 和 N_i 分别是应力振幅 σ_i 单独作用下的实际循环周次和对应的疲劳寿命。

　　根据式(8-9),各种水平应力作用下的疲劳损伤与加载次数成正比例。疲劳损伤不断累积,达到临界值时就发生疲劳断裂。

6. 温度

　　温度上升会促进位错的移动,或使材料发生软化。当温度上升到一定程度时,

材料中的微孔洞向晶界扩散,因此沿晶断裂更易发生。随着温度的降低,各种金属的疲劳性能是上升的。因此,将常温下的疲劳试验结果用于低温设计是偏于保守的。

7. 平均应力

平均拉应力的作用会促进疲劳裂纹的萌生和扩展,因此,正的平均应力越大,则以应力振幅表示的疲劳强度越低。用公式表示为

$$\sigma_a = \sigma_e \left[1 - \left(\frac{\sigma_m}{\sigma_u} \right)^x \right], \quad x = 1, 2 \tag{8-10}$$

式中:σ_e 为平均应力等于零时的疲劳极限;σ_u 为静强度;σ_m 为平均应力;σ_a 为平均应力等于 σ_m 时相应的疲劳极限。

8.7 短裂纹疲劳特性[9]

疲劳裂纹扩展的门槛应力记为 $\Delta\sigma_{th}$,则门槛应力强度因子形式上写为

$$\Delta K_{th} = \Delta\sigma_{th} \sqrt{\pi a} \tag{8-11}$$

为简便起见,式(8-11)没有考虑形状修正因子。对于较长的裂纹,ΔK_{th} 为材料常数,记为 $\Delta K_{th\infty}$,则有

$$\Delta\sigma_{th} = \frac{\Delta K_{th\infty}}{\sqrt{\pi a}} \tag{8-12}$$

在双对数坐标系中,门槛应力与裂纹长度关系曲线呈一斜向下的直线。随着 a 的减小,门槛应力增大,当 a 小到某个值 a_0 时,$\Delta\sigma_{th}$ 就与光滑试样的疲劳极限 σ_0 相等,因此有

$$a_0 = \frac{1}{\pi} \left(\frac{\Delta K_{th\infty}}{\sigma_0} \right)^2 \tag{8-13}$$

a_0 又称为过渡裂纹尺寸。

以软钢为例,$\Delta K_{th\infty} = 6\,\text{MPa} \cdot \text{m}^{1/2}$,$\sigma_0 = 210\,\text{MPa}$,由此计算出 $a_0 = 0.26\,\text{mm}$,即对软钢而言,只有当裂纹尺寸大于 a_0 时,线弹性断裂力学的概念才适用,裂纹扩展的门槛应力才可以利用式(8-12)来确定。尺寸小于 a_0 的裂纹称为短裂纹。

式(8-13)所示的处理方法是一种近似的和简单的方法,该式称为 Smith 模型。实际上,短裂纹的尺寸有一个范围,短裂纹的扩展特性不同于长裂纹,门槛应力既不等于光滑试样的疲劳极限,又不等于由式(8-12)所确定的值。

Tanaka 等人[9]根据微观理论分析和试验,得到疲劳裂纹扩展的门槛应力以及门槛应力强度因子的表达式,以下是推导过程。

当裂纹扩展应力在门槛值附近时,认为裂纹尖端的滑移在晶界处受到阻碍,如图 8-18 所示。考虑滑移带与裂纹在同一平面上的情形(见图 8-18(b)),当裂纹处于平衡状态时,有

$$K_c^m = K_1 + K_2 \tag{8-14}$$

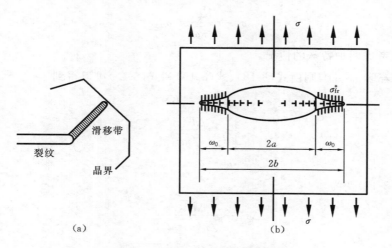

图 8-18　裂纹扩展门槛值模型

式中：K_c^m 为滑移带顶端的微观应力强度因子；K_1 为外载荷 $\Delta\sigma_{th}$ 对应的应力强度因子；K_2 为位错运动的摩擦阻力 σ_{fr}^* 对应的应力强度因子。K_1、K_2 的表达式分别为

$$K_1 = \Delta\sigma_{th}\sqrt{\pi b} \tag{8-15}$$

$$K_2 = -\int_a^b \frac{\sigma_{fr}^*}{\sqrt{\pi b}}\left(\sqrt{\frac{b+x}{b-x}}+\sqrt{\frac{b-x}{b+x}}\right)\mathrm{d}x \tag{8-16}$$

其中 K_2 的表达式借用了断裂力学的分析结果。将式（8-15）和式（8-16）代入式（8-14）并求解，得到

$$\begin{cases}\Delta\sigma_{th}=\dfrac{K_c^m}{\sqrt{\pi b}}+\dfrac{2}{\pi}\sigma_{fr}^*\arccos\left(\dfrac{a}{b}\right)\\[2mm]\Delta K_{th}=\Delta\sigma_{th}\sqrt{\pi a}=K_c^m\sqrt{\dfrac{a}{b}}+2\sqrt{\dfrac{a}{\pi}}\sigma_{fr}^*\arccos\left(\dfrac{a}{b}\right)\\[2mm]b=a+\omega_0\end{cases} \tag{8-17}$$

式中：ω_0 为裂纹顶端的塑性区尺寸。

对于长裂纹，$a\gg\omega_0$，将式（8-17）中的 $\arccos\left(\dfrac{a}{b}\right)$ 进行泰勒展开，有

$$\arccos\left(\frac{a}{b}\right)=\arccos\left(\frac{a}{a+\omega_0}\right)\approx\sqrt{\frac{2\omega_0}{a}}$$

由此得到长裂纹扩展的门槛应力强度因子 $\Delta K_{th\infty}$，即

$$\Delta K_{th\infty}=K_c^m+2\sqrt{\frac{2}{\pi}}\sigma_{fr}^*\sqrt{\omega_0} \tag{8-18}$$

在式（8-17）中，令 $a\to 0$，可得到光滑试样的疲劳极限 σ_0，即

$$\sigma_0 = \frac{K_c^m}{\sqrt{\pi\omega_0}} + \sigma_{fr}^* \tag{8-19}$$

下面考虑两种特殊的情况。

（1）若取 $\sigma_{fr}^* = 0$，则由式(8-18)、式(8-19)和式(8-13)可以得到

$$\begin{cases} \Delta K_{th\infty} = K_c^m \\ \sigma_0 = \dfrac{\Delta K_{th\infty}}{\sqrt{\pi\omega_0}} \\ \omega_0 = a_0 \end{cases} \tag{8-20}$$

因此，式(8-17)变为

$$\begin{cases} \Delta\sigma_{th} = \dfrac{\Delta K_{th\infty}}{\sqrt{\pi(a+a_0)}} \\ \Delta K_{th} = \Delta K_{th\infty}\sqrt{\dfrac{a}{a+a_0}} \end{cases} \tag{8-21}$$

或

$$\begin{cases} \dfrac{\Delta\sigma_{th}}{\sigma_0} = \sqrt{\dfrac{a_0}{a+a_0}} \\ \dfrac{\Delta K_{th}}{\Delta K_{th\infty}} = \sqrt{\dfrac{a}{a+a_0}} \end{cases} \tag{8-22}$$

（2）若取 $K_c^m = 0$，则由式(8-18)、式(8-19)和式(8-13)可以得到

$$\begin{cases} \Delta K_{th\infty} = 2\sqrt{\dfrac{2}{\pi}}\sigma_{fr}^*\sqrt{\omega_0} \\ \sigma_0 = \sigma_{fr}^* \\ a_0 = \dfrac{8}{\pi^2}\omega_0 \end{cases} \tag{8-23}$$

因此式(8-17)变为

$$\begin{cases} \Delta\sigma_{th} = \dfrac{2}{\pi}\sigma_0\arccos\left(\dfrac{a}{b}\right) \\ \Delta K_{th} = 2\sqrt{\dfrac{a}{\pi}}\sigma_0\arccos\left(\dfrac{a}{b}\right) \end{cases} \tag{8-24}$$

或

$$\begin{cases} \dfrac{\Delta\sigma_{th}}{\sigma_0} = \dfrac{2}{\pi}\arccos\left(\dfrac{a}{a+\omega_0}\right) \\ \dfrac{\Delta K_{th}}{\Delta K_{th\infty}} = \sqrt{\dfrac{a}{2\omega_0}}\arccos\left(\dfrac{a}{a+\omega_0}\right) \end{cases} \tag{8-25}$$

根据式(8-22)，门槛应力、门槛应力强度因子与裂纹长度的关系如图 8-19 所示。各种试验数据均落在 Smith 模型和 Tanaka 模型的预测曲线之间。

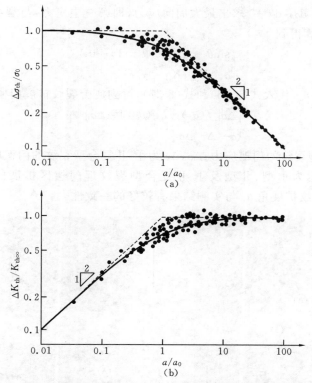

图 8-19 无量纲化门槛应力、门槛应力强度因子与裂纹长度的关系

8.8 复合型疲劳裂纹扩展条件[10]

对于 Ⅰ-Ⅱ 复合型裂纹,如图 8-20 所示,距离裂纹
尖端 r 处的周向应力 σ_θ 可利用第 4 章的公式和坐标
变换求得,其结果为

$$
\begin{cases}
\sigma_\theta = \dfrac{K_{\mathrm{I}}}{\sqrt{2\pi r}} f(\theta) + \dfrac{K_{\mathrm{II}}}{\sqrt{2\pi r}} g(\theta) \\[2mm]
f(\theta) = \dfrac{3}{4}\cos\dfrac{\theta}{2} + \dfrac{1}{4}\cos\dfrac{3\theta}{2} \\[2mm]
g(\theta) = -\dfrac{3}{4}\sin\dfrac{\theta}{2} - \dfrac{3}{4}\sin\dfrac{3\theta}{2}
\end{cases}
\tag{8-26}
$$

裂纹扩展的最大周向应力理论认为,当 σ_θ 的最大
值达到临界值时,裂纹开始扩展。扩展条件表示为

$$
\sigma_{\theta,\max} = \frac{K_{\mathrm{I,th}}}{\sqrt{2\pi r}}
\tag{8-27}
$$

式中:$K_{\mathrm{I,th}}$ 是 Ⅰ 型裂纹扩展的门槛值。

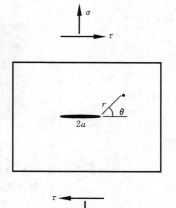

图 8-20 Ⅰ-Ⅱ 复合型裂纹

首先由条件 $d\sigma_\theta/d\theta=0$ 求出最大周向应力(即第一主应力)与裂纹长度方向的夹角 θ_0,经过运算得到

$$\begin{cases} \sin\theta_0 + \alpha(3\cos\theta_0 - 1) = 0 \\ \alpha = K_{\text{II}}/K_{\text{I}} = \tau/\sigma \end{cases} \tag{8-28}$$

由式(8-28)求出 θ_0,代入式(8-26)和式(8-27),得到疲劳裂纹扩展门槛应力公式为

$$\begin{cases} \Delta\sigma[f(\theta_0) + \alpha g(\theta_0)] = \Delta\sigma_{\text{th}} \\ \alpha = \Delta\tau/\Delta\sigma \end{cases} \tag{8-29}$$

式中:$\Delta\sigma_{\text{th}}$ 为 I 型裂纹的门槛应力;$\Delta\sigma$、$\Delta\tau$ 为 I-II 复合型裂纹的门槛应力分量。

图 8-21 所示为 I 型、II 型及 I-II 复合型裂纹近门槛区扩展的实例。由式(8-28)估计的裂纹扩展角 θ_0 与实测结果有较好的一致性。

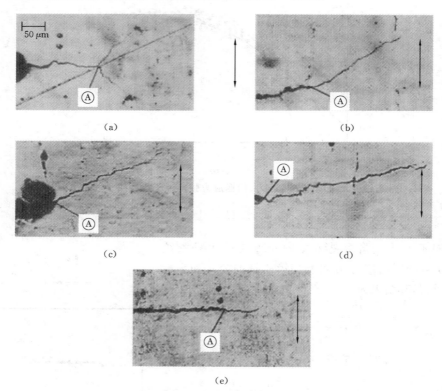

(a)　　　　　　　　　　　　　　　(b)

(c)　　　　　　　　　　　　　　　(d)

(e)

图 8-21　裂纹近门槛区扩展

(a) II 型,$\theta_0 = 70.5°$;(b) 复合型,$\alpha=0.866,\theta_0=50.8°$;(c) 复合型,$\alpha=0.5,\theta_0=40.2°$;

(d) 复合型,$\alpha=0.287,\theta_0=28.3°$;(e) I 型,$\alpha=0,\theta_0=0°$

注:Ⓐ表示预制疲劳裂纹的尖端。

对复合型裂纹的扩展,除了上面介绍的最大周向应力理论外,还可采用几种其他理论,如最小应变能密度因子理论等进行分析,读者对此若感兴趣可参考相关

文献。

8.9　高温疲劳[11-13]

1. 裂纹扩展的断裂力学描述

图 8-22 所示为在高温条件下的疲劳裂纹扩展区的显微照片,断面上的延性疲劳辉纹是该裂纹扩展区的典型特征。

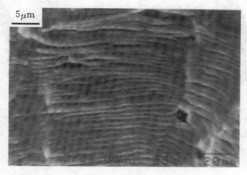

图 8-22　疲劳裂纹扩展区(500℃,$R=0$)

在高温疲劳裂纹满足小范围屈服条件时,裂纹扩展受 ΔK 控制,这时可运用线弹性断裂力学进行分析。当蠕变或塑性变形较大时,需要应用弹塑性断裂力学来分析裂纹的扩展行为。

对于表面椭圆形裂纹,定义应变强度因子为

$$\Delta K_\varepsilon = \Delta \varepsilon \sqrt{\pi b}\, F \tag{8-30}$$

式中:$\Delta \varepsilon$ 为应变范围;b 为裂纹深度;F 为形状修正系数。

J 积分范围由以下各式计算:

$$\Delta J = \Delta J_e + \Delta J_p \tag{8-31}$$

$$\Delta J_e = \frac{\Delta K^2}{E} = 2\pi \Delta W_e b F^2 \tag{8-32}$$

$$\Delta J_p = 2\pi f(n') \Delta W_p b F^2 \tag{8-33}$$

式中:

$$\Delta W_e = \frac{\Delta \sigma^2}{2E} \tag{8-34}$$

$$\Delta W_p = \frac{\Delta \sigma \Delta \varepsilon_p}{n'+1} \tag{8-35}$$

$$f(n') = \frac{n'+1}{2\pi} \cdot \left[\frac{3.85(1-n')}{\sqrt{n'}} + \pi n' \right] \tag{8-36}$$

式中:n' 为循环硬化指数。

利用应变强度因子幅值 ΔK_ε 对 $\mathrm{d}a/\mathrm{d}N$ 进行分析的例子如图 8-23 所示。图 8-24 所示为 $\mathrm{d}a/\mathrm{d}N$-ΔJ 关系曲线。相对基于 ΔK_ε 的分析而言,不同试验温度下的

数据在 da/dN -ΔJ 图上落在较窄的带内,说明 J 积分范围 ΔJ 是高温疲劳裂纹扩展较好的控制参数。

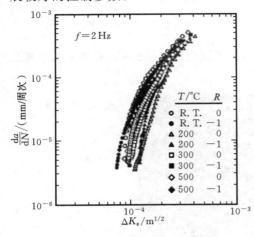 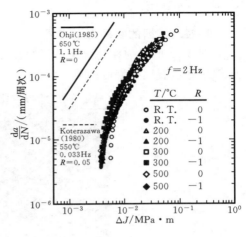

图 8-23　da/dN-ΔK_ε 关系曲线　　　　**图 8-24**　da/dN-ΔJ 关系曲线

2. 加载频率的影响

高温疲劳的另一特征是裂纹扩展结果受加载频率的影响较大。室温下的裂纹扩展主要依赖于循环周次,而高温下的裂纹扩展与时间相关。在一定条件下,循环周次与时间这两方面因素均起作用。以下基于弹、黏塑性理论对裂纹尖端的应力应变进行数值分析,并利用黏塑性应变范围和 J 积分范围对不同加载频率下的试验结果进行分析,讨论用这两种参数表征裂纹扩展的有效性。

不同频率下的工业用钛材料疲劳裂纹扩展速度结果如图 8-25 所示。

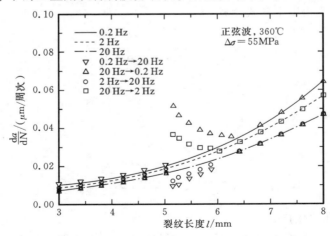

图 8-25　加载频率对裂纹扩展速度的影响

　　当加载频率较大时,裂纹扩展速度较小。对于裂纹扩展过程中加载频率发生变化,如由 20 Hz 变为 2 Hz 的情况,变化刚开始时,其裂纹扩展速度 $\mathrm{d}l/\mathrm{d}N$ 较频率恒定(2 Hz)时的 $\mathrm{d}l/\mathrm{d}N$ 还要大。反之,加载频率由 2 Hz 变为 20 Hz,变化刚开始时的 $\mathrm{d}l/\mathrm{d}N$ 较频率恒定(20 Hz)时的 $\mathrm{d}l/\mathrm{d}N$ 还要小。随着加载的继续,$\mathrm{d}l/\mathrm{d}N$ 趋近于变化后的恒定频率下的 $\mathrm{d}l/\mathrm{d}N$ 值。为计算黏塑性应变范围和 J 积分范围,首先应用弹黏塑性理论建立材料的本构关系。材料应变硬化效果用如下多层模型进行描述,如图 8-26 所示。将材料作为 n 个理想塑性杆的并联集合体来考虑,设杆 i 的体积占有率设为 $t_i(t_1+t_2+\cdots+t_n=1)$。各杆的杆长和杨氏模量相同,作用于杆 i 的应力和弹性应变、塑性应变、初始屈服应力分别为 σ_i、ε_i^e、ε_i^p、$Y_i(Y_1<Y_2<\cdots<Y_n)$,当杆 k 发生屈服时,杆 1 到杆 $k-1$ 均已屈服,它们承担的应力是各自的屈服应力与体积占有率的乘积 Y_jt_j,而杆 $k+1$ 到杆 n 尚处于弹性阶段,其应力为 Y_k 乘以各自的体积率,因此全应力 $\sigma(k)$ 可由下式求得:

$$\sigma(k)=\sum_{j=1}^{k-1} Y_jt_j+Y_k\sum_{j=k}^{n} t_j \tag{8-37}$$

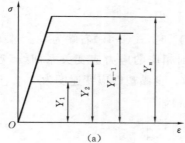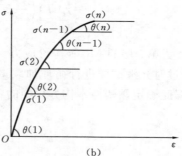

图 8-26　弹塑性变形的多层模型示意图

　　将黏塑性材料的弹性应变记为 $\boldsymbol{\varepsilon}^e$,黏塑性应变记为 $\boldsymbol{\varepsilon}^{vp}$,全应变记为 $\boldsymbol{\varepsilon}$,全应力记为 $\boldsymbol{\sigma}$。一般应力状态下的应力应变关系用矢量形式表示为

$$\boldsymbol{\varepsilon}=\boldsymbol{\varepsilon}^e+\boldsymbol{\varepsilon}^{vp} \tag{8-38}$$

$$\boldsymbol{\sigma}=\boldsymbol{D}^e\boldsymbol{\varepsilon}^e=\boldsymbol{D}^e(\boldsymbol{\varepsilon}-\boldsymbol{\varepsilon}^{vp}) \tag{8-39}$$

采用 Mises 屈服条件时有

$$F(\sigma,c)=\bar{\sigma}(\sigma,c)-\sigma^*(c)=0 \tag{8-40}$$

式中:$F(\sigma,c)$ 为屈服函数;$\bar{\sigma}$ 为 Mises 等价应力;σ^* 为材料的屈服应力;c 为反映加载路径的参数。

　　Perzyna 给出的黏塑性应变速度为

$$\dot{\boldsymbol{\varepsilon}}^{vp}=\frac{\mathrm{d}}{\mathrm{d}t}\boldsymbol{\varepsilon}^{vp}=\begin{cases}\gamma(T)\phi\left(\dfrac{F}{F_0}\right)\left\{\dfrac{\partial Q}{\partial\boldsymbol{\sigma}}\right\}, & F/F_0\geqslant0\\[2mm] 0, & F/F_0<0\end{cases} \tag{8-41}$$

式中：Q 为塑性势能；$\gamma(T)$ 为与黏性有关的材料常数；T 为温度；F_0 为屈服函数 F 的基准量；$\phi(\ )$ 为设定的函数。

以下考虑 $Q=F$ 的情况，并将 $\phi(\ )$ 取为幂函数的形式，则式(8-41)变为

$$\dot{\boldsymbol{\varepsilon}}^{\mathrm{vp}}=\begin{cases}\gamma(T)\left(\dfrac{F}{F_0}\right)^m\left\{\dfrac{\partial F}{\partial \boldsymbol{\sigma}}\right\}, & F/F_0\geqslant 0\\[2mm]\mathbf{0}, & F/F_0<0\end{cases} \tag{8-42}$$

将上述黏塑性理论用于多层模型中的每一层，则第 i 层的黏塑性应变速度为

$$\dot{\boldsymbol{\varepsilon}}_i^{\mathrm{vp}}=\begin{cases}\gamma_i(T)\left(\dfrac{F_i}{F_{0i}}\right)^{m_i}\left\{\dfrac{\partial F}{\partial \boldsymbol{\sigma}}\right\}_i, & F_i/F_{0i}\geqslant 0\\[2mm]\mathbf{0}, & F_i/F_{0i}<0\end{cases} \tag{8-43}$$

考虑平面应力场，此时屈服函数 F 写为

$$F=\bar{\sigma}-\sigma^*=(\sigma_1^2+\sigma_2^2-\sigma_1\sigma_2+3\tau_{12}^2)^{\frac{1}{2}}-\sigma^* \tag{8-44}$$

代入式(8-41)，并以主方向的分量表示，则有

$$\begin{Bmatrix}\dot{\varepsilon}_1^{\mathrm{vp}}\\\dot{\varepsilon}_2^{\mathrm{vp}}\\\dot{\gamma}_{12}^{\mathrm{vp}}\end{Bmatrix}_i=\gamma_i(T)\left(\dfrac{\bar{\sigma}_i-Y_i}{Y_i}\right)^{m_i}\dfrac{1}{2\bar{\sigma}_i}\begin{Bmatrix}2\sigma_1-\sigma_2\\2\sigma_2-\sigma_1\\6\tau_{12}\end{Bmatrix}_i, \quad \bar{\sigma}_i\geqslant Y_i \tag{8-45}$$

式中：$\bar{\sigma}_i$ 为第 i 层的 Mises 等价应力。当 $\bar{\sigma}_i<Y_i$ 时，式(8-45)右端为零。

通过对光滑试样进行循环加载试验，得到相应的应力应变关系曲线(迟滞回线)。据此确定黏塑性本构方程中的各个参数。全黏塑性应变速度为

$$\dot{\boldsymbol{\varepsilon}}^{\mathrm{vp}}=\begin{Bmatrix}\dot{\varepsilon}_1^{\mathrm{vp}}\\\dot{\varepsilon}_2^{\mathrm{vp}}\\\dot{\gamma}_{12}^{\mathrm{vp}}\end{Bmatrix}=\sum_{i=1}^n\begin{Bmatrix}\dot{\varepsilon}_1^{\mathrm{vp}}\\\dot{\varepsilon}_2^{\mathrm{vp}}\\\dot{\gamma}_{12}^{\mathrm{vp}}\end{Bmatrix}_i t_i \tag{8-46}$$

选取适当大小的时间间隔 Δt，可求得黏塑性应变增量，进而求得现在时刻的黏塑性应变 $\boldsymbol{\varepsilon}^{\mathrm{vp}}$。

J 积分范围可由下式计算：

$$\Delta J=\int_\Gamma(Vn_1-\Delta T_i\dfrac{\partial u_i}{\partial x_1})\mathrm{d}\Gamma \tag{8-47}$$

$$V=\int \Delta\sigma_{ij}\,\mathrm{d}\Delta\varepsilon_{ij} \tag{8-48}$$

图 8-27、图 8-28 所示分别为应用黏塑性应变幅值 $\Delta\varepsilon^{\mathrm{vp}}$ 和 J 积分范围 ΔJ 对 $\mathrm{d}l/\mathrm{d}N$ 的分析整理结果。从图中可以看到，不同试验条件下的结果均落在一条窄带内，这表明 $\Delta\varepsilon^{\mathrm{vp}}$ 和 ΔJ 是描述裂纹扩展速度以及加载频率影响的较好的参数。而这两种参数是基于前述弹、黏塑性本构方程和有限元数值分析计算得到的。进一步的分析计算表明，图 8-28 所示 $\dfrac{\mathrm{d}l}{\mathrm{d}N}$-$\Delta J$ 关系对裂纹尖端的单元划分尺寸不敏感。

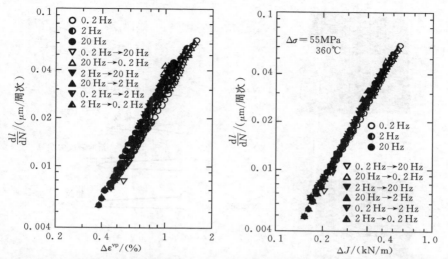

图 8-27 裂纹扩展速度与黏塑性应变幅值的关系　　图 8-28 裂纹扩展速度与 J 积分范围的关系

8.10 工程塑料中的疲劳裂纹扩展

与金属材料类似,工程塑料中的疲劳裂纹扩展与应力强度因子有很强的相关性。在应力控制下,工程塑料有较强的裂纹扩展抗力;在应变控制下,其扩展抗力较差。

在工程塑料中有两类疲劳断面特征。其中一类是 100% 疲劳辉纹,辉纹宽度完全对应一个载荷循环的裂纹扩展量,如图 8-29(a)所示,对应低水平 ΔK、高加载频率时聚苯乙烯、聚碳酸酯、有机玻璃的情况,以及任意载荷水平下聚氯乙烯的情况。另一类是非连续扩展带,带宽较大,在每一扩展带内包含数百个循环,裂纹在此期间保持相对稳定,然后突然扩展(见图 8-29(b)、图 8-30)。对于非连续扩展的情形,随着载荷循环,裂纹尖端产生银纹区(损伤)并增大,达到临界尺寸时,裂纹突然增大,然后在接下来的一个时期内保持相对稳定。进入下一个银纹增长周期(见

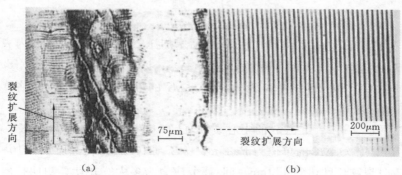

（a）　　　　　　　　　　　（b）

图 8-29 非晶态塑料疲劳断面[4]

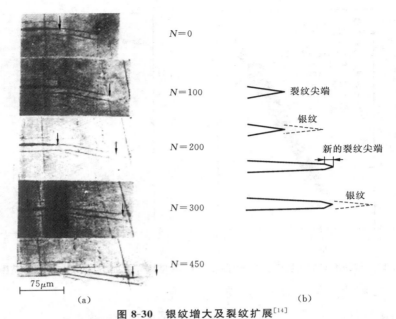

图 8-30　银纹增大及裂纹扩展[14]

(a)PVP 中循环周次与银纹/裂纹尖端的对应关系；　(b)非连续扩展模型

图 8-30)。

参考 Dugdale 模型，非连续带宽可以由下式计算：

$$R = \frac{\pi K^2}{8\sigma_{ys}^2} \tag{8-49}$$

对聚苯乙烯及其他几种材料，在给定的 ΔK 下，测定非连续扩展带的带宽，依据式(8-49)解出 σ_{ys}，发现其值与材料的银纹形成临界应力相等，证实了以上公式的合理性。

习　题

1. 一薄壁气缸外径为 $9\,\mathrm{cm}$，$t=1\,\mathrm{cm}$，活塞加压 $\Delta p=55\,\mathrm{MPa}$，气缸内表面有一半圆形缺陷，$a=0.15\,\mathrm{cm}$，缺陷面垂直于 $\Delta\sigma_\theta$。材料的疲劳性能数据 $da/dN=5\times10^{-39}(\Delta K)^4$，$da/dN$ 的单位为 m/周次，ΔK 的单位为 Pa·m$^{1/2}$。估算该气缸的疲劳寿命。

2. 宽平板含长 $l=2.0\,\mathrm{cm}$ 的中心裂纹，已知 $da/dN=4\times10^{-37}(\Delta K)^4$，$da/dN$ 的单位为 m/周次，ΔK 的单位为 Pa·m$^{1/2}$。$E=210\,\mathrm{GPa}$，在经历 $N=10^4$ 周次的循环加载时裂纹长度达到 $4.0\,\mathrm{cm}$。问：疲劳应力为多大？并计算初期扩展疲劳辉纹的宽度。

3. 疲劳辉纹宽度（裂纹扩展速度）与应力强度因子之间存在关系：$B \approx 6(\Delta K/E)^2$。观察到疲劳断面上 A、B 处的辉纹宽度分别为 10^{-4} mm 和 10^{-3} mm，$E = 2.06 \times 10^5$ MPa，求 A、B 两处对应的应力强度因子。

4. 证明式（8-26）成立。

5. 高分子材料疲劳 S-N 曲线由经验关系式 $\sigma_a(N_f)^a = c$ 描述。式中，σ_a 为应力振幅，已知当 $\sigma_a = 43$ MPa 时，$N_f = 50$，$\sigma_a = 15$ MPa 时，$N_f = 5000$。问：$\sigma_a = 20$ MPa 时，寿命 N_f 为多少？

本章参考文献

[1] DIETER G E. Mechanical metallurgy[M]. New York：McGraw-Hill Book Company, Inc. ,1986.

[2] 小寺沢良一. フラクトグラフィとその応用[M].東京：日刊工業新聞社,1981.

[3] COFIN L F, Jr.. Low-cycle fatigue[J]. ASM Metals Engineering，Quarterly, 1963,3：15-24.

[4] HERTZBERG R W. Deformation and fracture mechanics of engineering materials[M]. New York：John Wiley & Sons Inc,1995.

[5] SURESH S. Fatigue of materials[M]. 2nd ed. Cambridge：Cambridge University Press,1998.

[6] 村上理一，小林英男，中沢一. The influence of microstructure and microscopic fracture mechanisms on fatigue crack growth rates in steel plates[J]. 日本機械学会論文集,1978,44：1415-1423.

[7] SURESH S, RITCHIE R O. Near-threshold fatigue crack propagayion：a perspective on the role of crack closure[M]//DAVIDSON D L,SURESH S. Fatigue crack growth threshold：concepts. Warrendale：The Metallurgical Society of AIME，1984：227-262.

[8] 小寺沢良一. 材料強度学要論[M]. 東京：朝倉書店,1995.

[9] TANAKA K，NAKAI Y，YAMASHITA M. Fatigue growth threshold of small cracks[J]. Int J. Fract，1981,17：519-533.

[10] KITAOKA S,CHEN J Q,SEIKA M. Crack propagation threshold under mixed mode [J]. 日本機械学会論文集，1985,51：1764-1771.

[11] CHEN J Q，TAKEZONO S，TAO K，et al. Application of fracture mechanics to the surface crack propagation in stainless steel at elevated temperatures[J]. Acta Materialia, 1997, 45：2495-2500.

[12] 陈建桥,竹园茂男,入江胜,等. 加载频率对中温环境下疲劳裂纹扩展的影响

[J]. 金属学报，2000，36(8)：813-817.

[13] PERZYNA P. Fundamental problems in viscoplacticity[J]. Advances in Applied Mechanics，1966,9：243-377.

[14] HERTZBERG R W，SKIBO M D，MANSON J A. Fatigue crack propagation in nylon 66 blends[C]//PARIS P C. Fracture Mechanics. Philadelphia：ASTM,1980:49-64.

第9章 高分子材料和陶瓷材料的强度
Strength of Polymers and Ceramics

高分子材料的力学性能依赖于环境温度、加载速度以及作用时间。随着温度的升高,高分子材料由玻璃态逐步转向黏弹态、橡胶态和黏流态。对于工程应用,表征高分子材料的黏弹性十分重要。本章介绍高分子材料的变形及断裂特征,时间-温度等效原理,重点介绍线性黏弹性力学模型及相应的分析计算方法。对陶瓷材料和功能梯度材料的破坏也简要予以介绍。

9.1 高分子材料的力学性能[1]

目前,高分子材料(或称高聚物,polymer)在工程中的应用越来越广。与金属材料相比,它具有可加工性好、耐腐蚀、密度小等优点。高分子材料分为热固性(thermoset)材料和热塑性(thermoplastic)材料。在加热时,前者通过化学结合状态的变化而固化,这种变化不可逆;后者的熔融或固化是一种物理状态的变化,变化过程是可逆的。

高分子材料由大分子链组成。大分子链(聚乙烯链)的几何形状大致分为线型、支化和网状三类,分别如图 9-1(a)、(b)、(c)所示。线型高分子材料的大分子之间没有化学键相连,在一定条件下大分子可发生相互移动(流动)。大分子链上带有一些支链的高分子材料称为支化高分子材料,由于支链的存在,分子不易规则排列,支化高分子的结晶度和密度较低,拉伸强度也较低。线型高分子和支化高分

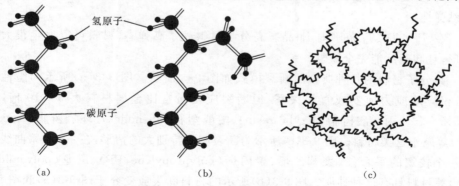

氢原子

碳原子

(a)　　　　　　(b)　　　　　　(c)

图 9-1　大分子链的结构类型

(a) 线型大分子链(大球表示碳原子,小球表示氢原子);(b) 支化大分子链;(c) 网状大分子链

子能在适当的溶剂溶解,加热可以熔融。网状大分子链是指通过支链或化学键相连接而形成的三维网状结构(或称为交联结构),如热固性塑料、硫化橡胶等。这类高分子材料的分子链之间很难产生相对滑移,具有尺寸稳定、不溶、不熔的特点。

　　高分子材料的力学性能与温度、加载时间和加载速度密切相关。根据温度和观测时间的不同,材料可表现为玻璃态(脆性固体)、黏弹态、高弹态(又称橡胶态,弹性体)和黏流态(黏性流体)。图 9-2 中的曲线表示非晶态高分子材料的弹性模量-温度关系,该图分为四个区域,分别对应玻璃态、黏弹态、高弹态和黏流态。过渡温度 T_g 称为玻璃化转变温度,T_f 称为黏流温度。

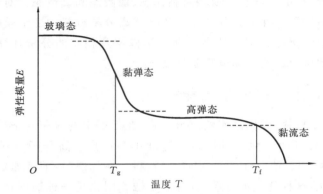

图 9-2　非晶态高分子材料的弹性模量-温度关系曲线

　　当温度低于 T_g 时,材料处于玻璃态。在进行拉伸试验时,试件的伸长率很小,在拉伸断裂之前,材料显示较普通的弹性变形。

　　黏弹性是高分子材料最重要的力学特征之一。黏弹性兼有弹性固体变形特征和黏性液体流动特征,主要表现为蠕变、应力松弛和延滞回复等,在变形过程中有较大的能量损耗,应力应变响应与时间有关。许多高分子材料的黏弹性均属于线性黏弹性。

　　在 $T_g < T < T_f$ 范围内,非晶态高分子材料处于高弹态,材料可以发生很大的变形,且卸载后能完全恢复。

　　高分子材料的几种典型的断裂模式如图 9-3 所示。图 9-3(a)所示为脆性断裂,相应地应力应变成直线关系,但断裂应变通常比金属材料大 5～10 倍,为 0.5%～5%,丙烯酸树脂(acrylic resin)、酚醛塑料(phenolics)、环氧树脂(epoxy,EP)等属于这类材料。图 9-3(c)所示为断裂应变特别大的情形,在 $\sigma\text{-}\varepsilon$ 关系曲线上有一个较宽的平台段,聚苯乙烯、聚丙烯(polypropylene,PP)、尼龙(polyamide,PA)等材料具有这种性质。图 9-3(b)所示的材料断裂应变介于图 9-3(a)和图 9-3(c)所示的材料之间,丙烯腈-丁二烯-苯乙烯三元共聚物(ABS)、聚醛树脂(polyacetal)等属于这类材料。

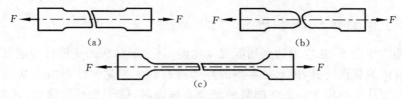

图 9-3　各种断裂模式

　　高分子材料抵抗拉伸和压缩变形的能力有很大差别。如图 9-4 所示,聚苯乙烯在拉伸试验时发生脆性断裂,断裂应力和断裂应变均较小;而在压缩时显示很好的延性,断裂应力(强度)比拉伸时增大 1.5～4 倍,压缩时弹性阶段的模量也较大。

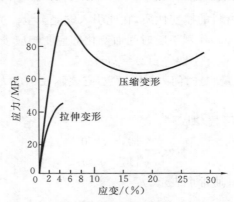

图 9-4　聚苯乙烯拉伸和压缩下的应力应变曲线

　　高分子材料的强度受温度和加载速度(应变速度)的影响很大。随温度升高或加载速度(应变速度)降低,强度下降。图 9-5 所示分别为几种材料的拉伸强度与温度、应变速度的关系曲线。

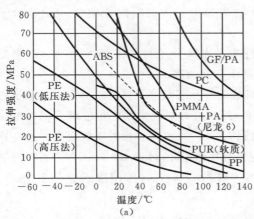

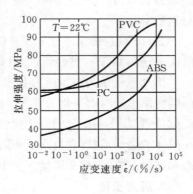

图 9-5　温度和应变速度对强度的影响[2]

注:PUR 为聚氨酯。

9.2　高分子材料的黏弹性行为

在外力作用下,在应力达到屈服强度之前,高分子材料的变形行为兼有固体的弹性和液体的黏性特征,因此是典型的黏弹性材料。当黏弹性可由服从胡克定律的弹性和服从牛顿定律的黏性的某种组合来描述时,属于线性黏弹性;否则,属于非线性黏弹性。以下主要介绍高分子材料的线性黏弹性行为。

1. 蠕变

蠕变是在恒应力作用下,应变随时间而逐渐增加的现象(参考图 7-1 所示的蠕变曲线)。

为了描述黏弹性材料的蠕变性质,在此引入蠕变柔量。为此,将线性黏弹性材料在恒应力 $\sigma(t) = \sigma_0 H(t)$ 作用下随时间而变化的应变响应表示为

$$\varepsilon(t) = J(t)\sigma_0 \tag{9-1}$$

式中:$J(t)$ 称为蠕变柔量,是时间 t 的增函数,它表示在恒应力作用下,每单位应力所产生的应变。

$H(t)$ 为单位阶跃函数,即

$$H(t) = \begin{cases} 0, & t < 0 \\ 1, & 0 \leqslant t < \infty \end{cases} \tag{9-2}$$

高聚物的蠕变柔量通常可表示为

$$J(t) = \frac{\varepsilon(t)}{\sigma_0} = J_0 + J_e \psi(t) + \frac{t}{\eta} \tag{9-3}$$

式中:J_0 称为瞬时弹性柔量,是与瞬时弹性响应相对应的柔量,$J_0 = \dfrac{\varepsilon_0}{\sigma_0}$;$J_e = J_\infty - J_0$,其中 J_∞ 为平衡态柔量,是应力 σ_0 作用非常长的时间以后,应变趋于平衡态时的柔量;$\psi(t)$ 称为蠕变函数,表征高分子材料蠕变行为的时间依赖性;η 为高分子材料的黏度。

式(9-3)右端第三项 t/η 对应于线性非晶态高分子材料的黏性流动。理想交联高分子材料没有黏性流动,其蠕变柔量仅有前两项。

图 9-6 所示为在恒应力 σ_0 作用下,理想的非晶态高分子材料在一定温度范围内的蠕变柔量随时间变化的情况。由图 9-6 可知,短时间观察到的是玻璃态固体的蠕变柔量,它几乎不随时间变化而变化,其值约为 10^{-9} m²/N。长时间观察到的是高弹态固体的蠕变柔量,它也几乎不随时间变化而变化,其值接近 10^{-5} m²/N。而在玻璃态和高弹态之间,蠕变柔量介于 $10^{-9} \sim 10^{-5}$ m²/N 之间,随时间增加而剧烈变化。

2. 应力松弛

当应变恒定时,应力随时间增加而衰减的现象称为应力松弛。图 9-7 所示为给试件施加恒应变 $\varepsilon(t) = \varepsilon_0 H(t)$ 时,应力 $\sigma(t)$ 随时间增加而衰减的情况。对于线

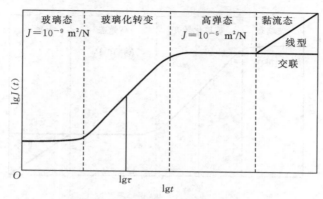

图 9-6　蠕变柔量与时间的关系[3]

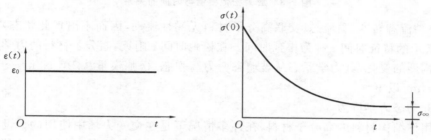

图 9-7　应力松弛

性非晶态高分子材料,由于有黏性流动,因而经过足够长时间后,应力衰减至零。对于交联高分子材料,由于无黏性流动,经过足够长的时间后,应力 $\sigma(t)$ 衰减到一个有限值 σ_∞。

　　引入松弛模量来描述黏弹性材料在恒应变作用下的应力松弛性质。将恒应变 $\varepsilon_0 H(t)$ 作用下的应力响应表示为

$$\sigma(t) = E(t)\varepsilon_0 \tag{9-4}$$

式中:$E(t)$ 称为应力松弛模量,它表示产生并维持单位应变所需的应力,一般是随时间增加而减小的函数。

　　高分子材料的应力松弛模量通常可以写成如下形式:

$$E(t) = E_\infty + E_0 \phi(t) \tag{9-5}$$

式中第一项 $E_\infty = \dfrac{\sigma_\infty}{\varepsilon_0}$ 为 $t \to \infty$ 时应力松弛模量的稳定值,称为高分子材料的平衡弹性模量;式中第二项为随时间增加而衰减的模量部分,其中 $\phi(t)$ 称为应力松弛函数,E_0 称为初始模量,$E_0 = \dfrac{\sigma(0) - \sigma_\infty}{\varepsilon_0} = E(0) - E_\infty$。

　　图 9-8 所示为在保持恒应变 ε_0 时,非晶态高分子材料松弛模量随时间增加而变化的情况。随着时间增加,高分子材料依次呈现玻璃态、玻璃化转变、高弹态、高

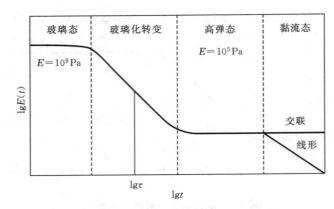

玻璃态　　玻璃化转变　　高弹态　　黏流态

$E = 10^9 \, \text{Pa}$

$E = 10^5 \, \text{Pa}$

交联

线形

$\lg \tau$

$\lg t$

图 9-8　应力松弛模量与时间的关系

弹态-黏流态转变、黏流态(交联高分子材料无黏性流动,因而不出现此状态)。图 9-8 所示的特征时间 τ 称为松弛时间。在松弛时间 τ 附近,高分子材料的力学性质发生剧烈的变化,其力学状态从玻璃态变为高弹态,松弛模量从 $10^9 \, \text{N/m}^2$ 变化到 $10^6 \, \text{N/m}^2$ 以下。

3. 动态力学行为

用作结构材料的高分子材料,在许多情况下是在交变力场中使用的。设对试件施以交变应变 $\varepsilon(t) = \varepsilon_0 e^{i\omega t}$,讨论试件应力随时间变化的情况。对于线性黏弹性行为,当材料达到稳定状态时,应力也是时间的交变函数,即

$$\sigma(t) = E^* \varepsilon(t) = E^* \varepsilon_0 e^{i\omega t} \tag{9-6}$$

式中:模量 E^* 是与角频率 ω 有关的复函数,称为复模量。

记 E^* 的实部为 $E_1(\omega)$,虚部为 $E_2(\omega)$,分别称为储能模量和损耗模量。则 E^* 可表示为

$$E^* = E_1(\omega) + i E_2(\omega) = |E^*| e^{i\delta} \tag{9-7}$$

式中:$|E^*|$ 为 E^* 的模;$\tan\delta = E_2(\omega) / E_1(\omega)$。利用 δ,可将式(9-6)改写为

$$\sigma(t) = |E^*| \varepsilon_0 e^{i(\omega t + \delta)} \tag{9-8}$$

可以看出,δ 表示应力滞后于应变的相位角,称为滞后相角。它反映了材料偏离弹性体的程度。若 $\delta = 0$,表示材料是弹性的,无能量损耗;若 $\delta = \pi/2$,则材料是黏性流体,能量全部损耗。

图 9-9 所示为交联高分子材料的 E_1、E_2 和 $\tan\delta$ 随 $\lg\omega$ 频率而变化的情形。在低频时,E_1 值很小,约 $10^5 \, \text{N/m}^2$,而且几乎不随频率而变化;在高频时,E_1 值稳定在 $10^9 \, \text{N/m}^2$ 左右,高分子材料呈玻璃态;对应低频和高频之间的区域是玻璃化转变区,其模量 E_1 随频率的增加而急剧增大,黏弹性材料在变形过程中有很大的能量损耗。

综上所述,随着时间、温度及加载频率的变化,同一种高分子材料有可能呈现

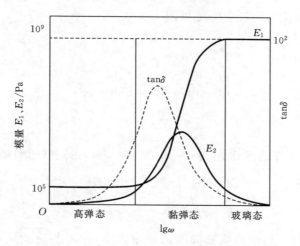

图 9-9 E_1、E_2 和 tanδ 与 lgω 频率的关系

出玻璃态、黏弹态、高弹态、黏流态等各种状态。在低温（或高频或很短的加载时间）条件下，高分子材料呈现玻璃态，其杨氏模量稳定在较高水平（$10^9 \sim 10^{10}$ Pa），破坏前的应变值很小；在高温（或低频、很长时间）条件下，高分子材料表现出高弹态特征，相比玻璃态，模量下降 $3 \sim 4$ 个数量级，能产生很大的伸长量却无永久变形；当温度更高（或时间更长）时，线性高分子材料表现出黏流态；在中等温度（或中等频率或中等测量时间）范围内，高分子材料处于玻璃化转变区，其力学行为受到时间和温度的强烈影响，发生应变时有很大的能量损耗，表现出明显的黏弹性特征。

9.3　黏弹性力学模型及材料本构关系[4,5]

　　高分子材料的力学行为介于弹性固体和黏性液体之间，其力学性质兼有固体和液体的性质。在描述高分子材料的黏弹性时，人们通常以理想弹性固体模型和理想黏性流体模型作为最基本的元件，并分别以符合胡克定律的弹簧（见图 9-10（a））和符合牛顿定律的黏壶（见图 9-10（b））来代表它们。图 9-10 中的 E 为杨氏模量，η 为黏度。最基本的组合方式是将弹簧和黏壶串联或者并联，分别称为 Maxwell 模型和 Kelvin 模型。

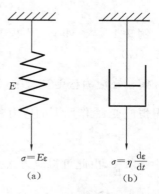

1. Maxwell 模型

Maxwell 模型由弹簧和黏壶串联组成（见图 9-11（a））。在外力作用下，弹簧和黏壶的应力相

图 9-10　线性黏弹性元件

等,整个模型的应变为两者应变之和,即

$$\sigma = \sigma_{弹} = \sigma_{黏}$$

$$\varepsilon = \varepsilon_{弹} + \varepsilon_{黏}$$

$$\frac{\mathrm{d}\varepsilon}{\mathrm{d}t} = \frac{\mathrm{d}\varepsilon_1}{\mathrm{d}t} + \frac{\mathrm{d}\varepsilon_2}{\mathrm{d}t} = \frac{1}{E}\frac{\mathrm{d}\sigma}{\mathrm{d}t} + \frac{1}{\eta}\sigma \tag{9-9}$$

或

$$\sigma + \frac{\eta}{E}\dot{\sigma} = \eta\,\dot{\varepsilon} \tag{9-10}$$

在应变速度保持不变的条件下,令 $\dot{\varepsilon} = K$,则 $\dot{\sigma} = \dfrac{\mathrm{d}\sigma}{\mathrm{d}\varepsilon}K$,由式(9-10)解出应力,有

$$\sigma = K\eta[1 - \exp(-E\varepsilon/K\eta)] \tag{9-11}$$

$$K = \frac{\mathrm{d}\varepsilon}{\mathrm{d}t}$$

在初始变形阶段,应力应变曲线的斜率为 E,变形与应变速度无关,材料的瞬时响应是近弹性的。随着变形的增大,曲线斜率变小。在最后阶段,弹簧不变形,全部变形由阻尼器的移动而引起(见图 9-11(a)),模型表现出黏性液体的特征。

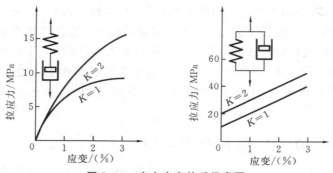

图 9-11　应力应变关系示意图

(a) Maxwell 模型;(b) Kelvin 模型

例 9-1　求 Maxwell 模型的松弛模量 $E(t)$、蠕变柔量 $J(t)$ 和动态复模量 $E^*(\mathrm{i}\omega)$。

解　在应力松弛试验中,施以恒应变 ε_0,则有 $\dot{\varepsilon} = 0$,故 $\sigma + \dfrac{\eta}{E}\dot{\sigma} = 0$。解此方程,可得恒应变 ε_0 作用下的应力响应为

$$\sigma(t) = \sigma(0)\mathrm{e}^{-t/\tau} \tag{9-12}$$

式中:$\tau = \dfrac{\eta}{E}$,由此可得应力松弛模量为

$$E(t) = \frac{\sigma(t)}{\varepsilon_0} = E\mathrm{e}^{-t/\tau} \tag{9-13}$$

在蠕变试验中，应力 $\sigma(t) = \sigma_0 H(t)$，当 $t > 0$ 时有 $\dot{\sigma} = 0$，应变响应为

$$\varepsilon(t) = \frac{\sigma_0}{E} + \frac{\sigma_0}{\eta} t$$

由此可得 Maxwell 模型的蠕变柔量

$$J(t) = \frac{\varepsilon(t)}{\sigma_0} = \frac{1}{E} + \frac{t}{\eta} \tag{9-14}$$

在动态力学试验中，应变为交变应变 $\varepsilon(t) = \varepsilon_0 \mathrm{e}^{\mathrm{i}\omega t}$，代入式(9-10)，可得应力

$$\sigma(t) = \left(\frac{E\omega^2 \tau^2}{1 + \omega^2 \tau^2} + \frac{\mathrm{i}\omega\tau E}{1 + \omega^2 \tau^2} \right) \varepsilon_0 \mathrm{e}^{\mathrm{i}\omega t}$$

由此可得 Maxwell 模型的复模量：

$$E^* = E_1(\omega) + \mathrm{i}E_2(\omega) = E\frac{\omega^2 \tau^2}{1 + \omega^2 \tau^2} + \mathrm{i}E\frac{\omega\tau}{1 + \omega^2 \tau^2} \tag{9-15}$$

实部和虚部分别是储能模量和损耗模量。

2. Kelvin 模型

Kelvin 模型由弹簧和黏壶并联组成(见图 9-11(b))。由弹簧和黏壶的应变相等，而总应力是弹簧和黏壶的应力之和，可得 Kelvin 模型的微分型本构关系为

$$\sigma(t) = E\varepsilon + \eta\dot{\varepsilon} \tag{9-16}$$

该模型认为 $\varepsilon = 0$ 时材料也存在变形抵抗，此后，随着应变增加，应力线性增大，即发生弹性变形。令 $\eta = 0$，则得到线性弹性关系，材料呈现弹性变形，直到破坏，如脆性高分子材料。

例 9-2　求 Kelvin 模型的蠕变柔量 $J(t)$、应力松弛模量 $E(t)$ 和动态复模量。

解　利用蠕变试验可求得 Kelvin 模型的蠕变柔量为

$$J(t) = \frac{\varepsilon(t)}{\sigma_0} = \frac{1}{E}(1 - \mathrm{e}^{-t/\tau'}) \tag{9-17}$$

式中：$\tau' = \eta/E$ 为 Kelvin 模型滞后时间。

应力松弛模量为

$$E(t) = E + \eta\delta(t) \tag{9-18}$$

式中：$\delta(t)$ 为单位脉冲函数。

复数模量为

$$E^* = E + \mathrm{i}\eta\omega = E_1(\omega) + \mathrm{i}E_2(\omega) \tag{9-19}$$

式(9-17)表明，在恒定应力 σ_0 作用下，当 $t \to \infty$ 时，有 $\varepsilon(t) \to \dfrac{\sigma_0}{E}$，即材料最终表现出弹性固体的特征。

3. 一般线性黏弹性模型

Maxwell 模型和 Kelvin 模型分别具有单一松弛时间和单一滞后时间，但是高分子材料的分子运动单元一般具有多重性，不同运动单元具有不同的松弛时间，因

此高分子材料的黏弹性模型应该是弹簧和黏壶更复杂的组合。有两种基本的构造更复杂的线性黏弹性模型的方法,其一是 Kelvin 链方法,其二是广义 Maxwell 模型方法。Kelvin 链是由多个 Kelvin 单元串联起来的模型,广义 Maxwell 模型是由多个 Maxwell 单元并联起来的模型。图 9-12(a)和(b)分别表示 Kelvin 链和广义 Maxwell 模型。

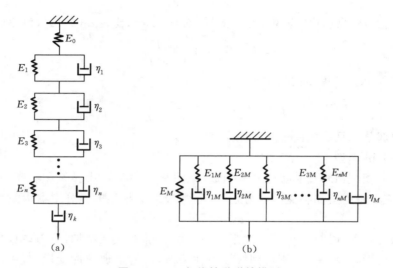

图 9-12　　一般线性黏弹性模型

不论采用 Kelvin 链还是广义 Maxwell 模型,高分子材料线性黏弹性本构关系的微分形式都可以写成如下的一般表达式[5]:

$$\sum_{k=0}^{m} p_k \frac{\mathrm{d}^k \sigma}{\mathrm{d} t^k} = \sum_{k=0}^{n} q_k \frac{\mathrm{d}^k \varepsilon}{\mathrm{d} t^k}, \quad n \geqslant m \tag{9-20}$$

式中:p_k、q_k 为由 Kelvin 链(或广义 Maxwell 模型)中各单元的弹性模量和黏性系数确定的材料常数,一般取 $p_0 = 1$。

4. 积分型本构关系

下面介绍基于 Boltzmann 叠加原理导出的积分形式的本构关系。假定试样中的蠕变是整个加载历程的函数,且每一阶段施加的载荷对最终变形的影响是独立的,最终的变形可以由各阶段载荷的影响简单叠加,则在恒应力 σ_0($t \geqslant 0$)的作用下,试样内任一时刻 t 的应变响应写为

$$\varepsilon(t) = J(t) \sigma_0, \quad t \geqslant 0 \tag{9-21}$$

设 σ_1 为从 ξ_1 时刻开始施加的恒应力,那么,试件内的应变响应为

$$\varepsilon(t) = \sigma_1 J(t - \xi_1), \quad t - \xi_1 \geqslant 0 \tag{9-22}$$

考虑在 $t = 0$ 时施加恒应力 σ_0,在 $t = \xi_1$ 时施加恒应力 σ_1。根据叠加原理,总应变是两个独立应变的线性叠加。所以有

$$\varepsilon(t) = \sigma_0 J(t) + \sigma_1 J(t - \xi_1)$$

若在时刻 $t = \xi_1, \xi_2, \cdots, \xi_n$ 时施加的应力增量分别为 $\Delta\sigma_1, \Delta\sigma_2, \cdots, \Delta\sigma_n$（见图 9-13），可以得到更一般的表达式，即

$$\varepsilon(t) = \sum_{i=1}^{n} J(t - \xi_i)\Delta\sigma_i \tag{9-23}$$

当 ξ_i 连续变化时，可将式（9-23）写成积分形式，即

$$\varepsilon(t) = \int_{-\infty}^{t} J(t - \xi)\,\mathrm{d}\sigma(\xi) = \int_{-\infty}^{t} J(t - \xi)\frac{\mathrm{d}\sigma(\xi)}{\mathrm{d}\xi}\mathrm{d}\xi \tag{9-24}$$

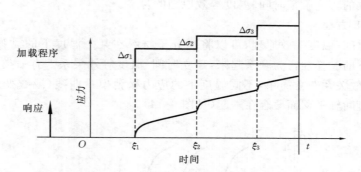

图 9-13　线性黏弹性固体的蠕变行为[6]

类似地，可以写出以应力松弛模量表示的应力应变关系，即

$$\sigma(t) = \int_{-\infty}^{t} E(t - \xi)\frac{\mathrm{d}\varepsilon(\xi)}{\mathrm{d}\xi}\mathrm{d}\xi \tag{9-25}$$

5. 复数型本构关系

在稳态谐振（$\varepsilon(t) = \varepsilon_0 \mathrm{e}^{\mathrm{i}\omega t}$）情况下，由式（9-20）可知稳态应力也是时间交变函数，因而有 $\sigma(t) = \sigma_0 \mathrm{e}^{\mathrm{i}\omega t}$，本构关系具有以下简洁的形式：

$$\sigma_0 = E^*(\mathrm{i}\omega)\varepsilon_0 \tag{9-26}$$

$$\varepsilon_0 = J^*(\mathrm{i}\omega)\sigma_0 \tag{9-27}$$

$E^*(\mathrm{i}\omega)$ 为复模量，$J^*(\mathrm{i}\omega)$ 为复柔量，由下面的公式确定：

$$E^*(\mathrm{i}\omega) = \frac{Q(\mathrm{i}\omega)}{P(\mathrm{i}\omega)} = E_1(\omega) + \mathrm{i}E_2(\omega) \tag{9-28}$$

$$J^*(\mathrm{i}\omega) = \frac{P(\mathrm{i}\omega)}{Q(\mathrm{i}\omega)} = J_1(\omega) + \mathrm{i}J_2(\omega) \tag{9-29}$$

$$P(\mathrm{i}\omega) = \sum_{k=0}^{m} p_k(\mathrm{i}\omega)^k \tag{9-30}$$

$$Q(\mathrm{i}\omega) = \sum_{k=0}^{n} q_k(\mathrm{i}\omega)^k \tag{9-31}$$

式中：$E_1(\omega)$ 和 $E_2(\omega)$ 分别为复模量的实部和虚部；$J_1(\omega)$ 和 $J_2(\omega)$ 分别为复柔量的实部和虚部。

9.4　时间-温度等效原理 与 WLF 方程

1. 时间-温度等效原理

高分子材料的松弛模量和蠕变柔量既是时间的函数,又是温度的函数。在一定温度范围内,当温度升高时,材料的蠕变或松弛过程加快,使得在低温下需较长时间才能观察到的某一模量值(或柔量值),在高温下只需较短时间就能观察到。换句话说,延长作用时间(或降低频率)与升高温度对高分子材料的黏弹性行为的影响是等效的。这就是时间-温度等效原理的含义。

2. WLF 方程

利用时间-温度等效原理,可以将高分子材料在某一温度下的黏弹性行为与另一温度下的黏弹性行为联系起来,建立时间-温度等效关系。有一类材料,其时间-温度等效关系非常简单,不同温度下的应力松弛模量曲线(或蠕变柔量曲线)可以沿着时间轴平移而叠合在一起(见图 9-14)。

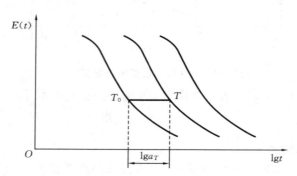

图 9-14　不同温度下的应力松弛模量曲线

如果可将温度 T 下的松弛模量曲线在不改变曲线形状的前提下,沿时间坐标轴移动 a_T 后与温度 T_0 下的松弛模量曲线叠合在一起,则称 a_T 为水平移动因子,由时间-温度等效原理可得

$$E(T,t)=E\left(T_0,\frac{t}{a_T}\right) \tag{9-32}$$

式中:E 为松弛模量;T_0 为参考温度;T 为试验温度;t 为时间。

由于高温短时和低温长时可以产生同样的力学效果,因而当试验温度低于参考温度时,试验曲线左移,可与参考温度曲线叠合($T<T_0$,$a_T>1$);反之试验曲线右移。

例 9-3　写出蠕变柔量的时间-温度等效原理表达式。若将时间 t 改为试验频率 ω,则等效原理的表达式有什么变化?

解　蠕变柔量的时间-温度等效原理表达式如下:

$$J(T,t)=J\left(T_0,\frac{t}{a_T}\right) \tag{9-33}$$

将 t 改为 ω，有

$$E(T,\omega)=E(T_0,a_T\omega) \tag{9-34}$$

$$J(T,\omega)=J(T_0,a_T\omega) \tag{9-35}$$

利用时间-温度等效原理，可以缩短高分子材料黏弹性测试的时间。图 9-15 所示为聚异丁烯(PIB)在不同温度下的应力松弛曲线；图 9-16 所示为利用时间-温度等效原理，把试验曲线沿对数时间轴移动而得到的聚异丁烯在 25℃时的组合曲线。

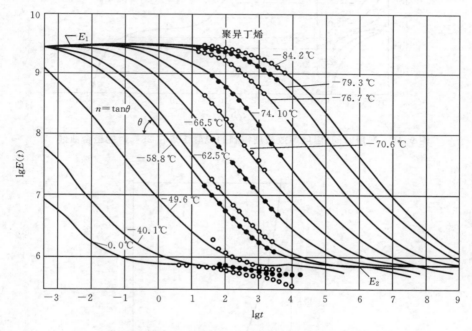

图 9-15　聚异丁烯在不同温度下的应力松弛曲线[7]

注：t 的单位为 s，$E(t)$ 的单位为 Pa。

在画组合曲线时，各个试验温度曲线向参考温度曲线平移的量 a_T 与温差 $T-T_0$ 有关，这里 T 为试验温度，T_0 为参考温度。对于一般的非晶态高分子材料，若将玻璃化转变温度 T_g 选为参考温度，则移动因子 $\lg a_T$ 与 $T-T_g$ 之间有一一对应的关系，可用如下的 WLF(Williams, Landel, Ferry)方程来描述，即

$$\lg a_T=\frac{-C_1(T-T_g)}{C_2+(T-T_g)} \tag{9-36}$$

式(9-36)在 $0<T-T_g<100$ ℃的温度范围内适用。由 WLF 方程绘制的聚苯乙烯的 $\lg a_T$-$(T-T_g)$ 曲线如图 9-17 所示。几种最常见的高分子材料的 C_1 和 C_2 值如表 9-1 所示。

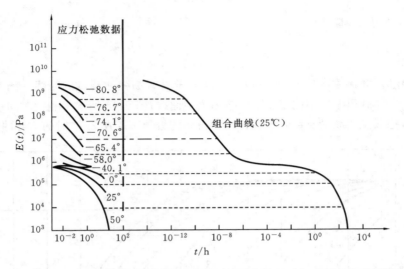

图 9-16　利用时间-温度等效原理得到的聚异丁烯在 25℃时的组合曲线[3]

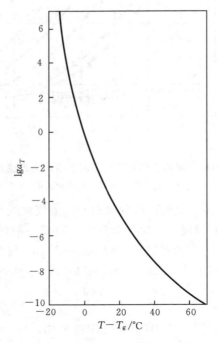

图 9-17　聚苯乙烯的 $\lg a_T$-$(T-T_g)$ 曲线

表 9-1　WLF 参数[7]

高分子材料	C_1	C_2	$T_g/℃$
聚异丁烯	16.6	104	−71
天然橡胶	16.7	53.6	−73
聚氨酯高弹体	15.6	32.6	−35
聚苯乙烯	14.5	50.4	100
聚甲基丙烯酸乙酯	17.6	65.5	62

利用时间-温度等效原理,可使高分子材料的力学性能的表述方式更为简单。例如,为了表示高分子材料的应力松弛特性,必须确定 $E(T,t)$、$\lg t$、T 三者之间的关系,这里有两个独立变量,即 T 和 t。如果材料满足由式(9-32)至式(9-35)给出的时间-温度等效关系,从而在 t 和 T 之间建立关系,则独立变量减少为一个。

9.5　高分子材料的银纹损伤和断裂[8,9]

高分子材料的断裂同样会经历裂纹形成与裂纹扩展过程。在裂纹形成之前发生的局部损伤通常以银纹(craze)的形式出现。裂纹是一种纳米量级以上的内部或表面空隙;而银纹的定义不是十分明确,银纹在一定条件下可能发展为裂纹。银纹会在透明材料的损伤区中显示出银白色闪光,这也是"银纹"这一名称的由来。银纹可发生在材料表面或内部,多出现在热塑性聚合物上。银纹损伤的照片如图9-18所示,其中:图 9-18(a)所示为 PS 中形成的银纹,其取向垂直于拉应力方向;图 9-18(b)为某一段银纹放大的电子显微照片;图 9-18(c)所示为 PMMA 中的银纹。

银纹和裂纹不同。裂纹内部是空的,而银纹内部 40%(体积分数)为空穴,其余约 60% 为银纹质。所谓银纹质,是指两个银纹面(银纹与高分子材料本体之间的界面)之间存在的高分子材料,它是在拉应力方向上取向高度一致、维系两个银纹面的束状或片状高分子材料。

高分子材料中出现银纹会使材料强度和密度降低。银纹内纤条的破断常引发裂纹,并由于裂纹扩展而导致材料脆断。银纹在力学性能方面有其不利的一面,但是,由于银纹形成过程需消耗能量,因而可利用银纹来进行橡胶增韧和提高材料冲击韧度。

出现银纹是许多高分子材料开裂的先兆。在裂纹顶端形成的银纹区类似于金属材料中裂尖的塑性区,如图 9-19 所示。

裂纹顶端银纹区的宽度估计为

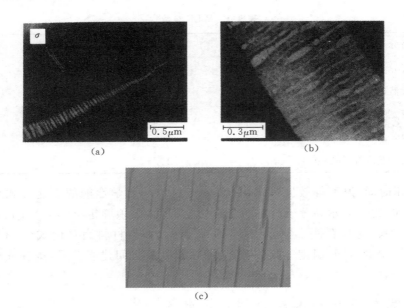

图 9-18　PS 和 PMMA 中的银纹损伤[10,11]

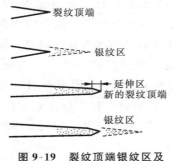

裂纹顶端

银纹区

延伸区
新的裂纹顶端

银纹区

图 9-19　裂纹顶端银纹区及
裂纹长大示意图

$$r_{cz} = \frac{\pi K^2}{8\sigma_{cz}^2} \qquad (9\text{-}37)$$

式中：σ_{cz} 为造成银纹的临界应力。对许多聚合物来说，σ_{cz} 与拉伸屈服强度相当。式（9-37）与式（8-49）是一致的。银纹与裂纹汇合会导致裂纹长大。

除了银纹损伤外，在高分子材料中会导致塑性变形的机制还有滑移、孪生，以及扭折。当高分子材料中存在裂纹时，其断裂强度由 Griffith 公式给出，即

$$\sigma_c = \sqrt{\frac{E(2\gamma + \gamma_p)}{\pi a}} \qquad (9\text{-}38)$$

式中：γ 为裂纹的表面能；γ_p 为裂纹尖端的塑性变形能。

9.6　高分子材料的疲劳和 S-N 曲线

高分子材料的疲劳强度远远低于金属材料的疲劳强度。图 9-20 所示为 PMMA 的 S-N 曲线。在该曲线上不存在渐近平台，但在中间区域有一个弯折点，这种情况在金属材料中是不会出现的。

若定义循环周次为 $N = 10^4$ 时的断裂应力为疲劳强度，则 PMMA 的疲劳强度

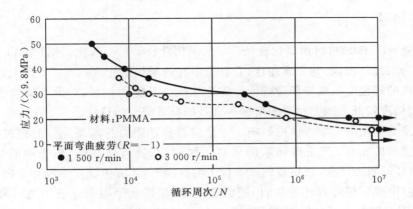

图 9-20　PMMA 的 S-N 曲线[2]

约为 30 MPa,是一般金属材料的 1/5～1/10。在疲劳过程中,材料内部温度上升,刚度降低。

高分子材料内部存在各种固有缺陷,因此,其缺口效应没有金属显著。

9.7　蠕变曲线及应力-寿命图[2]

几种高分子材料的蠕变曲线如图 9-21 所示。同一材料在不同温度、应力下的蠕变曲线是不同的。对于耐热性好的 PA,温度升高并不会引起应变的大幅增加。对于 ABS,应变在室温下就很高,并且对温度上升十分敏感。

图 9-22 为聚甲醛(POM)的断裂应力-寿命图,横坐标用对数坐标,则断裂应力-寿命关系曲线表现为一组直线。随着温度升高,直线下移,断裂应力(强度)降低。

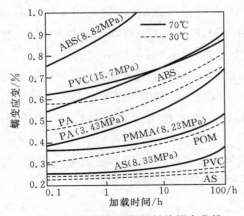

图 9-21　几种高分子材料的蠕变曲线

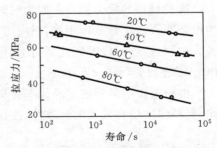

图 9-22　POM 的断裂应力-寿命图

9.8　陶瓷材料

陶瓷(ceramic)材料由氮化硅(Si_3N_4)、碳化硅(SiC)、三氧化二铝(Al_2O_3)等耐火材料粉末烧结而成,与金属相比,它具有很好的耐热性能,在1 000℃以上高温下仍有很高的静强度及蠕变断裂强度。陶瓷本质上是脆性材料,对微小缺陷十分敏感,断裂韧度较低。陶瓷材料的增韧一直是研究者努力的目标。

陶瓷的韧度受三个方面的影响。一是位错移动阻力与断裂应力的相对大小;二是位错源的密度;三是滑移系的数目。譬如,在具有强共价-离子键的 Al_2O_3 中,位错移动阻力较大,在熔点的3/5以上的高温下,才有可能发生滑移。在 MgO (离子键)中滑移相对容易发生,但随温度下降,位错运动阻力迅速增加。具有离子-金属混合键的 AgCl 中,位错移动阻力较小,韧度较好。

Al_2O_3 是完全脆性材料。Al_2O_3 的断裂强度远小于理论强度,这是由于试样表面缺陷的影响。表9-2所示为 Al_2O_3 在不同表面条件下的强度,可见表面质量对强度有很大影响。

表 9-2　Al_2O_3 室温断裂强度[12]

表面条件	$\sigma_f/(\times10^{-9}Pa)$	σ_f/σ_0
晶须增韧	15.90	0.61
火焰抛光	7.35	0.29
沸腾腐蚀	6.86	0.26
机械抛光退火	0.78	0.03
原加工态	0.44	0.02

MgO 是半脆性材料。在半脆性陶瓷中,位错是可动的,位错的相互作用可引发裂纹。此外,表面缺陷、机械接触也可引发裂纹。在这类材料的断裂过程中,裂纹有一个长大的过程,断裂应力更靠近流变应力,而不是 Griffith 应力。

陶瓷材料的疲劳损伤一般为时间的函数,而不是循环周次的函数,断裂形式多为沿晶断裂。在静载作用下,当应力达到一定值时,材料中的微裂纹有一个较慢的长大过程,经过一段时间之后才发生断裂,这一现象称为滞后断裂(delayed fracture)或静疲劳(static fatigue)。

由粉末烧结得到的多晶体陶瓷材料中含有许多微孔洞,其尺寸具有分散性,因此,材料强度也有较大的分散性,往往需要用统计的方法进行处理。

9.9　功能梯度材料

功能梯度材料(functionally graded material,FGM)这个词由日本学者于20

世纪 80 年代中期最先提出。功能梯度是指材料的微观结构和成分逐步过渡,因此,材料的各种性能(包括力学性能、热性能)沿某个方向是逐步变化的。功能梯度的主要优点有:

(1) 有利于抑制自由边界或界面交接处的应力集中现象;

(2) 与突变的界面相比,可使不同固体之间的界面接合强度提高;

(3) 有利于降低热应力;

(4) 有利于增大裂纹扩展的阻力;

(5) 有利于推迟塑性屈服的发生。

使材料功能产生梯度的方法有:通过粉末混合、堆垛和烧结来产生梯度;利用质量、热和流体的传输使材料产生梯度。利用粉末冶金法生产的样品如图 9-23 所示,沿着水平方向,陶瓷相的成分不断增加,而金属相的成分不断减少。

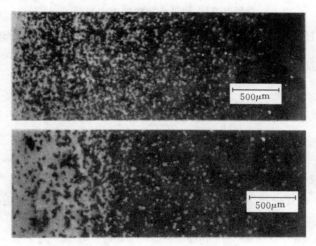

图 9-23　ZrO_2 Cr-Ni 合金 FGM[13]

金属-陶瓷梯度结构的有效性质可以用混合律来近似估计。如沿梯度方向的弹性模量为

$$E_c = \left(\frac{f_1}{E_1} + \frac{f_2}{E_2} \right)^{-1} \tag{9-39}$$

式中:f_1、f_2 是两个相的体积分数。在不产生梯度的方向上有

$$E_c = E_1 f_1 + E_2 f_2 \tag{9-40}$$

热膨胀系数的预测可参考第 10 章中的有关内容。

在试样自由边缘附近,在应力集中部位很容易引发裂纹。此外,裂纹的形核机制可以是金属-陶瓷界面的陶瓷一侧的脆性拉伸断裂,或者金属一侧由于塑性应变累积(由于热循环)或孔洞生长造成的延性失效,或界面开裂。

功能梯度材料的断裂阻力随空间位置的变化而变化。考虑非均匀介质中存在一裂纹的情况,如图 9-24 所示。材料泊松比恒定,剪切模量按下式变化:

$$G(x,y) = G_0 \exp(B_1 x + B_2 y) \tag{9-41}$$

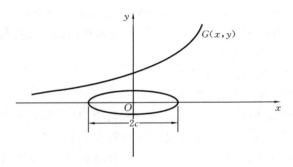

图 9-24　梯度介质中的中心裂纹

Konda 与 Erdogan[14] 的研究表明,裂尖的奇异场(在 $x = c$ 附近)为

$$\sigma_{ij}(r,\theta) = \exp\{r(B_1\cos\theta + B_2\sin\theta)\} \cdot \frac{1}{\sqrt{2\pi r}}[k_1 f_{ij}^{\mathrm{I}}(\theta) + k_2 f_{ij}^{\mathrm{II}}(\theta)] \tag{9-42}$$

$$\begin{cases} k_1(c) = \lim\limits_{x \to c} \sqrt{2\pi(x-c)} \cdot \sigma_{yy}(x,0) \\ k_2(c) = \lim\limits_{x \to c} \sqrt{2\pi(x-c)} \cdot \sigma_{xy}(x,0) \end{cases} \tag{9-43}$$

$f_{ij}^{\mathrm{I}}(\theta)$ 和 $f_{ij}^{\mathrm{II}}(\theta)$ 是已知的无量纲函数。

对于图 9-24 所示的梯度介质,只要剪切模量和泊松比分段连续,则可用应力强度因子方法,对其进行断裂分析。不过梯度材料的断裂韧度随位置而变化,目前还缺乏有效的确定韧度的方法,包括理论分析方法和试验方法。

习　　题

1. 说明高分子材料的蠕变与金属高温蠕变的异同。

2. 推导式(9-20)。

3. 弹簧 1(模量 $E_1 = E$)与黏壶 2(黏度系数 η)串联为一组件,该组件又与另一弹簧 3(模量 $E_3 = 1.5E$)并联。

(1) 求该模型的黏弹性本构关系(微分形式)。

(2) 在动态应变 $\varepsilon(t) = \varepsilon_0 \exp(\mathrm{i}\omega t)$ 作用下,求动态复模量 E^*。

(3) 在时间间隔 $[0, t_1]$ 内作用恒定应力 σ_0,求应变响应 $\varepsilon(t)$ 并作示意图。

4. 一组陶瓷圆棒受拉伸作用,$L = 25$ mm,$d = 5$ mm,当 $\sigma = 100$ MPa 时,$P_s = 50\%$。已知 Weibull 分布参数 $m = 5$,若 $L = 50$ mm,$d = 10$ mm,要求存活概率 P_s

＝95％,问:拉伸应力不能超过多少?

5. 均匀应力和非均匀应力条件下,陶瓷材料的存活率分别按以下公式评估:

$$P_s(V) = \exp[-(V\sigma^m/V_0\sigma_0^m)], \quad P_s(V) = \exp\left[-(1/V_0\sigma_0^m)\int\sigma^m dV\right]$$

式中:σ_0,V_0 为固定参数;$m=10$;V 表示材料的体积。有一悬臂梁在端部受集中力作用,已知危险截面上的最大应力 $\sigma_r=350$ MPa,且 $P_s=70\%$。若同样的试样受拉伸载荷作用,为使 $P_s=80\%$,则拉应力应为多少?(提示:悬臂梁在端部受集中力作用时,设试样长宽高分别为 L、B、H,应用材料力学写出试样内各处的应力表达式,且积分时只考虑拉伸区的积分效果)。

本章参考文献

[1] FERRY J D. Viscoelastic properties of polymers[M]. 3rd ed. New York: John Wiley & Sons Inc, 1980.

[2] 日本材料科学会. 破壊と材料[M]. 東京:裳華房,1997.

[3] 徐仲德,何平笙. 高分子材料的结构与性能[M]. 北京:科学出版社,1981.

[4] 杨挺青. 粘弹性力学[M]. 武汉:华中理工大学出版社,1990.

[5] FLÜGGE W. Viscoelasticity[M]. 2nd ed. New York: Springer Verlag, 1975.

[6] WARD I M. 固体高分子材料的力学性能[M]. 2 版. 徐懋,译. 北京:科学出版社,1988.

[7] AKLONIS J J, MACKNIGHT W J. 聚合物粘弹性引论[M]. 吴立衡,译. 北京:科学出版社,1986.

[8] 杨挺青. 粘弹性理论与应用[M]. 北京:科学出版社,2004.

[9] SURESH S. Fatigue of materials[M]. 2nd ed. Cambridge: Cambridge University Press,1998.

[10] BEAHAN P, BEVIS M, HULL D. The morphology of crazes in polystyrene[J]. Philosophical Magazine, 1971,24(192): 1267-1279.

[11] 陈建桥,李铁萍,李之达,等. 有机玻璃本构关系的试验研究[J]. 机械科学与技术,2006,25(3): 371-374.

[12] 哈宽富. 断裂物理基础[M]. 北京:科学出版社,2000.

[13] SURESH S, MORTENSEN A. 功能梯度材料基础-制备及热机械行为[M]. 李守新,等译. 北京:国防工业出版社,2000.

[14] KONDA N, ERDOGAN F. The mixed mode crack problem in a nonhomogeneous elastic medium[J]. Engineering Fracture Mechanics, 1994,47(4): 533-545.

第 10 章 纤维复合材料的强度

Strength of Fiber Reinforced Plastics

复合材料由基体材料和增强材料组成。纤维增强树脂复合材料具有重量轻、强度高、耐腐蚀、可自由设计等优点,广泛应用于航空航天、车辆、船海、化工设备等领域。复合材料的破坏涉及多种损伤机制,其断裂韧性和疲劳性能一般优于金属材料。本章介绍复合材料的力学性能和特点、复合材料变形和强度的分析方法,以及复合材料的优化设计方法。

10.1 复合材料的性能和特点[1-3]

复合材料由两种及两种以上不同性质的材料通过物理或化学方法制成,其目的是得到原来组分材料所没有的优越性能或某些特殊性能。复合材料中有基体相和增强相。增强相(材料)在复合材料中起主要的作用,复合材料的刚度和强度性能主要取决于增强相;基体相起配合作用,包括支持和固定增强相,传递载荷,以及改善复合材料的某些性能。若要求密度小,则选取树脂作为基体材料;要求耐高温,可用陶瓷作为基体材料;若希望得到较高的韧度和剪切强度,则可考虑用金属作为基体材料。

纤维增强树脂(fiber reinforced plastics,FRP)具有比强度大、比模量高、材料轻、可自由设计等特点,其构造形式分为单层板(lamina)、层合板(laminate)。图10-1 所示为单层板的几种形式。其中:图 10-1(a)所示为纤维按一个方向整齐排列构造的单向纤维强化板;图 10-1(b)所示为双向交织纤维按平面排列构造的交织纤维强化板;图 10-1(c)所示为短纤维强化板(mat)。如果纤维方向完全随机排列,在板平面内将显示出各向同性。

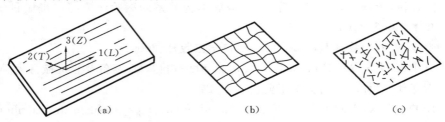

图 10-1 单层板构造形式

(a)单向纤维强化板;(b)交织纤维强化板;(c)短纤维强化板

　　层合板由单层板按规定的纤维方向和次序铺放成叠层形式后经黏合、加热固化而成。每个单层板纤维方向与整体坐标系中 x 轴的夹角用 θ 表示(见图 10-2)，如层合板中各单层板的纤维角 θ 自下而上依次为 α、90°、0°、$-\alpha$，则该层合板的构造简记为 $\alpha/90°/0°/-\alpha$。

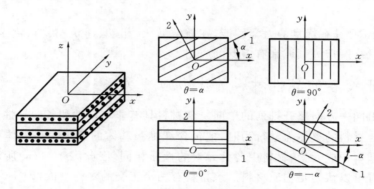

图 10-2　叠层材料构造形式

　　表 10-1 列出了几种纤维、树脂以及单层板沿纤维方向的力学性能参数值。为便于比较，将几种金属、玻璃和木材的力学性能参数值也一并列出。

表 10-1　常用纤维和树脂及金属、玻璃、木材的力学性能参数值

材　　料	密度/(kg/m³)	弹性模量/GPa	拉伸强度/MPa
软钢	7 800	210	300
结构钢	7 800	210	450
铬钼合金	7 800	210	1 000
铝	2 700	70	150
铝合金 2024	7 800	73	450
聚酯(polyester)	1 300	2	40
环氧树脂	1 300	3	50
聚乙烯(热塑性)	900	0.3	10
玻璃	2 200	75	50
木材	500	10	100
玻璃纤维	2 500	75	2 500
碳纤维	1 700	230	3 000
芳纶纤维(kevlar)	1 400	130	2 800
单向玻璃纤维/环氧树脂复合材料	2 000	40	1 200
单向碳纤维/环氧树脂复合材料	1 700	140	1 500

FRP 中增强纤维有碳纤维(carbon fiber,CF)、玻璃纤维(glass fiber,GF)、硼纤维(boron fiber,BF)、芳纶纤维(aramid fiber,AF)等。树脂分为两大类,即热固性树脂和热塑性树脂。环氧树脂是一种热固性树脂,在 FRP 中用得较多。FRP 材料构成简记为"纤维/基体",如 GF/EP 表示由玻璃纤维与环氧树脂组成的 FRP 复合材料。

由于 FRP 具有优良的力学性能,在航空航天、船舶、建筑、兵器、化学工程、车辆、体育器械、医疗等领域都有广泛的应用。

10.2　正交各向异性材料的应力应变关系

纤维沿同一方向整齐排列的单向复合材料具有非均匀性和各向异性。但在考虑单向复合材料的整体力学行为时,把包含纤维和基体的适当大小的体积单元看作材料的基本构成元素,材料中各处元素的性质相同,因此图 10-1(a)所示的材料从宏观上看可以认为是均质材料。该材料有两个正交的对称平面,即 1-3 面和 2-3 面。该材料称为正交各向异性材料(orthotropic materials)。1、2、3 轴(或 L、T、Z 轴)称为材料主轴,其中 $1(L, \text{longitudinal})$ 表示纤维方向,$2(T, \text{transverse})$ 表示与纤维相垂直的方向。

在平面应力状态假设下,沿材料主轴方向的应力和应变之间存在下面的关系(本构方程):

$$\begin{Bmatrix} \varepsilon_1 \\ \varepsilon_2 \\ \gamma_{12} \end{Bmatrix} = \begin{bmatrix} S_{11} & S_{12} & 0 \\ S_{12} & S_{22} & 0 \\ 0 & 0 & S_{66} \end{bmatrix} \begin{Bmatrix} \sigma_1 \\ \sigma_2 \\ \tau_{12} \end{Bmatrix} \tag{10-1}$$

式中:S_{ij} 称为柔度系数(compliance coefficient),它们与工程弹性常数之间的关系是

$$\begin{cases} S_{11} = \dfrac{1}{E_1}, S_{22} = \dfrac{1}{E_2}, S_{66} = \dfrac{1}{G_{12}} \\ S_{12} = -\dfrac{\mu_{12}}{E_1} = -\dfrac{\mu_{21}}{E_2} \end{cases} \tag{10-2}$$

对式(10-1)求逆,得到下面的由应变求应力的公式:

$$\begin{Bmatrix} \sigma_1 \\ \sigma_2 \\ \tau_{12} \end{Bmatrix} = \begin{bmatrix} Q_{11} & Q_{12} & 0 \\ Q_{12} & Q_{22} & 0 \\ 0 & 0 & Q_{66} \end{bmatrix} \begin{Bmatrix} \varepsilon_1 \\ \varepsilon_2 \\ \gamma_{12} \end{Bmatrix} \tag{10-3}$$

式中:Q_{ij} 称为折减刚度(reduced stiffness)系数,各折减刚度系数与工程弹性常数之间的关系为

$$Q_{11} = \frac{E_1}{1 - \mu_{12}\mu_{21}}, \quad Q_{22} = \frac{E_2}{1 - \mu_{12}\mu_{21}}, \quad Q_{66} = G_{12}, \quad Q_{12} = \mu_{12}Q_{22} = \mu_{21}Q_{11} \tag{10-4}$$

表 10-2 所示为几种单层复合材料的工程弹性常数的试验数据。

表 10-2　几种单层复合材料的工程弹性常数

材　料	型　号	E_1/GPa	E_2/GPa	μ_{12}	G_{12}/GPa	V_{f}(纤维)/(%)
碳/环氧树脂	T300/5280	185	10.5	0.28	7.3	70
硼/环氧树脂	B(4)/5505	208	18.9	0.23	5.7	50
玻璃/环氧树脂	S1002	39	8.4	0.26	4.2	45
芳纶/环氧树脂	K-49/EP	76	5.6	0.34	2.3	60

利用坐标变换,可以求得材料在任意方向上的应力应变关系。在对层合板进行应力应变分析时,需要用到这样的关系。图 10-3(a)所示为材料主轴坐标系与整体参考坐标系之间的关系。θ 表示从 x 轴转向 1 轴的角度,以逆时针为正。图10-3(b)所示为相应的应力分量。略去具体推导,可以得到

$$\begin{Bmatrix} \varepsilon_x \\ \varepsilon_y \\ \gamma_{xy} \end{Bmatrix} = \begin{bmatrix} \overline{S}_{11} & \overline{S}_{12} & \overline{S}_{16} \\ \overline{S}_{12} & \overline{S}_{22} & \overline{S}_{26} \\ \overline{S}_{16} & \overline{S}_{26} & \overline{S}_{66} \end{bmatrix} \begin{Bmatrix} \sigma_x \\ \sigma_y \\ \tau_{xy} \end{Bmatrix} \tag{10-5}$$

式中:$\overline{S}_{ij}$ 为变换柔度系数。

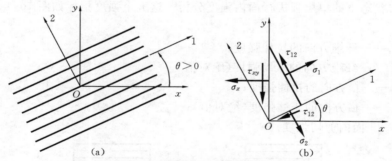

(a)　　　　　　　　　　　　(b)

图 10-3　两种坐标系之间的关系

各变换柔度系数分量按以下公式求得:

$$\begin{cases} \overline{S}_{11} = m^4\, S_{11} + m^2 n^2 (2S_{12} + S_{66}) + n^4 S_{22} \\ \overline{S}_{12} = m^2 n^2 (S_{11} + S_{22} - S_{66}) + S_{12}(m^4 + n^4) \\ \overline{S}_{22} = n^4 S_{11} + m^2 n^2 (2S_{12} + S_{66}) + m^4 S_{22} \\ \overline{S}_{16} = 2m^3 n (S_{11} - S_{12}) + 2mn^3 (S_{12} - S_{22}) - mn(m^2 - n^2) S_{66} \\ \overline{S}_{26} = 2mn^3 (S_{11} - S_{12}) + 2m^3 n (S_{12} - S_{22}) + mn(m^2 - n^2) S_{66} \\ \overline{S}_{66} = 4m^2 n^2 (S_{11} - S_{12}) - 4m^2 n^2 (S_{12} - S_{22}) + (m^2 - n^2)^2 S_{66} \end{cases} \tag{10-6}$$

式中:$m = \cos\theta, n = \sin\theta$。

对式(10-5)求逆,得到

$$
\begin{Bmatrix} \sigma_x \\ \sigma_y \\ \tau_{xy} \end{Bmatrix} = \begin{bmatrix} \overline{Q}_{11} & \overline{Q}_{12} & \overline{Q}_{16} \\ \overline{Q}_{12} & \overline{Q}_{22} & \overline{Q}_{26} \\ \overline{Q}_{16} & \overline{Q}_{26} & \overline{Q}_{66} \end{bmatrix} \begin{Bmatrix} \varepsilon_x \\ \varepsilon_y \\ \gamma_{xy} \end{Bmatrix}
$$
(10-7)

$$
\begin{cases}
\overline{Q}_{11} = m^4 Q_{11} + 2m^2 n^2 (Q_{12} + 2Q_{66}) + n^4 Q_{22} \\
\overline{Q}_{12} = m^2 n^2 (Q_{11} + Q_{22} - 4Q_{66}) + (m^4 + n^4) Q_{12} \\
\overline{Q}_{22} = n^4 Q_{11} + 2m^2 n^2 (Q_{12} + 2Q_{66}) + m^4 Q_{22} \\
\overline{Q}_{16} = m^3 n (Q_{11} - Q_{12}) + mn^3 (Q_{12} - Q_{22}) - 2mn(m^2 - n^2) Q_{66} \\
\overline{Q}_{26} = mn^3 (Q_{11} - Q_{12}) + m^3 n (Q_{12} - Q_{22}) + 2mn(m^2 - n^2) Q_{66} \\
\overline{Q}_{66} = m^2 n^2 (Q_{11} + Q_{22} - 2Q_{12} - 2Q_{66}) + (m^4 + n^4) Q_{66}
\end{cases}
$$
(10-8)

式中: $\overline{Q}_{ij}$ 为变换刚度系数。

10.3　正交各向异性材料的强度指标

在不同的方向上,正交各向异性材料的强度特征是不一样的。对于各向同性材料,至多需要三个强度(拉伸强度、压缩强度、剪切强度)指标就能对复杂应力状态下的单层板进行强度分析。对于正交各向异性材料,需要五个强度指标才能对复杂应力状态下的单层板进行面内强度分析。这五个强度指标如图 10-4 所示,它们是:

- X_t——纤维方向的拉伸强度;
- X_c——纤维方向的压缩强度(绝对值);
- Y_t——横方向的拉伸强度;
- Y_c——横方向的压缩强度(绝对值);
- S——面内剪切强度。

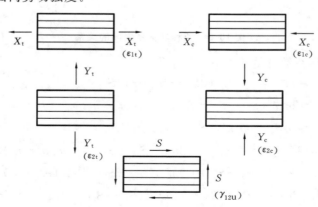

图 10-4　单层板的强度指标

通过试验测定得到上述五个强度指标的值后，利用合适的强度准则，就可以对单层板进行强度分析和评估。应注意 X_c、Y_c 等指的是绝对值。图 10-4 中括号内为相应的应变极限。

10.4　强度准则[4]

当单层板处于面内任意应力状态时，通过坐标变换，可求出材料主轴方向的应力 $\sigma_1(\sigma_L)$、$\sigma_2(\sigma_T)$ 和 $\tau_{12}(\tau_{LT})$，如图 10-5 所示。判定单层板发生破坏的最大应力准则表示为

$$\begin{cases} \sigma_1 \geqslant \sigma_{1u} \\ \sigma_2 \geqslant \sigma_{2u} \\ \tau_{12} \geqslant \tau_{12u} \end{cases} \tag{10-9}$$

根据 σ_1 的正、负号，$\sigma_{1u}=X_t$ 或 X_c；根据 σ_2 的正、负号，$\sigma_{2u}=Y_t$ 或 Y_c；$\tau_{12u}=S$。式(10-9)中，若有任一不等式成立，则表明单层板发生破坏。

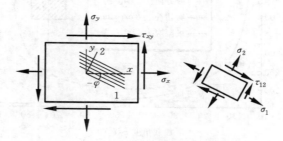

图 10-5　面内受力单元体

σ_1、σ_2 和 τ_{12} 与试样整体坐标系下的应力分量 σ_x、σ_y 和 τ_{xy} 之间存在下面的关系：

$$\begin{bmatrix} \sigma_1 \\ \sigma_2 \\ \tau_{12} \end{bmatrix} = \boldsymbol{T} \begin{bmatrix} \sigma_x \\ \sigma_y \\ \tau_y \end{bmatrix} \tag{10-10}$$

式中：$\boldsymbol{T}$ 为坐标变换矩阵，即

$$\boldsymbol{T} = \begin{bmatrix} c^2 & s^2 & 2cs \\ s^2 & c^2 & -2cs \\ -cs & cs & c^2-s^2 \end{bmatrix} \tag{10-11}$$

式中：$c=\cos\varphi$，$s=\sin\varphi$

在单向拉伸应力状态（偏轴拉伸）下，$\sigma_y=0$，$\tau_{xy}=0$，有：$\sigma_1=c^2\sigma_x$，$\sigma_2=s^2\sigma_x$，$\tau_{12}=-cs\sigma_x$。根据式(10-9)，得到引起单层板破坏的 σ_x 的临界值如下：

$$
\begin{cases}
\sigma_{xu} = \dfrac{\sigma_{1u}}{\cos^2\varphi} & \text{（发生纤维断裂时）} \\[3mm]
\sigma_{xu} = \dfrac{\sigma_{2u}}{\sin^2\varphi} & \text{（发生基体破坏时）} \\[3mm]
\sigma_{xu} = \dfrac{\tau_{12u}}{\sin\varphi\cos\varphi} & \text{（发生剪切破坏时）}
\end{cases}
\tag{10-12}
$$

由式(10-12)确定的三个临界值中,最小的一个临界值即为单层板发生破坏的临界值。

由式(10-12)预测的偏轴拉伸断裂强度如图 10-6 所示。沿纤维方向的断裂只有当 φ 非常小时才发生,随着偏角 φ 的增大,断裂形式转为剪切断裂和横向(基体)断裂。

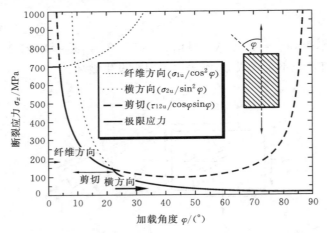

图 10-6　玻璃纤维/聚乙烯复合材料断裂应力与 φ 的关系

考虑材料中的各向异性,将金属的屈服条件加以扩展,得到下面的 Tsai-Hill 准则,即

$$
\left(\frac{\sigma_1}{\sigma_{1u}}\right)^2 + \left(\frac{\sigma_2}{\sigma_{2u}}\right)^2 - \frac{\sigma_1\sigma_2}{\sigma_{1u}^2} + \left(\frac{\tau_{12}}{\tau_{12u}}\right)^2 = 1
\tag{10-13}
$$

当 σ_1 为拉应力时,$\sigma_{1u} = X_t$;反之,$\sigma_{1u} = X_c$。同样:当 σ_2 为拉应力时,$\sigma_{2u} = Y_t$;当 σ_2 为压应力时,$\sigma_{2u} = Y_c$。根据式(10-13),在偏轴拉伸条件下,求得破坏的临界应力为

$$
\sigma_{xu} = \left[\frac{\cos^2\varphi(\cos^2\varphi - \sin^2\varphi)}{(\sigma_{1u})^2} + \frac{\sin^4\varphi}{(\sigma_{2u})^2} + \frac{\cos^2\varphi\sin^2\varphi}{(\tau_{12u})^2}\right]^{-\frac{1}{2}}
\tag{10-14}
$$

在 Tsai-Hill 准则中,对具体的断裂模式并不加以区分。图 10-7 所示为最大应力准则和 Tsai-Hill 准则下碳纤维/环氧树脂复合材料单层板偏轴拉伸强度实测值与理论值的对应关系。一般情况下,基于 Tsai-Hill 准则可获得更高的预测精度。定义

$$
\text{F. I.} = \left(\frac{\sigma_1}{X}\right)^2 + \left(\frac{\sigma_2}{Y}\right)^2 + \left(\frac{\tau_{12}}{S}\right)^2 - \left(\frac{\sigma_1}{X}\right)\left(\frac{\sigma_2}{X}\right)
\tag{10-15}
$$

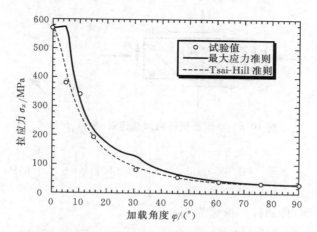

图 10-7　碳纤维/环氧树脂复合材料单层板偏轴拉伸强度实测值与理论值

式中:F. I. 为"failure index"(破坏指标)的缩写。

F. I. = 1 表示材料处于破坏的临界状态,F. I. <1 表示尚未发生破坏,F. I. >1 表示已发生破坏。F. I. <1 时,这个值距离 1 越近,说明材料越接近破坏。由 Tsai-Hill 准则只能判定材料是否发生破坏,而不能判定发生了何种形式的破坏。由于考虑了应力分量的相互影响,由最大应力准则判定不会发生破坏的情形,可能会满足 Tsai-Hill 破坏条件。

还有一种强度的张量理论,称为 Tsai-Wu 理论。该理论也不区分具体的断裂模式,其表达式为

$$\text{F. I.} = F_1\sigma_1 + F_2\sigma_2 + F_{11}\sigma_1^2 + F_{22}\sigma_2^2 + F_{66}\tau_{12}^2 + 2F_{12}\sigma_1\sigma_2 = 1 \tag{10-16}$$

式中:
$$F_1 = \frac{1}{X_t} - \frac{1}{X_c}, \quad F_2 = \frac{1}{Y_t} - \frac{1}{Y_c},$$

$$F_{11} = \frac{1}{X_t X_c}, \quad F_{22} = \frac{1}{Y_t Y_c}, \quad F_{66} = \frac{1}{S^2}, \quad F_{12} = -\frac{1}{2}\sqrt{F_{11}F_{22}}$$

X_t、X_c 分别为沿纤维方向的拉伸和压缩强度;Y_t、Y_c 分别为横方向拉伸和压缩强度;S 为 Oxy 面内的剪切强度。

Tsai-Wu 理论是应用较为广泛的一种理论。

例 10-1　一碳纤维/环氧树脂复合材料单层板受面内载荷作用,如图 10-8 所示。利用 Tsai-Hill 准则判断该板是否发生破坏,如果发生破坏,会是什么破坏。已知:$E_1 = 140\,\text{GPa}$,$E_2 = 10\,\text{GPa}$,$G_{12} = 5\,\text{GPa}$,$\mu_{12} = 0.3$,$X_t = 1\,500\,\text{MPa}$,$X_c = 1\,200$ MPa,$Y_t = 50\,\text{MPa}$,$Y_c = 250\,\text{MPa}$,$S = 70\,\text{MPa}$。

解　首先求出材料主轴方向的应力分量。因 $\theta = 45°$,$m^2 = n^2 = mn = 0.5$,根据应力的坐标变换关系,有

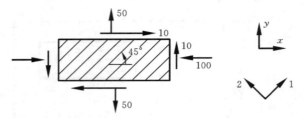

图 10-8　单层板受面内加载作用(单位:MPa)

$$\begin{bmatrix} \sigma_1 \\ \sigma_2 \\ \tau_{12} \end{bmatrix} = \begin{bmatrix} 0.5 & 0.5 & 1 \\ 0.5 & 0.5 & -1 \\ -0.5 & 0.5 & 0 \end{bmatrix} \begin{bmatrix} -100 \\ 50 \\ 10 \end{bmatrix} = \begin{bmatrix} -15 \\ -35 \\ 75 \end{bmatrix} \text{MPa}$$

由 Tsai-Hill 准则,得到破坏指标为

$$\text{F. I.} = \left(\frac{\sigma_1}{X_c}\right)^2 + \left(\frac{\sigma_2}{Y_c}\right)^2 + \left(\frac{\tau_{12}}{S}\right)^2 - \left(\frac{\sigma_1}{X_c}\right)\left(\frac{\sigma_2}{X_c}\right)$$

$$= \left(\frac{-15}{1\ 200}\right)^2 + \left(\frac{-35}{250}\right)^2 + \left(\frac{75}{70}\right)^2 - \left(\frac{-15}{1\ 200}\right)\left(\frac{-35}{1\ 200}\right)$$

$$= 1.17 > 1$$

所以,该板将发生破坏。为判断破坏模式,需要进一步由最大应力准则计算各个方向对应的破坏指标。计算结果如下:

$$\text{F. I. (1)} = 15/1\ 200 = 0.075$$

$$\text{F. I. (2)} = 35/250 = 0.14$$

$$\text{F. I. (12)} = 75/70 = 1.07$$

因此,破坏模式为面内剪切破坏。

10.5　FRP 单层板拉伸、剪切破坏及强度预测模型[1]

　　单层板可能发生的几种基本断裂形式如图 10-9 所示。当纤维方向的拉应力过大时,纤维或基体会发生断裂,断面与拉应力相垂直。横向加载或剪切加载时,会发生基体破坏。以下考虑沿纤维方向拉伸的情况。

　　设基体和纤维均为脆性材料,在线弹性变形范围内,两者具有相同的应变,因此承担的应力与各自的弹性模量成比例。当基体的断裂应变 ε_{mu} 小于纤维的断裂应变 ε_{fu},且复合材料的应变不超过 ε_{mu} 时,复合材料中的应力 σ_1 可写为

$$\sigma_1 = V_f \sigma_f + (1 - V_f) \sigma_m \qquad (10\text{-}17)$$

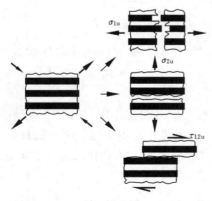

图 10-9　单层板的断裂形式

式中:V_f 为纤维的体积含量;下标 f、m 分别表

示纤维和基体。当材料整体应变超过 ε_{mu} 时，基体内产生裂纹，在应力应变曲线上出现弯折点(knee)，如图 10-10(a)所示。

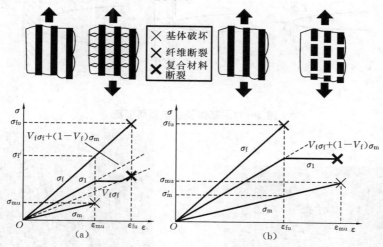

图 10-10　FRP 单层板拉伸断裂示意图

此后，随着变形增大，基体裂纹密度增大，载荷不断由基体传给纤维，进而全部由纤维承担。当应变达到纤维的断裂应变 ε_{fu} 时，材料沿垂直于纤维的方向发生断裂。复合材料的强度由下式给出：

$$\sigma_{1u}=V_f\sigma_{fu} \tag{10-18}$$

若 $\varepsilon_{fu}<\varepsilon_{mu}$，在材料应变达到 ε_{fu} 时纤维首先发生断裂，随着应变继续增大，纤维断成一小段一小段，所承担的载荷向基体传递，复合材料的强度由下式表示：

$$\sigma_{1u}=V_f\sigma_{fu}+(1-V_f)\sigma'_m \tag{10-19}$$

式中：σ'_m 为纤维发生断裂时基体承受的应力，如图 10-10(b)所示，其值一般远小于 σ_{fu}。因此，式(10-19)可近似改写为

$$\sigma_{1u}=V_f\sigma_{fu}$$

该结果与式(10-18)相同。由此可知，纤维性能是复合材料纤维方向强度的决定因素。

在实际破坏过程中，当基体中出现裂纹并且裂纹扩展到纤维与基体的界面处时，在横向应力分量 σ_2 的作用下材料会发生界面剥离，使裂纹钝化(见图 10-11)，因此可避免纤维的断裂。裂纹钝化机理对增加复合材料的断裂韧度十分重要。

图 10-12 所示为碳纤维/环氧树脂复合材料拉伸试样断面照片。由于界面强度较大，应力集中现象严重，因此裂纹易穿过纤维束发生断裂，断面呈高低不平状。图 10-13 所示为玻璃纤维/聚酯复合材料的拉伸断面照片。这时界面强度较弱，裂纹方向易发生偏转，因此发生大范围纤维拔出现象。

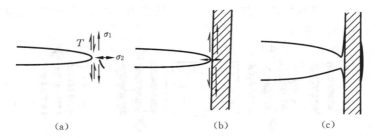

图 10-11　基体裂纹与界面剥离

图 10-12　碳纤维/环氧树脂复合材料拉伸断面

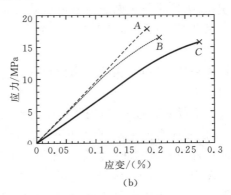

图 10-13　玻璃纤维/聚酯复合材料拉伸断面

　　单层板横向拉伸时的拉伸曲线如图 10-14 所示。与单纯的树脂材料相比，单层板由于加进了纤维，其横向强度和断裂应变大大降低。因为在此情况下，纤维对强度基本没有贡献，反而会引起局部应力集中。

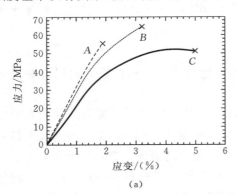

图 10-14　三种聚酯材料及相应单层板的横方向拉伸性能

（a）聚酯材料单层板拉伸曲线；（b）玻璃纤维/聚酯复合材料单层板拉伸曲线

　　单层板可能发生的剪切模式如图 10-15 所示。几种单层板的强度实测值如表 10-3 所示。

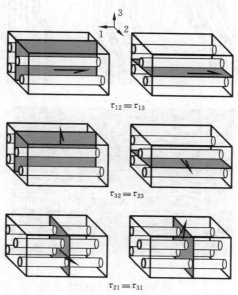

图 10-15　单层板剪切模式

表 10-3　单层板强度实测值

材　料	σ_{1u}/MPa	σ_{2u}/MPa	τ_{12u}/MPa	ε_{1u}/(%)	ε_{2u}/(%)
玻璃纤维/聚酯	700	20	50	2.0	0.3
碳纤维/环氧树脂	1 000	35	70	0.5	0.3
芳纶/环氧树脂	1 200	20	50	2.0	0.4

10.6　压缩强度

　　复合材料受压时,加载方式以及横方向约束的强弱对其断裂强度有很大影响。单层板在纤维方向受压时,纤维发生屈曲,如图 10-16 所示。

　　复合材料受压时,纤维有的截面上产生拉应力,有的截面上产生压应力,可引发局部变形或断裂。图 10-16(d)为纤维排列方向不规则引起的扭折带(kink band)照片。Argon 提出如下的压缩强度计算公式:

$$\sigma_{c}^{*}=\frac{\tau_{ym}}{\Delta\varphi} \tag{10-20}$$

式中:τ_{ym} 为基体剪切屈服强度;$\Delta\varphi$ 为以弧度表示的纤维方向偏差。图 10-17 所示为根据试验绘制的 σ_{c}^{*}-τ_{ym} 关系曲线。

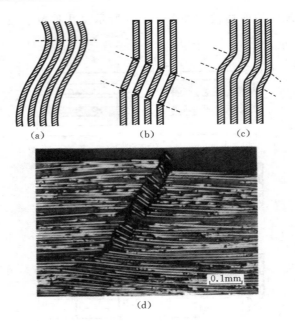

图 10-16　压缩破坏

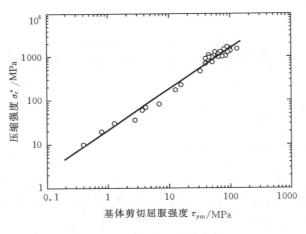

图 10-17　$\sigma_c^* - \tau_{ym}$ 关系曲线

　　试验表明,压缩强度与基体剪切屈服强度之间有很好的相关性。图 10-17 中最佳拟合直线对应的 $\Delta\varphi \approx 3°$,这个值与实际测得的值比较相符。在进行压缩试验时,夹紧试样本身就会引起约 1° 的误差。

　　在进行压缩试验时,为保证试样不发生整体失稳,试样长度与横向尺寸之比应足够小,或施加额外的横向约束,以避免试样发生屈曲,这样测得的压缩强度才是可信的。

10.7　基于经典层合理论的层合板强度计算

1. 层合板本构关系

层合板是由单层板按一定顺序和角度层叠而构成的。假定材料符合线弹性和小变形假设以及薄板假设,层与层之间理想粘接,可以导出层合板内的应变为

$$\begin{Bmatrix} \varepsilon_x \\ \varepsilon_y \\ \gamma_{xy} \end{Bmatrix} = \begin{Bmatrix} \varepsilon_x^0 \\ \varepsilon_y^0 \\ \gamma_{xy}^0 \end{Bmatrix} + z \begin{Bmatrix} K_x \\ K_y \\ K_{xy} \end{Bmatrix} \tag{10-21}$$

式中:

$$\begin{Bmatrix} \varepsilon_x^0 \\ \varepsilon_y^0 \\ \gamma_{xy}^0 \end{Bmatrix} = \begin{Bmatrix} \dfrac{\partial u_0}{\partial x} \\[2mm] \dfrac{\partial v_0}{\partial y} \\[2mm] \dfrac{\partial u_0}{\partial y} + \dfrac{\partial v_0}{\partial x} \end{Bmatrix}, \quad \begin{Bmatrix} K_x \\ K_y \\ K_{xy} \end{Bmatrix} = \begin{Bmatrix} -\dfrac{\partial^2 w_0}{\partial x^2} \\[2mm] -\dfrac{\partial^2 w_0}{\partial y^2} \\[2mm] -2\dfrac{\partial^2 w_0}{\partial x \partial y} \end{Bmatrix}$$

其中 ε_x^0、ε_y^0 为层合板中面的正应变,γ_{xy}^0 为层合板中面的切应变,K_x、K_y 为中面的弯曲挠曲率,K_{xy} 为中面的扭曲率。

根据单层板的应力-应变关系,可求得层合板中第 k 层的应力为

$$\begin{Bmatrix} \sigma_x \\ \sigma_y \\ \tau_{xy} \end{Bmatrix}_k = \begin{bmatrix} \overline{Q}_{11} & \overline{Q}_{12} & \overline{Q}_{16} \\ \overline{Q}_{12} & \overline{Q}_{22} & \overline{Q}_{26} \\ \overline{Q}_{16} & \overline{Q}_{26} & \overline{Q}_{66} \end{bmatrix}_k \left\{ \begin{Bmatrix} \varepsilon_x^0 \\ \varepsilon_y^0 \\ \gamma_{xy}^0 \end{Bmatrix} + z \begin{Bmatrix} K_x \\ K_y \\ K_{xy} \end{Bmatrix} \right\} \tag{10-22}$$

定义层合板单位宽度上的合内力 (N_x, N_y, N_{xy})、合内力矩 (M_x, M_y, M_{xy}) 如下:

$$(N_x, N_y, N_{xy}) = \int_{-h/2}^{h/2} (\sigma_x, \sigma_y, \tau_{xy}) \mathrm{d}z \tag{10-23}$$

$$(M_x, M_y, M_{xy}) = \int_{-h/2}^{h/2} (\sigma_x, \sigma_y, \tau_{xy}) z \mathrm{d}z \tag{10-24}$$

将式(10-22)代入式(10-23)、式(10-24)并积分,得到

$$\begin{Bmatrix} N_x \\ N_y \\ N_{xy} \end{Bmatrix} = \begin{bmatrix} A_{11} & A_{12} & A_{16} \\ A_{12} & A_{22} & A_{26} \\ A_{16} & A_{26} & A_{66} \end{bmatrix} \begin{Bmatrix} \varepsilon_x^0 \\ \varepsilon_y^0 \\ \gamma_{xy}^0 \end{Bmatrix} + \begin{bmatrix} B_{11} & B_{12} & B_{16} \\ B_{12} & B_{22} & B_{26} \\ B_{16} & B_{26} & B_{66} \end{bmatrix} \begin{Bmatrix} K_x \\ K_y \\ K_{xy} \end{Bmatrix} \tag{10-25}$$

$$\begin{Bmatrix} M_x \\ M_y \\ M_{xy} \end{Bmatrix} = \begin{bmatrix} B_{11} & B_{12} & B_{16} \\ B_{12} & B_{22} & B_{26} \\ B_{16} & B_{26} & B_{66} \end{bmatrix} \begin{Bmatrix} \varepsilon_x^0 \\ \varepsilon_y^0 \\ \gamma_{xy}^0 \end{Bmatrix} + \begin{bmatrix} D_{11} & D_{12} & D_{16} \\ D_{12} & D_{22} & D_{26} \\ D_{16} & D_{26} & D_{66} \end{bmatrix} \begin{Bmatrix} K_x \\ K_y \\ K_{xy} \end{Bmatrix} \tag{10-26}$$

$$A_{ij} = \int_{-h/2}^{h/2} \overline{Q}_{ij} \mathrm{d}z, \quad B_{ij} = \int_{-h/2}^{h/2} \overline{Q}_{ij} z \mathrm{d}z, \quad D_{ij} = \int_{-h/2}^{h/2} \overline{Q}_{ij} z^2 \mathrm{d}z \tag{10-27}$$

式(10-25)、式(10-26)可合在一起写成下面的简洁形式:

$$\begin{bmatrix} \boldsymbol{N} \\ \boldsymbol{M} \end{bmatrix} = \begin{bmatrix} \boldsymbol{A} & \boldsymbol{B} \\ \boldsymbol{B} & \boldsymbol{D} \end{bmatrix} \begin{bmatrix} \boldsymbol{\varepsilon}^0 \\ \boldsymbol{K} \end{bmatrix} \tag{10-28}$$

式(10-23)至式(10-28)表示了层合板的基本关系,即本构方程。

2. 层合板破坏特征

层合板的破坏分为初始层破坏(first ply failure,FPF)和最终层破坏(last ply failure,LPF)。图 10-18 所示为破坏过程中应力应变关系的示意图。

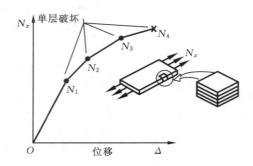

图 10-18　层合板中各单层板逐次破坏

对于层合板,某单层的破坏并不意味着整个板即刻断裂。考虑(0°/90°/90°/0°)正交层合板受单轴拉伸的情况,这时,各个单层沿纤维方向的切应力为零。因此,只可能发生横向或轴向破坏。如图 10-19(a)所示,首先在 90°层发生基体裂纹,由于载荷大部分由 0°层承担(约 85%),90°层基体裂纹的发生并不会引起 0°层拉应力的很大变化;此后,随着载荷的增加,90°层限制 0°层的横向(宽度方向)收缩,从而在 0°层中引起 σ_2 的增大,导致在平行于纤维方向上裂纹的发生,如图 10-19(b)所示。在图 10-19(b)所示的状态下,尽管层合板尚未整体断裂,但裂纹形成网络,对压力容器而言,这种情况会造成气体泄漏。当载荷继续增加,使得 0°层 $\sigma_1 = \sigma_{1u}$ 时,层合板将发生整体断裂(见图 10-19(c))。

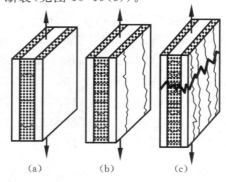

(a)　　　　　(b)　　　　　(c)

图 10-19　玻璃纤维/环氧树脂复合材料正交层合板破坏示意图

层间应力是引发层合板断裂的另一原因。单层板之间的载荷传递是通过层间切应力来进行的,切应力可能引起层间裂纹的发生。图 10-20 所示为层间切应力发生过程。图 10-21 所示为($\varphi/(-\varphi)$)碳纤维/环氧树脂复合材料斜交层合板层间切应力的计算结果。当试样宽度较小时,层间切应力对整体断裂有很大影响,随着宽度增加,层间切应力的影响迅速减小。

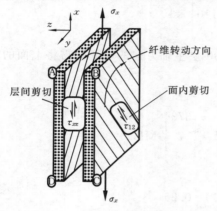

图 10-20 层间切应力

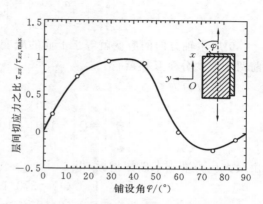

图 10-21 碳纤维/环氧树脂复合材料斜交层合板层间切应力的计算结果

3. 初始层破坏强度计算

对于一般的层合板结构,初始层破坏强度的分析步骤如下。

(1)根据层合板构成形式计算 $\boldsymbol{A}_{ij}$、$\boldsymbol{B}_{ij}$ 和 $\boldsymbol{D}_{ij}$。

(2)计算刚度矩阵的逆矩阵。

对本构方程(见式(10-28))求逆得到

$$\begin{Bmatrix} \boldsymbol{\varepsilon}^0 \\ \boldsymbol{K} \end{Bmatrix} = \begin{bmatrix} \boldsymbol{A}' & \boldsymbol{B}' \\ \boldsymbol{C}' & \boldsymbol{D}' \end{bmatrix} \begin{Bmatrix} \boldsymbol{N} \\ \boldsymbol{M} \end{Bmatrix}$$

(3)求层合板内任一点(任一单层)的应变和应力。

(4)将求得的任一单层主轴方向的应力分量代入适当的强度准则,计算出相应的破坏指标 F.I.,根据最大的 F.I.,确定层合板的初始破坏强度。

例 10-2 考虑($0°/90°$)碳纤维/环氧树脂复合材料正交层合板。单层板性能参数为 $E_1 = 140$ GPa,$E_2 = 10$ GPa,$G_{12} = 5$ GPa,$\mu_{12} = 0.3$,$X_t = 1\,500$ MPa,$X_c = 1\,200$ MPa,$Y_t = 50$ MPa,$Y_c = 250$ MPa,$S = 70$ MPa,$t_p = 0.125$ mm,受 $N_x = 100$ N/mm 作用。判断各层是否破坏,并确定初始层破坏强度。

解 由弹性性能参数求得

$$\boldsymbol{Q} = \begin{bmatrix} 140.9 & 3.0 & 0 \\ 3.0 & 10.1 & 0 \\ 0 & 0 & 5.0 \end{bmatrix} \text{GPa}, \quad \boldsymbol{A} = \begin{bmatrix} 37.8 & 1.5 & 0 \\ 1.5 & 37.8 & 0 \\ 0 & 0 & 2.5 \end{bmatrix} \text{kN/mm}$$

$$\boldsymbol{a} = \begin{bmatrix} 0.026\,5 & -0.001\,1 & 0 \\ -0.001\,1 & 0.026\,5 & 0 \\ 0 & 0 & 0.400\,0 \end{bmatrix} \text{mm/kN}$$

应变为

$$\begin{Bmatrix} \varepsilon_x^0 \\ \varepsilon_y^0 \\ \gamma_{xy}^0 \end{Bmatrix} = \boldsymbol{a} \begin{Bmatrix} 100 \\ 0 \\ 0 \end{Bmatrix} = \begin{Bmatrix} 2\,650 \\ -110 \\ 0 \end{Bmatrix} \times 10^{-6}$$

0°层主轴方向的应变就等于上面的应变,90°层主轴方向的应变只需将上面的前两个应变分量互换就行。

0°层应力为

$$\begin{Bmatrix} \sigma_1 \\ \sigma_2 \\ \tau_{12} \end{Bmatrix} = \boldsymbol{Q} \begin{Bmatrix} 2\,650 \\ -110 \\ 0 \end{Bmatrix} \times 10^{-6} = \begin{Bmatrix} 373 \\ 7 \\ 0 \end{Bmatrix} \text{MPa}$$

由最大应力准则求破坏指标,得

$$\text{F. I. (1)} = 373/1\,500 = 0.25$$
$$\text{F. I. (2)} = 7/50 = 0.14$$
$$\text{F. I. (12)} = 0/70 = 0$$

90°层应力和破坏指标为

$$\begin{Bmatrix} \sigma_1 \\ \sigma_2 \\ \tau_{12} \end{Bmatrix} = \boldsymbol{Q} \begin{Bmatrix} -110 \\ 2\,650 \\ 0 \end{Bmatrix} \times 10^{-6} = \begin{Bmatrix} -7 \\ 26 \\ 0 \end{Bmatrix} \text{MPa}$$

$$\text{F. I. (1)} = 7/1\,200 = 0.01$$
$$\text{F. I. (2)} = 26/50 = 0.52$$
$$\text{F. I. (12)} = 0/70 = 0$$

所以在 $N_x = 100\,\text{N/mm}$ 作用下,90°层横方向的 F. I. 最大,但破坏指标仍小于1,层合板内任一单层都未发生破坏。当载荷增大到一定程度时,90°层将率先发生横方向的拉伸破坏,可求得初始层破坏临界力为

$$N_{xc} = 100/0.52\,\text{N/mm} = 192\,\text{N/mm}$$

整个层合板厚 $h = 0.125 \times 4\,\text{mm} = 0.5\,\text{mm}$,所以,初始层破坏强度为

$$\sigma_{xc} = N_{xc}/h = 384\,\text{MPa}$$

根据对称性,这里所指的初始破坏实际上是两个90°层同时破坏。

4. 最终层破坏强度计算[5,6]

单层的破坏可能导致层合板的整体破坏,也可能不至于此,因剩余的材料有可能继续承担较大的载荷。为计算层合板的极限载荷(最终层破坏强度),需要对初始层发生破坏之后的结构进行强度分析。

一旦发生初始层的破坏(FPF),层合板整体刚度将发生变化,其中的应力也将发生再分布。对发生破坏的单层板,有两种刚度修正的方法。第一种方法称为完全破坏假定。只要发生单层板的破坏,不论其破坏形式,假定该层所有刚度均消失,即 $E_1=0,E_2=0,G_{12}=0$,但该层板的厚度及其在层合板中的位置不发生改变。在这种假定下,重新计算层合板的刚度,进行下一步的应力分析和强度分析。第二种方法称为部分破坏假定。当发生基体拉压破坏或剪切破坏时,令 $E_2=0,G_{12}=0$,但 E_1 保持不变;当发生纤维断裂时,$E_1=0,E_2=0,G_{12}=0$。

例 10-3　某 8 层的$(0°/45°/(-45°)/90°)$碳纤维/环氧树脂复合材料准各向同性板受 N_x 作用,应用最大应力准则和完全破坏假定,求该层合板的极限载荷。已知单层板性能参数为 $E_1=140\,\text{GPa},E_2=10\,\text{GPa},G_{12}=5\,\text{GPa},\mu_{12}=0.3,X_t=1\,500$ MPa,$X_c=1\,200\,\text{MPa},Y_t=50\,\text{MPa},Y_c=250\,\text{MPa},S=70\,\text{MPa},t_p=0.125\,\text{mm}$。

解　分析初始层破坏。通过刚度矩阵和变换刚度矩阵,求得层合板拉伸刚度及其逆矩阵为

$$\boldsymbol{A}=\begin{bmatrix}59.9 & 18.7 & 0\\ 18.7 & 59.9 & 0\\ 0 & 0 & 20.7\end{bmatrix}\text{kN/mm}$$

$$\boldsymbol{a}=\begin{bmatrix}0.018\,5 & -0.005\,8 & 0\\ -0.005\,8 & 0.018\,5 & 0\\ 0 & 0 & 0.048\,3\end{bmatrix}\text{mm/kN}$$

整个层合板厚度 $h=8\times0.125\,\text{mm}=1\,\text{mm}$,所以初始弹性模量为
$$E_x=1/(ha_{11})=1/(1\times0.018\,5)\,\text{GPa}=54.1\,\text{GPa}$$

假设 $N_x=100\,\text{N/mm}$,则层合板中面应变为

$$\begin{Bmatrix}\varepsilon_x^0\\ \varepsilon_y^0\\ \gamma_{xy}^0\end{Bmatrix}=\boldsymbol{a}\begin{Bmatrix}100\\ 0\\ 0\end{Bmatrix}=\begin{Bmatrix}1\,850\\ -580\\ 0\end{Bmatrix}\times10^{-6}$$

0°层(第 1 和第 8 层)主轴方向应变、应力以及破坏指标为

$$\begin{Bmatrix}\varepsilon_1\\ \varepsilon_2\\ \gamma_{12}\end{Bmatrix}=\begin{Bmatrix}1\,850\\ -580\\ 0\end{Bmatrix}\times10^{-6},\quad \begin{Bmatrix}\sigma_1\\ \sigma_2\\ \tau_{12}\end{Bmatrix}=\boldsymbol{Q}\begin{Bmatrix}\varepsilon_1\\ \varepsilon_2\\ \gamma_{12}\end{Bmatrix}=\begin{Bmatrix}259\\ -0.3\\ 0\end{Bmatrix}\text{MPa}$$

$$\text{F. I. (1)}=259/1\,500=0.17$$
$$\text{F. I. (2)}=0.3/250=0.001$$
$$\text{F. I. (12)}=0$$

对 45°层(第 2 和第 7 层),其主轴方向的应变、应力以及破坏指标为

$$\begin{Bmatrix}\varepsilon_1\\ \varepsilon_2\\ \gamma_{12}\end{Bmatrix}=\begin{bmatrix}0.5 & 0.5 & 0.5\\ 0.5 & 0.5 & -0.5\\ -1 & 1 & 0\end{bmatrix}\begin{Bmatrix}1\,850\\ -580\\ 0\end{Bmatrix}\times10^{-6}=\begin{Bmatrix}635\\ 635\\ -2\,430\end{Bmatrix}\times10^{-6}$$

$$\begin{Bmatrix} \sigma_1 \\ \sigma_2 \\ \tau_{12} \end{Bmatrix} = \begin{Bmatrix} 91 \\ 8 \\ -12 \end{Bmatrix} \text{MPa}$$

$$\text{F. I. (1)} = 91/1\,500 = 0.06$$
$$\text{F. I. (2)} = 8/50 = 0.16$$
$$\text{F. I. (12)} = 12/70 = 0.17$$

对 −45°层(第 3 和第 6 层),主轴方向剪应变分量与 45°层相差一负号,其他不变,因此三个破坏指标不变。

90°层(第 4 和 5 层)的计算结果为

$$\begin{Bmatrix} \varepsilon_1 \\ \varepsilon_2 \\ \gamma_{12} \end{Bmatrix} = \begin{Bmatrix} -580 \\ 1\,850 \\ 0 \end{Bmatrix} \times 10^{-6}, \quad \begin{Bmatrix} \sigma_1 \\ \sigma_2 \\ \tau_{12} \end{Bmatrix} = \begin{Bmatrix} -76 \\ 17 \\ 0 \end{Bmatrix} \text{MPa}$$

$$\text{F. I. (1)} = 76/1\,200 = 0.06$$
$$\text{F. I. (2)} = 17/50 = 0.34$$
$$\text{F. I. (12)} = 0$$

将上述结果列于表 10-4 中,所有结果关于中面对称,只需列出第 1~4 层。

表 10-4　　$N_x = 100\,\text{N/mm}$ 下各单层应力和破坏指标

层面	$\theta/(°)$	σ_1/MPa	σ_2/MPa	τ_{12}	F. I. (1)	F. I. (2)	F. I. (12)
1	0	259	−0.3	0	0.17	0.001	0
2	45	91	8	−12	0.06	0.16	0.17
3	−45	91	8	12	0.06	0.16	0.17
4	90	−76	17	0	0.06	0.34	0

从表 10-4 知,最大破坏指标为 0.34,对应 90°层横向拉伸,所以,初始层破坏临界力为

$$N_x = 100/0.34\ \text{N/mm} = 294\ \text{N/mm}$$

当初始层(90°层)破坏发生后,按完全破坏假定,令该层 $E_1 = 0$,$E_2 = 0$,$G_{12} = 0$,因此,$\bar{\boldsymbol{Q}}_{90°} = [0]$。重新计算层合板拉伸刚度,结果如下:

$$\boldsymbol{A} = \begin{bmatrix} 57.4 & 17.9 & 0 \\ 17.9 & 24.7 & 0 \\ 0 & 0 & 19.4 \end{bmatrix} \text{kN/mm}$$

$$\boldsymbol{a} = \begin{bmatrix} 0.022\,5 & -0.016\,3 & 0 \\ -0.016\,3 & 0.052\,3 & 0 \\ 0 & 0 & 0.051\,5 \end{bmatrix} \text{mm/kN}$$

$$E_x = 1/(ha_{11}) = 1/(1 \times 0.0225)\ \text{GPa} = 44.4\ \text{GPa}$$

在首层破坏临界载荷($N_x = 294\ \text{N/mm}$)作用下,与前一步骤类似,计算层合板中面的应变,求出各单层板的应变、应力及破坏指标如表 10-5 所示。

表 10-5　$N_x = 294\ \text{N/mm}$,90°层已破坏时各单层应力与破坏指标

层面	$\theta/(°)$	σ_1/MPa	σ_2/MPa	τ_{12}	F. I. (1)	F. I. (2)	F. I. (12)
1	0	918	−29	0	0.61	0.12	0
2	45	131	12	−57	0.09	0.24	0.81
3	−45	131	12	57	0.09	0.24	0.81
4	90	—	—	—	—	—	—

可见,最大破坏指标是 0.81,破坏发生在 ±45°层的剪切方向上。因此,在大小为 $294\ \text{N/mm}$ 的临界载荷 N_x 的作用下,经应力的再分布,尚未发生第 2 层破坏。求得第 2 层破坏的临界力为

$$N_x = 294/0.81\ \text{N/mm} = 363\ \text{N/mm}$$

在此载荷作用下,45°层和 −45°层将同时发生破坏(剪切)。

令 45°层和 −45°层刚度为零,重复相同的步骤,求得最终层(0°层)破坏极限载荷和极限应力分别为

$$N_x = 363/0.97\ \text{N/m} = 374\ \text{N/mm}, \quad \sigma_x = N_x/t = 374\ \text{MPa}$$

层合板直到破坏的应力-应变曲线如图 10-22 所示。

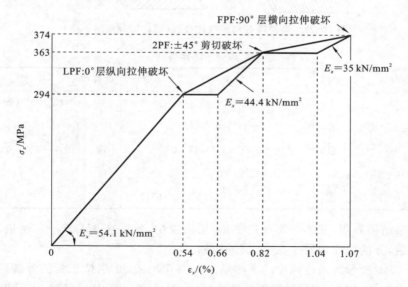

图 10-22　$[0°/45°/(-45°)/90°]_s$ 准各向同性板拉伸曲线

10.8　层合板拉伸试验及数值结果对比分析[7-10]

1. 碳纤维增强复合材料层合板拉伸试验

试验材料为碳纤维/环氧树脂(T700S/2 500)复合材料,其单层板的性能参数如表 10-6 所示。准各向同性层合板分为 A 类和 B 类,如图 10-23 所示。B 类板中各单层铺设角相差 45°,A 类板中局部子结构铺设角相差 90°。按试样切割方向的不同,由 A 类板制成五种试样,由 B 类板制成四种试样,如表 10-7 所示。各试样的表示以拉伸方向为基准。试样为 190mm×23mm 的矩形板,厚度约为 1 mm。在单轴拉伸条件下,间或停机观察,对试样内的基体开裂和分层损伤情况进行拍照记录,直至试样最终破断。图 10-24 所示为基体开裂与分层损伤的状况。

表 10-6　碳纤维/环氧树脂复合材料单层板的力学性能

E_1/GPa	$E_2 \text{、} E_3/\text{GPa}$	$G_{12} \text{、} G_{13}/\text{GPa}$	G_{23}/GPa	$\mu_{12} \text{、} \mu_{23} \text{、} \mu_{13}$
135	8.0	4.5	3.7	0.34

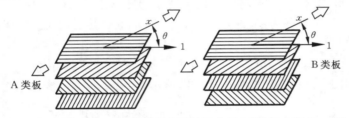

图 10-23　两类准各向同性层合板(对称层合板的一侧)

表 10-7　试样类别

$\theta/(°)$	试样	A 类	试样	B 类
0	Ⅰ	0°/45°/(−45°)/90°	Ⅴ	0°/45°/90°/(−45°)
45	Ⅱ	(−45°)/0°/90°/45°	Ⅵ	(−45°)/0°/45°/90°
90	Ⅲ	90°/(−45°)/45°/0°	Ⅶ	90°/(−45°)/0°/45°
135(−45)	Ⅳ	45°/90°/0°/(−45°)	Ⅷ	45°/90°/(−45°)/0°
157.5(−22.5)	Ⅸ	22.5°/67.5°/(−22.5°)/(−67.5°)	—	—

观察结果表明,基体开裂首先在 90°层内发生,然后在 45°或−45°层内也出现基体开裂,分层损伤多发生在 90°层的两侧。

表 10-8 所示为最终强度的实测结果。当 0°层或 90°层位于板的外侧时,其强度值基本相同,但当±45°层位于板的外侧时,因 A 类试样中 0°层和 90°层相邻,90°层开裂后,应力很快转移到 0°层,致使层合板最终强度降低。Ⅸ型试样中不含 0°层,其最终强度与其他试样相比大大下降。

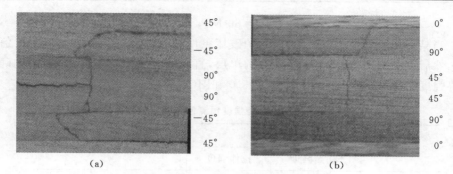

图 10-24 基体开裂与分层损伤

表 10-8 最终强度测试值

θ/(°)	A 类		B 类	
	试样种类	拉伸强度/MPa	试样种类	拉伸强度/MPa
0	I	826.3	V	830.6
45	II	789.8	VI	817.5
90	III	814.8	VII	803.9
135(−45)	IV	742.1	VIII	805.3
157.5(−22.5)	IX	347.4	—	—

2. 基于有限元数值分析的层合板强度预测

以下利用有限元计算软件 ANSYS 对层合板的初始强度及最终强度进行预测。分析时采用 SOLID 单元,破坏准则利用三维 Tsai-Wu 准则[4],即

$$F_{11}\sigma_1^2 + F_{22}\sigma_2^2 + F_{33}\sigma_3^2 + 2F_{12}\sigma_1\sigma_2 + 2F_{23}\sigma_2\sigma_3$$
$$+ 2F_{13}\sigma_1\sigma_3 + F_{44}\tau_{12}^2 + F_{55}\tau_{23}^2 + F_{66}\tau_{13}^2 + F_1\sigma_1 + F_2\sigma_2 + F_3\sigma_3 = 1 \tag{10-29}$$

式中:各系数分别为

$$\begin{cases} F_{11} = 1/XX', \quad F_{22} = 1/YY', \quad F_{33} = 1/ZZ', \\ F_{44} = 1/R^2, \quad F_{55} = 1/S^2, \quad F_{66} = 1/T^2, \\ F_1 = \dfrac{1}{X} - \dfrac{1}{X'}, \quad F_2 = \dfrac{1}{Y} - \dfrac{1}{Y'}, \quad F_3 = \dfrac{1}{Z} - \dfrac{1}{Z'}, \\ F_{12} = -0.5\sqrt{F_{11}F_{22}}, \quad F_{23} = -0.5\sqrt{F_{22}F_{33}}, \quad F_{13} = -0.5\sqrt{F_{11}F_{33}} \end{cases} \tag{10-30}$$

式中:X、X' 分别为纤维方向的拉、压强度;Y、Y' 分别为横方向的拉、压强度;Z、Z' 分别为厚度方向的拉、压强度;R 和 T 为纵向剪切强度;S 为横向剪切强度。各强度参量的值分别取为[8]

$$X = 2\,550 \text{ MPa}, \quad X' = 1\,600 \text{ MPa}$$
$$Y = 34.5 \text{ MPa}, \quad Y' = 200 \text{ MPa}$$
$$Z = 34.5 \text{ MPa}, \quad Z' = 200 \text{ MPa}$$

$$R=110 \text{ MPa}, \quad S=80 \text{ MPa}, \quad T=110 \text{ MPa}$$

当某一单层满足式(10-29)所示的破坏条件时,认为该层刚度消失(刚度值为零),然后继续加载,预测下一个破坏的单层,直至所有单层均发生破坏,由此确定最终强度。计算结果见表 10-9、表 10-10 和图 10-25。

表 10-9　A 类板最终强度预测值与试验值的比较

$\theta/(°)$	预测值/MPa		拉伸强度试验值/MPa
	初始强度	拉伸强度	
0	101.0	699.0	826.3
45	115.0	678.0	789.8
90	146.0	697.0	814.8
135(−45)	122.0	675.0	742.1
157.5(−22.5)	144.0	243.0	347.4

表 10-10　B 类板最终强度预测值与试验值的比较

$\theta/(°)$	预测值/MPa		拉伸强度试验值/MPa
	初始强度	拉伸强度	
0	121.0	701.0	830.6
45	108.0	687.0	817.5
90	150.0	698.0	803.9
135(−45)	119.0	678.0	805.3

与经典层合板理论不同,有限元数值方法考虑了面外应力分量的影响,以及边缘效应,各单层内的应力不再是均匀的。某个单元最先满足 Tsai-Wu 准则,则认为该单元所在的单层发生破坏。

在计算时,只要某单层满足强度准则,则认为该层刚度消失,但实际上材料还可继续承担一部分载荷。因此,计算结果偏于保守,计算的强度值小于试验值。从表 10-9、表 10-10 中可以看出,加载方向对强度的影响较大。不论 A 类板还是 B 类板,0°层在表层时,板的强度都较大。当板内不含 0°以及 90°层时,初始破坏强度上升,而最终强度大大降低。最终强度的计算值基本上反映了加载方向对强度的影响规律,但复合材料层合板的损伤形态与强度机理十分复杂,对最终强度的精确预测不是一件容易的事,还有待进一步的研究。

结合试验和有限元数值方法对层合板的强度进行分析,在一定范围内揭示不同层合结构(或不同加载方向)内部的损伤扩展规律和强度特征,可以为层合板结构的强度预测方法的建立,以及复合材料的优化设计提供依据和参考。

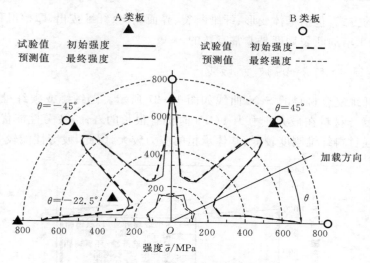

图 10-25　强度与加载方向的关系

10.9　复合材料的断裂韧度

对于含长度为 $2c$ 的裂纹的裂纹体，裂纹扩展的能量条件是

$$g = \sigma^2 \pi c / E \geqslant g_c \qquad (10\text{-}31)$$

式中：g 为能量释放率；g_c 为断裂韧度。

根据关系式 $K = \sigma\sqrt{\pi c}$，有

$$K = \sqrt{Eg} \qquad (10\text{-}32)$$

断裂条件又可写为

$$K \geqslant K_c \qquad (10\text{-}33)$$

由于 g_c 的物理含义是断裂时的临界能量释放率，很容易由试验来测定它的值，即由 $P\text{-}\delta$ 曲线下的面积除以断面的面积来求得。对高韧度金属材料，断裂韧度的值 $g_c \geqslant 100\ \text{kJ} \cdot \text{m}^{-2}$。复合材料的断裂韧度取决于界面性质，所以，严格说来，它不是常数。界面裂纹是指两种材料交界处的裂纹，如纤维与基体交界处的裂纹，或层合板中的层间裂纹。界面裂纹一般同时存在两种变形模式，即 I 型和 II 型的混合变形模式（见图 10-26）。此时，断裂韧度受参数 $\psi = \tan^{-1}(K_{\text{II}}/K_{\text{I}})$ 的影响，$g_{\text{I}c}$ 随 II 型变形增强而增大。

裂纹在复合材料中的扩展过程非常复杂。与金属材料相比，复合材料内有多种

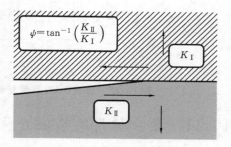

图 10-26　界面裂纹应力场模型

吸收能量的方式,包括基体变形、纤维断裂、界面剥离、纤维拔出、摩擦滑移、层间开裂等,这对于增加断裂韧度是非常有益的。

10.10　复合材料的疲劳破坏[1]

　　各种纤维复合材料的 S-N 曲线如图 10-27 所示。硼纤维或碳纤维等高刚度纤维增强复合材料在最大应力为 1 GPa 时仍有很长的寿命,疲劳性能优良。而玻璃纤维增强材料纤维刚度较低,基体承担的应力较大,因此,疲劳性能较差。

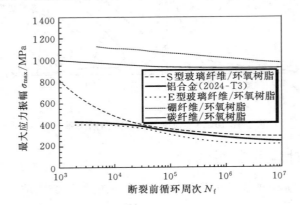

图 10-27　纤维复合材料的 S-N 曲线

　　图 10-28 所示为层合板的 S-N 曲线。层合板的疲劳性能大大低于单层板沿纤维方向的疲劳性能。但总的看来,FRP 的疲劳性能要优于金属。

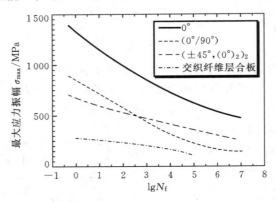

图 10-28　玻璃纤维/聚酯复合材料层合板的 S-N 曲线($R=0.1$)

10.11　复合材料的热应力及高温特性

　　单向纤维复合材料发生温度变化 ΔT 时,基体与纤维热膨胀系数的差异会在材料中引起热应力,计算模型如图 10-29 所示。设基体与纤维的热膨胀系数分别为 α_m、α_f,则下面的关系成立:

$$\begin{cases} (\alpha_m - \alpha_f)\Delta T = \varepsilon_f - \varepsilon_m \\ (1-V_f)\sigma_m + V_f\sigma_f = 0 \\ (1-V_f)E_m\varepsilon_m + V_fE_f\varepsilon_f = 0 \end{cases} \quad (10\text{-}34)$$

由式(10-34)解出 ε_m,得到

$$\varepsilon_m = \frac{-V_fE_f(\alpha_m - \alpha_f)\Delta T}{(1-V_f)E_m + V_fE_f} \quad (10\text{-}35)$$

FRP 单层板沿纤维方向的热膨胀系数为

$$\alpha_c\Delta T = \alpha_m\Delta T + \varepsilon_m$$

$$\alpha_c = \frac{\alpha_m(1-V_f)E_m + \alpha_fV_fE_f}{(1-V_f)E_m + V_fE_f} \quad (10\text{-}36)$$

通常 $\alpha_m > \alpha_f$,即温度升高时,基体内产生残余压应力,纤维产生残余拉应力。

利用相同的方法,可以计算(0°/90°)正交层合板内的热应力。记单层板纤维方向和横方向的热膨胀系数分别为 α_1、α_2。借用图 10-29 及式(10-35),得到

$$\varepsilon_2 = \frac{-E_1(\alpha_2 - \alpha_1)\Delta T}{E_2 + E_1}$$

$$\sigma_2 = \frac{-E_1E_2(\alpha_2 - \alpha_1)\Delta T}{E_1 + E_2} \quad (10\text{-}37)$$

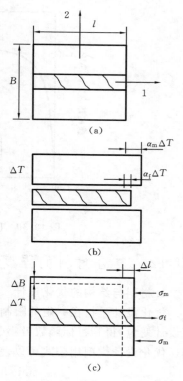

图 10-29　热膨胀系数计算模型

(a) 代表性体积单元;

(b) 分别膨胀;(c) 实际变形

图 10-30 所示为残余热应力的计算结果,当温度变化 $\Delta T = -100\text{ K}$ 时,90°层内的残余热应力 σ_2 达到 25~30 MPa,这个值接近于产生基体裂纹的临界应力。因此,在成形加工后产生的这种残余应力是十分有害的。

在高温环境下,基体会发生蠕变变形。在线弹性的范围内,单向复合材料的应变为

$$\varepsilon_0 = \frac{\sigma}{V_fE_f + (1-V_f)E_m} \quad (10\text{-}38)$$

基体发生蠕变后,应力逐步向纤维转移,到最后,应力由纤维 100% 承担,此时,

$$\varepsilon_\infty = \frac{\sigma}{V_fE_f} \quad (10\text{-}39)$$

应变达到这个值后,基体的蠕变速度减慢,同时,加载应力也减小。ε_∞ 称为临界应变。与金属蠕变不相同的是,只要纤维不断裂,FRP 的蠕变应变就不会超过其临界值。

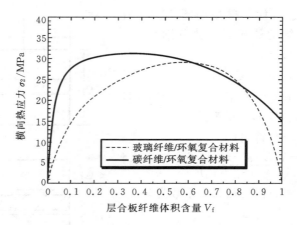

图 10-30　(0°/90°)层合板内的残余热应力

10.12　复合材料的强度设计[11]

1. 材料与结构的优化设计

优化设计是指在一定的限制条件下,通过改变材料和结构的几何形状或尺寸等设计变量,得到目标函数极小(大)值,如重量最小优化设计、成本最低优化设计等。优化设计模型用公式可以表示为

$$\min F(x_1, x_2, \cdots, x_n) \tag{10-40}$$
$$\text{s. t.}\quad g_k(x_1, x_2, \cdots, x_n) \geqslant 0, \quad k=1,2,\cdots,m \tag{10-41}$$

优化设计具有三个方面的要素,即设计变量 x_i、目标函数 $F(x_1, x_2, \cdots, x_n)$ 和约束条件。设计变量是设计者可以根据要求而改变的可控制的量。复合材料的设计有很大的灵活性,这是因为复合材料的刚度或强度与组成成分(纤维、基体)以及组成结构(铺层结构)有密切关系。通过不同的材料组合或结构的变化,可以方便地改变层合板的整体性能。

对复合材料进行优化设计时,其设计变量可以是材料的力学性质(如选择不同的增强材料或/和基体材料),铺层几何结构,层合板形状、截面尺寸等。约束条件分为两类:一类是设计变量可选择的范围,如增强材料的体积分数、纤维铺设角、单层板几何尺寸等;另一类是功能性限制条件,如最大变形、屈曲强度、可靠度等。

2. 面内加载层合板的最大强度设计

根据初始层破坏准则,层合板内任一单层发生破坏,就认为层合板破坏。判断单层板的破坏用得较多的是 Tsai-Wu 理论,即

$$F_{11}\sigma_x^2 + F_{22}\sigma_y^2 + F_{66}\tau_{xy}^2 + 2F_{12}\sigma_x\sigma_y + F_1\sigma_x + F_2\sigma_y = 1 \tag{10-42}$$

在三维空间 $\sigma_x\text{-}\sigma_y\text{-}\tau_{xy}$ 内,式(10-42)表示一曲面,这个曲面称为破损包络面

(failure envelope)。

考虑(0°/90°)正交层合板,包络面在σ_x-σ_y平面上的投影成为两包络线,如图10-31所示,其中粗实线包围的区域为安全区,之外的区域为破坏区,边界上的点表示破坏的临界点。加载时,若应力从原点出发,沿某一直线增加,则刚刚到达包络线时,层合板会发生初始层破坏。定义

$$\sigma_{ij}=R\sigma_{ija} \tag{10-43}$$

式中:σ_{ija} 为实际工作应力;σ_{ij} 为满足式(10-42)的临界应力;R 称为强度比。

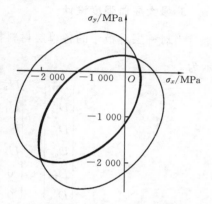

图 10-31　(0°/90°)正交层合板破坏包络线

将 σ_{ij} 代入式(10-42),得到

$$aR^2+bR+c=0 \tag{10-44}$$

$$\begin{cases} a=F_{11}\sigma_{xa}^2+F_{22}\sigma_{ya}^2+F_{66}\tau_{xya}^2+2F_{12}\sigma_{xa}\sigma_{ya} \\ b=F_1\sigma_{xa}+F_2\sigma_{ya} \\ c=-1 \end{cases} \tag{10-45}$$

解上述方程,可求解出强度比 R。

($\pm\theta$)斜交层合板的强度比随 θ 的变化如图 10-32 所示。图中各组数字表示加载各分量之间的比例关系,如(1,0.4,0)表示 $\sigma_x=10\,\text{MPa}$,$\sigma_y=4\,\text{MPa}$,$\tau_{xy}=0$。对应每种情况,都存在一个使 R 最大的铺设角,即优化解。

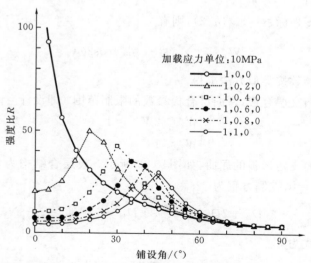

图 10-32　斜交层合板的强度比与铺设角的关系

3. 最大屈曲强度设计

当对称层合板中的各单层材料相同时，归一化弯曲刚度 $D^* = D \Big/ \left(\dfrac{h^3}{12} \right)$ 可以表示为

$$
\begin{Bmatrix} D_{11}^* \\ D_{22}^* \\ D_{12}^* \\ D_{66}^* \\ D_{16}^* \\ D_{26}^* \end{Bmatrix} = \begin{bmatrix} U_1 & W_1^* & W_2^* \\ U_1 & -W_1^* & W_2^* \\ U_4 & 0 & -W_2^* \\ U_5 & 0 & -W_2^* \\ 0 & W_3^*/2 & W_4^* \\ 0 & W_3^*/2 & -W_4^* \end{bmatrix} \begin{Bmatrix} 1 \\ U_2 \\ U_3 \end{Bmatrix}
\tag{10-46}
$$

式中：U_i 为材料常数，可通过下式确定：

$$
\begin{Bmatrix} U_1 \\ U_2 \\ U_3 \\ U_4 \\ U_5 \end{Bmatrix} = \begin{bmatrix} 3/8 & 3/8 & 1/4 & 1/2 \\ 1/2 & -1/2 & 0 & 0 \\ 1/8 & 1/8 & -1/4 & -1/2 \\ 1/8 & 1/8 & 3/4 & -1/2 \\ 1/8 & 1/8 & -1/4 & 1/2 \end{bmatrix} \begin{Bmatrix} Q_{11} \\ Q_{22} \\ Q_{12} \\ Q_{66} \end{Bmatrix}
$$

W_i^* 称为弯曲层合参数，其定义为

$$
\begin{cases}
W_1^* = \dfrac{24}{h^3} \displaystyle\int_0^{\frac{h}{2}} \cos2\theta \cdot z^2 \mathrm{d}z, & W_2^* = \dfrac{24}{h^3} \displaystyle\int_0^{\frac{h}{2}} \cos4\theta \cdot z^2 \mathrm{d}z \\[3mm]
W_3^* = \dfrac{24}{h^3} \displaystyle\int_0^{\frac{h}{2}} \sin2\theta \cdot z^2 \mathrm{d}z, & W_4^* = \dfrac{24}{h^3} \displaystyle\int_0^{\frac{h}{2}} \sin4\theta \cdot z^2 \mathrm{d}z
\end{cases}
\tag{10-47}
$$

若采用归一化 z 坐标 $\xi_k = z_k/(h/2)$，则有

$$
W_1^* = \sum_{k=1}^{N/2} (\xi_k^3 - \xi_{k-1}^3) \cos2\theta_k
\tag{10-48}
$$

其他几个参数按类似方法求得。

对于多重斜交层合板，弯曲层合板参数的限制范围（即设计空间）为

$$
\begin{cases}
W_2^* \geqslant 2W_1^{*2} - 1 \\
W_2^* \leqslant 1
\end{cases}
\tag{10-49}
$$

考虑四边简支矩形板的屈曲，如图10-33所示。设层合结构为多重斜交结构，这时，$D_{16} = D_{26} = 0$，控制方程为

$$
D_{11}\frac{\partial^2 w}{\partial x^4} + 2(D_{12} + 2D_{66})\frac{\partial^4 w}{\partial x^2 \partial y^2} + D_{22}\frac{\partial^4 w}{\partial y^4} = N_x\frac{\partial^2 w}{\partial x^2} + N_y\frac{\partial^2 w}{\partial y^2}
\tag{10-50}
$$

设解的形式为

$$
w = T_{mn} \sin\frac{m\pi x}{a} \sin\frac{n\pi y}{b}
\tag{10-51}
$$

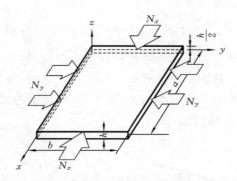

$$图\ 10\text{-}33\quad 层合板受面内压缩载荷作用$$

式(10-51)满足四边简支矩形板的边界条件,将其代入控制方程得

$$\pi^2 \left[D_{11} m^4 + 2(D_{12} + 2D_{66}) m^2 n^2 R^2 + D_{22} n^4 R^4 \right]$$
$$= -a^2 (N_x m^2 + N_y n^2 R^2) \tag{10-52}$$

其中 $R = a/b$。若 $N_x = -N_0$，$N_y = 0$，则由式(10-52)解出

$$N_0 = \frac{\pi^2}{m^2 a^2} \left[D_{11} m^4 + 2(D_{12} + 2D_{66}) m^2 n^2 R^2 + D_{22} n^4 R^4 \right] \tag{10-53}$$

当 $n = 1$ 时，N_0 有最小值(屈曲强度)，即

$$N_{\mathrm{cr}} = \frac{\pi^2}{m^2 a^2} \left[D_{11} m^4 + 2(D_{12} + 2D_{66}) m^2 R^2 + D_{22} R^4 \right] \tag{10-54}$$

当 $R < 1$ 时，x 方向的屈曲半波数 $m = 1$，因此有

$$N_{\mathrm{cr}} = \frac{\pi^2}{a^2} \left[D_{11} + 2(D_{12} + 2D_{66}) R^2 + D_{22} R^4 \right] \tag{10-55}$$

当面内和面外不发生耦合时,可以利用弯曲层合板参数 W_i^* 进行最大屈曲强度设计。定义

$$N_{\mathrm{cr}}^* = \frac{12 b^2 N_{\mathrm{cr}}}{\pi^2 h^3}, \quad \alpha = R^{-2} - R^2, \quad \beta = R^{-2} + R^2$$

利用式(10-46)和式(10-55),则有

$$N_{\mathrm{cr}}^* = \alpha U_2 W_1^* + (\beta - 6) U_3 W_2^* + \beta U_1 + 2U_4 + 4U_5 \tag{10-56}$$

在 W_1^*-W_2^* 平面上的斜直线表示屈曲强度的等高线,该直线的斜率由式(10-56)求得,即

$$s = \frac{\alpha U_2}{(6 - \beta) U_3} \tag{10-57}$$

屈曲强度最大的点就是斜率为 s 的直线与设计空间边界线相切的点,即图 10-34 中的点 P。

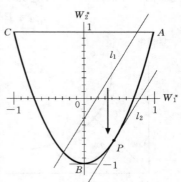

$$图\ 10\text{-}34\quad 最大屈曲强度设计$$

最优解和最优铺设角分别为

$$W_1^* = \frac{s}{4}, \quad W_2^* = = 2(W_1^*)^2 - 1, \quad \theta = \frac{1}{2}\cos^{-1}W_1^* \qquad (10\text{-}58)$$

图 10-35 所示为最优铺设角与形状比的关系曲线,图 10-36 所示为屈曲强度与形状比的关系曲线。从图 10-36 可知,当 $a/b < 0.7$ 时,最优结构的屈曲强度与 0°层结构的屈曲强度基本一致。在 $a/b = 0.7 \sim 1$ 的范围内,最优结构的屈曲强度与($\pm 45°$)层合板也大致相同。

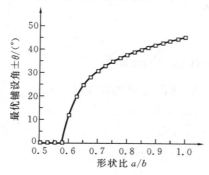

图 10-35　最优铺设角与形状比的关系　　图 10-36　屈曲强度与形状比的关系

10.13　复合材料的可靠性设计[12-16]

1. 单层板的可靠性分析

对于复合材料单层板,基于 Tsai-Wu 准则的功能函数可以写为

$$G = 1 - (F_{11}\sigma_1^2 + F_{22}\sigma_2^2 + F_{66}\tau_{12}^2 + 2F_{12}\sigma_1\sigma_2 + F_1\sigma_1 + F_2\sigma_2) \qquad (10\text{-}59)$$

式中:$G < 0$ 表示单元层失效;$G = 0$ 表示极限状态;$G > 0$ 表示正常工作;F_{11}、F_{22}、F_{66}、F_1、F_2、F_{12} 等由强度参数 X_t、X_c、Y_t、Y_c 和 S 确定。当这些强度参数为随机变量时,$G < 0$ 或 $G > 0$ 为随机事件,破坏概率和可靠度分别表示为

$$p_f = P\{G \leqslant 0\}, R = 1 - p_f = P\{G > 0\} \qquad (11\text{-}60)$$

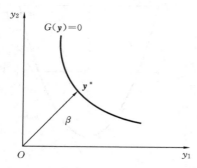

图 10-37　可靠性指标 β 的几何图示

根据式(11-60)来计算时需要知道 G 的概率分布,并涉及复杂的积分运算,因此通常采用近似的可靠度评价方法,如一次二阶矩法(FORM)。在一次二阶矩法中,首先将基本随机变量 $\mathbf{X} = (X_1 \quad X_2 \quad \cdots \quad X_{m_0})^T$ 转换为相互独立的标准正态随机变量 $\mathbf{Y}$,单元层的可靠性指标由 $\beta = (\mathbf{y}^{*T} \cdot \mathbf{y}^*)^{1/2}$ 得到,其中 $\mathbf{y}^*$ 是极限状态方程 $G(\mathbf{y}) = 0$ 上到原点最近的点,即最大可能失效点(MPP),如图 10-37 所示。失效概

率近似评价为

$$P(G \leqslant 0) = \Phi(-\beta) \tag{10-61}$$

式中：Φ 为标准正态随机变量的累积分布函数。

2. 系统可靠性分析

若层合板内任一单层失效就定义为系统失效，则可得到首层失效（FPF）强度，或求得相应的基于首层失效准则的系统可靠性指标。

确定极限强度（最终层失效强度），特别是基于最终层失效（LPF）准则的可靠性分析较为复杂。基于最终层失效准则的系统可靠性计算采用逐步失效的分析方法。假定失效概率最大的单元首先发生破坏，修改层合板的刚度，逐次进行计算，直至最后一层发生破坏，从而形成系统的某一条失效链（失效序列）。如果确定了 l 条主要失效序列，其失效概率为 $p_f^k(k=1,2,\cdots,l)$，则系统的失效概率 p_f 可近似地由下式评估（一阶上下界），即

$$\max_{k=1,2,\cdots,l} p_f^k \leqslant p_f \leqslant \sum_{k=1}^{l} p_f^k \tag{10-62}$$

3. 复合材料可靠性优化设计

在复合材料层合板重量一定的约束条件下，以系统的可靠度指标最大为目标，对纤维铺设角及单层板的相对厚度进行优化设计，则可靠性优化问题表示为

$$\text{minimize } f(x) = -\beta_{\text{sys}} \tag{10-63}$$
$$\text{s. t. } W = 常数$$

式中：x 为设计变量，可以是单变量，也可以是多变量；$f(x)$ 为目标函数；W 为结构重量。

复合材料的可靠性分析和可靠性设计是一个非常复杂的问题。在寻优过程中，涉及大量的矩阵运算和近似求解。遗传算法（genetic algorithm，GA）是人们通过模拟生物进化过程发展出的一种算法，具有简单通用、不需要求导、可进行全局优化搜索、适于并行处理以及应用范围广等特点，能够有效地克服可靠性优化设计中的困难。

粒子群优化算法（particle swarm optimization，PSO）源于对鸟类捕食行为的模拟，是另一种全局优化进化算法。以下结合 PSO 讨论复合材料的可靠性优化设计。假设有一个四边简支对称复合材料层合板（见图 10-38），受 x、y 两个方向压缩载荷 N_x、N_y 及横向均布载荷 p_0 作用，板的尺寸为 $a \times b$。对层合板结构进行分析，得到控制微分方程为

$$D_{11} \frac{\partial^4 w}{\partial x^4} + 2(D_{12}+2D_{66}) \frac{\partial^4 w}{\partial x^2 \partial y^2} + D_{22} \frac{\partial^4 w}{\partial y^4} = -p - N_x \frac{\partial^2 w}{\partial x^2} - N_y \frac{\partial^2 w}{\partial y^2}$$

$$\tag{10-64}$$

对方程求解可得层合板的挠度为

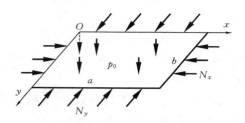

图 10-38　层合板受载情况

$$w=-\frac{16p_0}{\pi^6}\cdot\frac{a^4b^4}{D_{11}b^4+2(D_{12}+2D_{66})a^2b^2+D_{22}a^4-N_xa^2b^4/\pi^2-N_ya^4b^2/\pi^2}\cdot\sin\frac{\pi x}{a}\sin\frac{\pi y}{b}$$

$$(10\text{-}65)$$

第 k 个单层板内的应力为

$$\begin{bmatrix}\sigma_x\\\sigma_y\\\sigma_{xy}\end{bmatrix}_k=\overline{\boldsymbol{Q}}_k\boldsymbol{A}^{-1}\begin{bmatrix}N_x\\N_y\\0\end{bmatrix}+z_k\cdot\overline{\boldsymbol{Q}}_k\begin{bmatrix}-\partial^2w/\partial x^2\\-\partial^2w/\partial y^2\\-2\partial^2w/\partial x\partial y\end{bmatrix}\qquad(10\text{-}66)$$

式中：$\overline{\boldsymbol{Q}}_k$ 为第 k 个单层板的变换刚度矩阵；z_k 为层合板中第 k 个单层板中面的 z 方向坐标。

在实际工程问题中，单层板的铺设角一般是按照某些特定角度给出的。假定可供选取的铺设角为 $-45°$、$0°$、$45°$、$90°$。采用单层板铺设角的指标变量 $x=-1$、0、1、2 分别表示角度为 $-45°$、$0°$、$45°$、$90°$ 的复合材料单层板。在总厚度一定的情况下，通过优化各单层板铺设角（顺序），使结构的系统可靠度最大。若层合板含有 10 个单层板，则其优化模型可以描述为

$$\max f(x_1,x_2,\cdots,x_{10})=\beta_s$$
$$\text{s. t.}\quad W=常数$$
$$-1\leqslant x_i\leqslant 2,\quad i=1,2,\cdots,10$$

式中：x_i 为第 i 个单层板铺设角的指标变量，其值为整数变量；W 为层合板重量或厚度。

考虑铺层结构为 $(x_1/x_2/\cdots/x_{10})_s$、单层板厚度为 $0.1\,mm$、总厚度为 $2\,mm$ 的对称层合板。$N_x=3.0\times10^5\,N/m$，$N_y=kN_x$，$p_0=0.8\times10^5\,Pa$。弹性常数为 $E_1=181.0\,GPa$，$E_2=10.7\,GPa$，$G_{12}=7.17\,GPa$，$\mu=0.28$。强度参数的统计特性如表 10-11 所示。

表 10-11　强度参数统计特征

变量	X_t/MPa	X_c/MPa	Y_t/MPa	Y_c/MPa	S/MPa
均值	1 500	1 500	40	246	68
标准差	150.0	150.0	4.0	24.6	6.8

　　采用 Tasi-Wu 失效准则和一次二阶矩方法分析层合板的可靠度,然后用改进粒子群算法对层合结构进行可靠性优化设计,计算结果见表 10-12。可以看出,系统的可靠度随着载荷的增加(k 的增加)逐步减小。当载荷一定($k=0.2$ 和 $k=0.4$)时,在达到优化目标(系统可靠度指标最大)的前提下,分别得到两组不同的优化解。

表 10-12　优化结果

k	编　　　码										角度/(°)	可靠度指标
0.2	0	0	0	0	0	0	1	1	−1	−1	$0_6°/45_2°/(-45°)_2$	4.080 1
	0	0	0	0	0	0	−1	−1	1	1	$0_6°/(-45°)_2/45_2°$	
0.4	0	0	0	1	1	1	−1	−1	−1	−1	$0_3°/45_3°/(-45°)_4$	3.083 9
	0	0	0	−1	−1	−1	1	1	1	1	$0_3°/(-45°)_3/45_4°$	
0.6	0	0	0	0	0	0	0	2	2	2	$0_7°/(90°)_3$	2.855 7
0.8	0	0	0	0	0	1	−1	2	2	2	$0_5°/45°/-45°/90_3°$	1.685 8

习　　题

　　1. 预测碳纤维/环氧树脂单向复合材料的强度。已知 $E_f = 220\,\text{GPa}$, $\varepsilon_{fu} = 1.4 \times 10^{-2}$, $V_f = 60\%$。

　　2. 已知单层板性能参数:$X_t = X_c = 1\,000\,\text{MPa}$, $Y_t = 100\,\text{MPa}$, $Y_c = 200\,\text{MPa}$, $S = 40\,\text{MPa}$。单层板受偏轴拉伸作用,$\theta = 45°$。利用 Tsai-Wu 理论求拉伸极限应力。

　　3. 单层板性能参数:$E_1 = 140\,\text{GPa}$, $E_2 = 10\,\text{GPa}$, $\alpha_1 = -0.3 \times 10^{-6}\,°\text{C}^{-1}$, $\alpha_2 = 28 \times 10^{-6}\,°\text{C}^{-1}$, $\Delta T = -100\,\text{K}$。求 $(0°/90°)$ 单层板内横方向的热应力。

　　4. 单向复合材料纤维体积含量 $V_f = 30\%$,纤维和基体的拉伸强度分别为 $\sigma_{fu} = 3\,200\,\text{MPa}$, $\sigma_{mu} = 100\,\text{MPa}$。

　　(1) 若基体和纤维的断裂应变相同,则复合材料强度是多少?

　　(2) 若基体的断裂应变是纤维断裂应变的 50%,计算复合材料的拉伸强度。

本章参考文献

[1] HULL D,CLYNE T W. An introduction to composite materials[M]. 2nd ed. Cambridge:Cambridge University Press, 1996.

[2] 陈建桥. 复合材料力学概论[M]. 北京:科学出版社,2006.

[3] 三木光範,福田武人,元木信弥等. 複合材料[M]. 東京:共立出版株式会

社,1997.

[4] JONES R M. Mechanics of composite materials[M]. 2nd ed. Philadelphia: Taylor & Francis, 1999.

[5] DATOO M H. Mechanics of fibrous composites[M]. London: Elsevier Applied Science, 1991.

[6] 陈建桥. 复合材料力学[M]. 2版. 武汉:华中科技大学出版社,2020.

[7] CHEN J Q,TAKEZONO S,NAGATA M. Load direction effect on the damage in a quasi-isotropic CFRP laminates[C]//ALLISON I M,BALKEMA A A. Proceedings of the 11th International Conference on Experimental Mechanics. [S. l. : s. n.],1998:1363-1368.

[8] CHEN J Q,TAKEZONO S,NAGATA M,et al. Influence of stacking sequence on the damage growth in quasi-isotropic CFRP laminates[J]. Material Science Research International,2001,7(3): 178-185.

[9] NAGATA M, TAKEZONO S,CHEN J Q. The effect of loading direction and/or stacking sequence on the strength in quasi-isotropic CFRP laminates [J]. Material Science Research International,2003,9:131-137.

[10] PENG W J,CHEN J Q. Numerical evaluation of ultimate strengths of composites considering both in-plane damage and delamination[J]. Key Engineering Materials,2006,324-325: 771-774.

[11] 日本機械学会. 構造・材料の最適設計[M]. 東京:技報堂出版,1989.

[12] 王向阳,陈建桥,魏俊红. 复合材料层合板的可靠性和优化问题的研究进展[J]. 力学进展,2005,35(4):541-548.

[13] CHEN J Q,WANG X Y,LUO C. Reliability of FRP laminated plates with consideration of both initial imperfection and failure sequence[J]. Acta Mechanica Solida Sinica,2002,15(3):227-235.

[14] 许玉荣,陈建桥,罗成. 等. 复合材料层合板基于遗传算法的可靠性优化设计[J]. 机械科学与技术,2004,23(11):1344-1347.

[15] 葛锐,陈建桥,魏俊红. 基于改进粒子群优化算法的复合材料可靠性优化设计[J]. 机械科学与技术,2007,26(2):257-260.

[16] 陈建桥. 材料强度学[M]. 武汉:华中科技大学出版社,2008.

第11章 环境导致的失效
Environmentally-Induced Failure

材料在服役过程中不可避免地会受到环境的影响,在环境介质的化学、电化学、物理、生物等因素共同作用下发生腐蚀,导致材料的退化、变质、损坏及失效等。因此,认识环境导致的材料失效问题并了解相关的潜在机理,将有助于通过防腐蚀设计提高材料的使用寿命,减少经济损失和突发事故的发生。本章将从金属材料的电化学腐蚀原理、环境断裂和高温氧化与腐蚀,以及高分子材料和陶瓷材料的环境影响出发,对环境导致的材料腐蚀失效问题进行简单的介绍。

11.1 材料腐蚀的定义及分类[1-4]

环境因素所导致的材料退化通常称为腐蚀(corrosion)。腐蚀是材料受环境介质的化学、电化学和物理作用而产生的损坏或变质现象,包括高分子材料的溶胀、金属表面的氧化、陶瓷材料的风化,以及在环境因素与应力共同作用下的灾难性破坏等。而且,材料的腐蚀是一个随时间渐变的过程。例如,钢铁的锈蚀就是最常见的腐蚀现象。这样的腐蚀使得金属逐渐转变为化合物,是一个不可恢复的过程。

从广义上讲,任何结构的材料,包括金属材料及非金属材料都可能遭受腐蚀。由于材料存在化学成分、组织结构、表面状态等差异,在服役过程中所处的环境介质的组成、浓度、压力、温度、pH 值等千差万别,有时还处于不同的受力状态下,因此材料的腐蚀是一个十分复杂的过程,存在着各种不同的腐蚀类型。根据腐蚀过程进行的环境条件,可以将腐蚀分为高温腐蚀和常温腐蚀;根据腐蚀的反应机理,可以将腐蚀分为化学腐蚀和电化学腐蚀;根据材料的类型,可以将腐蚀分为金属材料腐蚀和非金属材料腐蚀两类。

对于金属材料,根据腐蚀形态可将腐蚀分为以下几类:

(1) 全面腐蚀(general corrosion),包括:① 均匀的全面腐蚀(uniform corrosion);② 不均匀的全面腐蚀(non-uniform corrosion)。

(2) 局部腐蚀(localized corrosion),包括:① 电偶腐蚀(galvanic corrosion);② 点蚀(pitting corrosion);③ 缝隙腐蚀(crevice corrosion);④ 晶间腐蚀(intergranular corrosion);⑤ 选择性腐蚀(selective corrosion)。

(3) 在力学和环境因素共同作用下的腐蚀,包括:① 氢致损伤(hydrogen damage);② 应力腐蚀开裂(stress corrosion cracking);③ 腐蚀疲劳(corrosion fa-

tigue);④ 磨损腐蚀(erosion corrosion)。

对于非金属材料,可以将腐蚀分为:

(1) 高分子材料的腐蚀,包括由介质的渗透、溶胀与溶解、应力腐蚀开裂、氧化降解与交联、光氧老化、高能辐射降解与交联、溶剂分解反应等导致的化学老化与物理老化。

(2) 无机材料的腐蚀,包括天然岩石、陶瓷、玻璃等的腐蚀。

11.2　腐蚀的电化学反应原理[2-4]

金属在电解质中的腐蚀是一个电化学腐蚀过程。图 11-1 是描述腐蚀的化学原电池模型。该模型由四部分构成:阳极(anode,又称为负极)、阴极(cathode,又称为正极)、电解质(electrolyte)和导线。以锌(Zn)阳极、铜(Cu)阴极以及稀硫酸(H_2SO_4)电解质构成的原电池为例,当用导线把浸入稀硫酸溶液的锌片和铜片连接起来时,由于锌的电位较铜的低,锌片与铜片在硫酸溶液中的电位差将导致锌表面失去电子,发生阳极氧化反应:

$$Zn \rightarrow Zn^{2+} + 2e^- \tag{11-1}$$

锌阳极释放出的电子将经由外接导线流向铜阴极表面,被稀硫酸电解质中的 H^+ 接受,发生阴极还原反应:

$$2H^+ + 2e^- \rightarrow 2H \rightarrow H_2 \tag{11-2}$$

因此,整个电池的总反应为:

$$Zn + 2H^+ \rightarrow Zn^{2+} + H_2 \tag{11-3}$$

金属的电化学腐蚀过程可分为在阳极发生氧化反应的阳极过程和在阴极发生

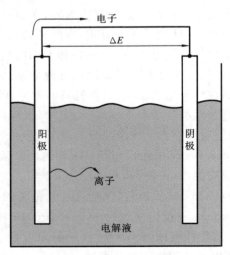

图 11-1　化学原电池模型[3]

还原反应的阴极过程。在阳极过程中,金属 M 溶解并以离子形式进入电解质,同时把等当量的电子留在金属中:

$$M \rightarrow M^{n+} + ne^- \tag{11-4}$$

而在阴极过程中,从阳极迁移过来的电子被电解质中能够吸收电子的物质所接受,导致以下还原反应中的一个或多个发生:

(1)析氢

$$2H^+ + 2e^- \rightarrow H_2 \tag{11-5}$$

(2)酸性环境下的氧还原

$$O_2 + 4H^+ + 4e^- \rightarrow 2H_2O \tag{11-6}$$

(3)中性或碱性环境下的氧还原

$$O_2 + 2H_2O + 4e^- \rightarrow 4OH^- \tag{11-7}$$

(4)金属离子的还原

$$M^{3+} + e^- \rightarrow M^{2+} \tag{11-8}$$

(5)金属沉积

$$M^{n+} + ne^- \rightarrow M \tag{11-9}$$

金属电化学腐蚀的阳极过程和阴极过程必须同时以相同的速率进行,否则,金属内部将出现电荷聚集的现象。

值得注意的是,在金属电化学腐蚀过程中,阳极和阴极是无须严格分开的。图 11-2 是钢材电化学腐蚀示意图。由于钢材表面的微观材料成分、结构存在差异,阳极过程和阴极过程可以在同一钢材的不同区域内分别进行,即两个过程可以分别在钢材和电解质的界面上不同的部位进行,电子通过不同相的材料内部直接传导,构成了一个短路的原电池。而且,多数情况下,电化学腐蚀是以阳极和阴极过程在不同区域局部进行的,但在某些腐蚀情况下,阴极和阳极过程也可以在同一表面上随时间相互交替进行。

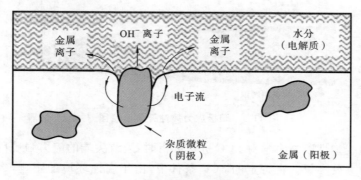

图 11-2　钢材的电化学腐蚀[5]

11.3　金属材料的环境断裂[1-4]

金属材料在服役过程中,在环境中腐蚀介质和所遭受应力的共同作用下,往往会发生较单一因素所引发的更为严重的腐蚀破坏,包括应力腐蚀开裂、氢致损伤、腐蚀疲劳、磨损腐蚀等。由于材料的断裂是由环境因素引起的,因此也常统称环境断裂(environmental cracking)。

1. 应力腐蚀开裂

一般来说,在某种特定的腐蚀介质中,材料在不受应力时腐蚀甚微;而当受到一定的拉伸应力(可远低于材料的屈服强度)时,经过一段时间后,即使是延展性很好的金属也会发生脆性断裂。在一定拉伸应力作用下,金属材料在某些特定的腐蚀介质中由于腐蚀介质和应力的协同作用而发生的脆性断裂现象称为应力腐蚀开裂(stress corrosion cracking,SCC)。SCC 通常事先没有明显的征兆,易造成灾难性后果。SCC 的发生需要同时具备三个条件:① 金属本身对 SCC 具有敏感性;② 存在能引起金属 SCC 的介质;③ 具有一定拉伸应力的作用。常见的 SCC 有:低碳钢在硝酸盐溶液中的"硝脆"、奥氏体不锈钢在氯化物水溶液中的"氯脆"、铜合金在含 NH_4^+ 溶液中的"氨脆"等。

图 11-3 是阳极应力腐蚀开裂示意图。由于裂纹尖端的阳极反应,裂纹尖端的材料不断溶解,使得裂纹得以向前扩展。而裂纹尖端的腐蚀速率远大于裂纹表面的腐蚀速率是裂纹不断扩展的必要条件。如果裂纹尖端和裂纹表面的腐蚀速率接近,裂纹将会钝化。在 SCC 易于发生的环境中,金属表面包括裂纹表面通常被钝化膜(passive film)覆盖,使得金属不与腐蚀介质直接接触,从而抑制腐蚀反应的发生。然而,裂纹尖端的高应力会导致钝化膜遭受局部破坏,致使裂纹尖端的金属材料重新与腐蚀介质直接接触而发生阳极溶解,使得裂纹不断向前扩展直至最终发生断裂。因此,SCC 经历了膜破裂、溶解和断裂三个阶段。

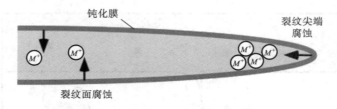

图 11-3　阳极应力腐蚀开裂示意图[3]

当利用线弹性断裂力学对 SCC 进行分析时,裂纹尖端的应力强度因子是控制裂纹扩展的主要变量。在特定的 SCC 条件下,由于腐蚀环境的影响,裂纹通常会在低于材料断裂韧 K_{IC} 的应力强度因子 K 作用下发生扩展。定义 K_{Iscc} 为腐蚀环境下裂纹扩展的临界应力强度因子,当 $K < K_{Iscc}$ 时,裂纹将不会扩展。图 11-4

是 SCC 环境下裂纹扩展速度 $\frac{\mathrm{d}a}{\mathrm{d}t}$ 随应力强度因子 K 变化的曲线,纵坐标为对数坐标。裂纹扩展过程可分成三个阶段:① 阶段 I,在该阶段,裂纹扩展速度随应力强度因子 $K(K>K_{\mathrm{I\,scc}})$ 而迅速增加。② 阶段 II,平台阶段,裂纹扩展速度与应力强度因子 K 无关。在这个阶段,裂纹的扩展速率主要受腐蚀介质向裂纹尖端传输速率或破坏物质向材料内部扩散速率的影响。因此,该阶段的裂纹的扩展速度对温度、压强以及酸碱度更加敏感。③ 阶段 III,随着 K 不断接近 $K_{\mathrm{I\,c}}$,拉伸应力导致的裂纹扩展将占主导地位,裂纹扩展速度再次迅速增加,直至 $K=K_{\mathrm{I\,c}}$,材料最终断裂。相同形式的三阶段 $\frac{\mathrm{d}a}{\mathrm{d}t}$-$K$ 曲线也能在氢脆环境下获得。

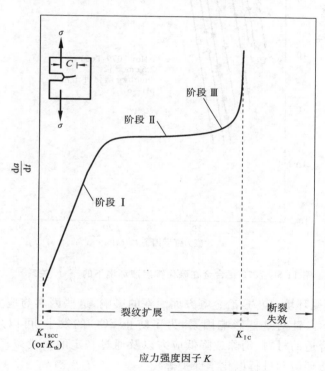

图 11-4　SCC 环境下 $\frac{\mathrm{d}a}{\mathrm{d}t}$-$K$ 关系[2]

　　图 11-5 是 7079 铝合金在不同温度碘化钾溶液环境下 $\frac{\mathrm{d}a}{\mathrm{d}t}$ 随应力强度因子 K 变化的曲线,纵坐标为对数坐标。该图中仅显示了阶段 I 和阶段 II 的数据。从图可以看出,随着温度的升高,铝合金 $\frac{\mathrm{d}a}{\mathrm{d}t}$-$K$ 曲线不断向上移动,即在应力强度因子相同的情况下,裂纹的扩展速度随温度的升高而增大。

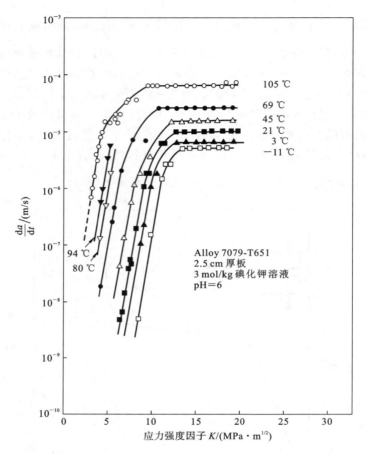

图 11-5　7079 铝合金在碘化钾溶液环境下的 $\dfrac{\mathrm{d}a}{\mathrm{d}t}$-$K$ 关系[6]

　　SCC 主要受环境、应力、冶金等方面因素的影响,这些因素与应力腐蚀的关系如图 11-6 所示。针对这些影响因素,为了防止 SCC 的发生,可以采取相应的措施,包括选择合适的材料、消除或降低应力以及通过一定的手段减轻腐蚀(如敷设涂层、改善介质环境和进行电化学保护等)。

2. 氢致损伤

　　氢原子由于尺寸极小,很容易渗入和扩散至金属材料晶体结构内部,导致材料发生脆性断裂,将氢原子造成的这种损伤称为氢致损伤(hydrogen damage)。与应力腐蚀类似,氢致损伤也是导致材料突然失效的原因之一。然而,与应力腐蚀不同的是,氢致损伤的产生无拉伸应力的参与,尽管拉伸应力的出现往往会导致损伤情形变得更加严重。氢致损伤不仅包含金属韧度的降低,而且涉及金属材料的开裂以及材料其他物理性能或化学性能的下降。不同金属材料的氢致损伤机理有所不

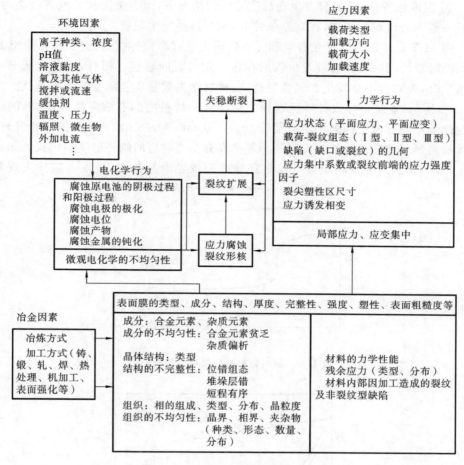

图 11-6　SCC 的影响因素及关系[4]

同。氢致损伤种类主要包括：

(1) 氢脆(hydrogen embrittlement)；

(2) 氢鼓泡(hydrogen-induced blistering)；

(3) 内部氢沉积致使开裂(cracking from precipitation of internal hydrogen)；

(4) 氢侵蚀(hydrogen attack)；

(5) 氢化物形成(hydride formation)。

其中，氢脆主要发生在体心立方和密排六方结构中，而在经热处理的高强钢中氢脆现象显得尤为突出。通常，钢材的强度越高，就越易受氢脆的影响。氢脆一般具有以下特点：① 延迟失效，即材料从氢的侵入到失效需要经历较长的时间。② 应变率敏感性，与常见的脆性断裂不同，在低应变率下，氢脆问题将变得更加严重。③ 温度依赖性，即氢脆发生在温度适中的情况下，而当温度较低或者较高时，氢脆一般不会出现。例如，在室温条件下，钢材最易发生氢脆。

图 11-7 是带凹口试样在有氢和无氢影响下的静态拉伸行为的比较（横坐标是时间的对数）。其中，在失效发生以前存在一定的时间延迟。而且，当应力低于一定水平时，失效将不会发生。氢含量越高，材料在失效前所能承受的应力越低。如图 11-8 所示，氢脆会导致材料延展性大幅降低。材料内部氢浓度越高，材料的延展性越差。随着材料极限拉伸强度（ultimate tensile strength，UTS）的不断升高，氢致材料延展性的衰退就越发明显。氢脆没有与之对应的唯一的断裂模式。如图 11-9 所示，氢脆所导致的断裂可以是穿晶断裂或者沿晶断裂，呈现出脆性失效和

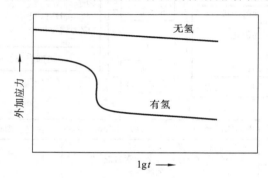

图 11-7　氢对材料静态强度的影响[7]

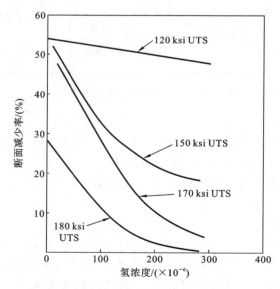

图 11-8　氢对钢材延展性的影响[7]

注：1 ksi＝6.84 MPa。

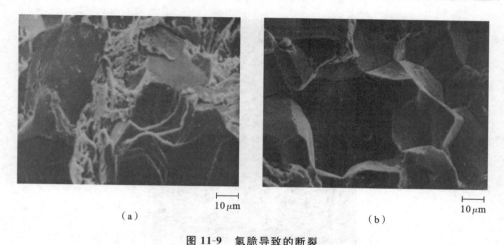

（a）　　　　　　　　　　　　　　　　（b）

图 11-9　氢脆导致的断裂

（a）301 奥氏体不锈钢穿晶断裂；（b）4130 钢材沿晶断裂[2]

延性失效的共同特点。

控制材料氢致损伤的主要因素包括：材料、应力以及环境。通过选用具有较高抗氢致损伤能力的材料、改变材料的制备过程、采用能降低材料的应力的结构设计方案以及改变材料的服役环境等，氢致损伤将能得到有效的防止。此外，抑制剂和退火处理也可以用于材料氢致损伤的防控。例如，对于电镀高强度钢部件，进行退火处理将有效地移除材料内部的氢，降低材料发生氢脆的概率。

3. 腐蚀疲劳

腐蚀疲劳（corrosion fatigue）是指材料或构件在交变应力与腐蚀环境的共同作用下产生的脆性断裂，其依赖于载荷、环境以及冶金因素之间的相互作用。腐蚀疲劳破坏要比单纯的交变应力造成的破坏（即疲劳）或单纯的腐蚀造成的破坏严重得多，而且有时腐蚀环境不需要有明显的侵蚀性。在没有疲劳载荷的情况下，腐蚀会在金属表面产生凹痕。这些凹痕将会导致应力集中，引发疲劳裂纹的起裂。当腐蚀和疲劳共同作用时，化学的侵蚀作用将会极大地加速疲劳裂纹的扩展。在空气中测试时具有明显疲劳极限的材料，如钢材，在腐蚀环境下将不再显示出明显的疲劳极限。通常情况下，疲劳会破坏材料表面由于腐蚀而形成的钝化层，促使腐蚀过程继续甚至是加速进行。因此，环境不仅会影响疲劳裂纹的起裂，而且会影响疲劳裂纹的扩展速度。由于腐蚀是一个时间相关的过程，低循环速率相较于加速的疲劳循环，往往会导致 50% 甚至更大程度的寿命衰退。图 11-10 是 Ti-6Al-4V 合金在空气中的腐蚀疲劳破坏扫描图像，其中沿晶断裂和疲劳辉纹在裂纹表面清晰可见，晶粒与合金中其他微结构发生分离。

腐蚀环境的出现可以使疲劳裂纹萌生所需时间明显减少，裂纹扩展速度增大，

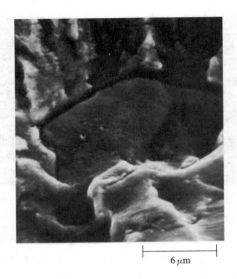

图 11-10　Ti-6Al-4V 合金在空气中的腐蚀疲劳[2]

材料的疲劳寿命显著降低。在通常情况下,腐蚀疲劳引起的损伤几乎总是大于由腐蚀和疲劳分别作用引起的损伤之和。腐蚀疲劳具有以下特点:

(1) 在空气中的疲劳存在疲劳极限,而腐蚀疲劳不存在疲劳极限。图 11-11 所示是光滑试样在惰性环境和腐蚀环境下应力-寿命(S-N)曲线的对比。腐蚀环境能够加速裂纹的起裂,缩短试样的疲劳寿命。同时,与惰性环境下的试样不同,腐蚀环境下的试样不再具有疲劳极限。

(2) 与应力腐蚀开裂不同,腐蚀疲劳会发生在纯金属上,而且腐蚀疲劳不仅仅是对于特定的材料-环境组合才发生。只要存在腐蚀介质,材料在交变应力作用下就会发生腐蚀疲劳。

(3) 金属的腐蚀疲劳强度与其耐蚀性相关。对于耐蚀性好的材料,机械应力的作用占主导地位,材料的腐蚀疲劳强度随抗拉强度的增加而提高;而对于耐蚀性

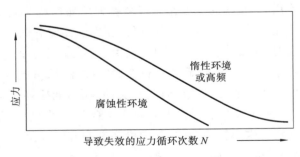

图 11-11　光滑试样在惰性环境和腐蚀性环境下 S-N 曲线的比较[8]

差的材料,腐蚀疲劳强度主要受化学腐蚀作用的影响,与抗拉强度无关。

(4)腐蚀疲劳裂纹多起源于表面腐蚀坑或缺陷。材料表面的腐蚀坑(如点蚀坑)经常是腐蚀疲劳裂纹优先萌生的位置,若在靠近材料表面处存在缺陷,则该处也可能成为腐蚀疲劳裂纹的起源。腐蚀疲劳裂纹一般存在多个裂纹源,所导致的腐蚀疲劳裂纹主要是穿晶型,有时也可能是沿晶型,或者是两者的结合,这取决于载荷和环境条件,而且随着腐蚀的发展裂纹逐渐变宽。

(5)腐蚀疲劳断裂一般是脆性断裂,没有明显的宏观塑性变形。断口既有传统疲劳断裂的特征(如疲劳辉纹),又有腐蚀的特征(如腐蚀坑、腐蚀产物、二次裂纹等)。

腐蚀疲劳是材料在交变应力与腐蚀环境共同作用下的结果。因此,材料腐蚀疲劳的影响因素包括力学因素、环境因素以及材料因素。其中:力学因素除了传统疲劳对应的应力循环参数外,还包括疲劳加载方式、应力循环波形以及应力集中;环境因素包括温度、介质的腐蚀性和极化电场;材料因素包括材料的耐蚀性能、表面状态以及组织结构。基于腐蚀疲劳的影响因素,人们可以通过降低材料表面粗糙度、进行表面硬化处理、构建表面保护性镀层、使用缓蚀剂以及引入阴极保护手段等方法有效地减缓和防止腐蚀疲劳的发生。

11.4　金属材料的高温氧化与腐蚀[2,4]

金属材料的高温氧化通常指金属与环境中的氧在水分缺失的条件下反应而形成氧化物的过程。高温氧化导致的材料表面的氧化层厚度约小于 300 nm 时,该氧化层为氧化膜;而当氧化层厚度约大于 300 nm 时,该氧化层通常为氧化鳞状物。厚的氧化层可分为保护性氧化层和非保护性氧化层。根据 Pilling-Bedworth (PB)比,即氧化生成的金属氧化膜的体积 V_{MO} 与生成这些氧化膜所消耗金属的体积 V_M 之比,氧化层可分为保护性氧化层和非保护性氧化层。

一般来说,当 PB 比大于或等于 1 时,氧化生成的金属氧化膜将对金属起到保护作用;而当 PB 比小于 1 时,生成的非连续氧化层将无法阻止氧从材料表面侵入。

金属的氧化程度通常用单位面积上氧化物的质量变化 W 来表示,有时也用氧化膜的厚度、系统内氧分压的变化、单位面积上氧的吸收量来表示。通过测定氧化的恒温动力学曲线(W-t 曲线),我们可以了解氧化机理的相关信息,如氧化速度、氧化膜的保护性以及过程的能量变化等。如图 11-12 所示,典型的金属氧化的恒温动力学曲线分别呈现出线性规律、抛物线规律、对数规律。

(1)金属氧化时,若不能生成保护性的氧化膜,其单位面积氧化物的质量变化与时间成直线关系,即金属氧化的恒温动力学曲线呈线性规律,故有

$$W = At \tag{11-10}$$

式中:A 是常量;t 是时间。碱金属和碱土金属,以及钼钢、钒、钨等金属在高温下的氧化遵循线性规律。

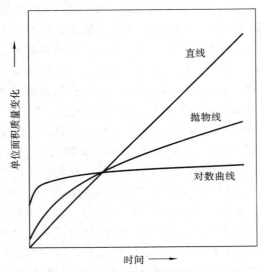

图 11-12　金属氧化的恒温动力学曲线[7]

（2）金属氧化时，其表面上可以形成致密的、较厚的氧化层，氧化速度慢于线性增长方式，金属氧化的恒温动力学曲线呈现出抛物线规律，故有

$$W^2 = Bt \tag{11-11}$$

式中：B 是与温度相关的常量。

（3）部分金属氧化时形成的保护性氧化层能够使氧化反应的速率迅速降低，使得氧化动力学曲线呈现出对数规律：

$$W = C\ln(Dt + E) \tag{11-12}$$

式中：C、D 和 E 是与温度相关的常量。室温条件下铜、铝、银等金属的氧化符合这一线性规律。

当合金材料发生氧化时，材料将呈现选择氧化的模式，即不同的氧化产物共同存在于氧化层中，或者合金中仅有单一的组分发生氧化。选择氧化所生成的氧化层，如果具有复杂的晶体结构和较差的电导率，将能有效地阻止氧朝材料内部扩散，提升材料的抗氧化性能。此外，合金材料选择氧化将会使合金材料表层以下的部分元素发生氧化。

在高温下条件下，金属材料除与环境中的氧发生反应外，还能与环境中的硫、氮、碳等发生反应，如：金属与含硫气体（如 S_2、SO_2、H_2S 等）发生高温硫化反应；金属在含碳的气体环境中发生碳化等。金属在高温下与环境中的氧、硫、氮、碳等发生反应而导致金属变质或破坏的过程统称为高温腐蚀。由于金属腐蚀是金属失去电子的氧化过程，因此金属的高温腐蚀也常常被广义地称为高温氧化。

11.5　高分子材料的环境影响[1, 4]

高分子材料的腐蚀是指在高分子材料在加工、储存和使用过程中,因外界环境因素作用,其物理、化学以及力学性能等遭到破坏,最终丧失服役能力的现象,如图 11-13 所示。导致高分子材料腐蚀的外界因素通常可分为以下三种:① 物理因素,如光、热、高能辐射、机械作用力等;② 化学因素,如氧、臭氧、水、酸、碱等;③ 生物因素,如微生物、海洋生物等。

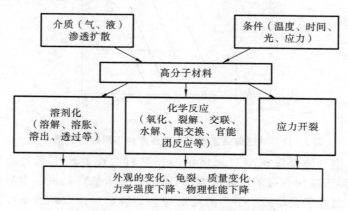

图 11-13　高分子材料的腐蚀过程与类型[4]

高分子材料的结构特点使得其腐蚀行为与金属有较大的差异。首先,一般来说,高分子材料在酸、碱、盐水溶液中具有比较好的耐蚀性,但是在有机介质中易发生破坏。其次,高分子材料的腐蚀可以在材料的表面以及内部同时发生,且应力、介质、光、热等外界环境因素均可导致腐蚀破坏。因此,对于高分子材料,金属腐蚀的电化学原理不再适用。研究高分子材料的腐蚀需要根据高分子材料的结构特点,从高分子物理化学入手。

11.6　陶瓷材料的环境影响[1]

陶瓷材料,特别是密实的晶体陶瓷材料,通常具有良好的耐蚀性。然而由于其化学成分、结晶状态、结构以及腐蚀介质的性质等方面的原因,在某些特定的情况下陶瓷材料也会发生比较严重的腐蚀现象。例如,在真空环境下,新拉制的石英玻璃纤维的强度高达 14 GPa。然而,将石英玻璃纤维在空气环境下放置 2～3 个星期后,由于环境腐蚀的影响,石英玻璃纤维强度降至 5 GPa。

图 11-14 是钠钙玻璃在不同蒸汽压条件下裂纹扩展速度随裂纹扩展驱动力变化的曲线。在液态水环境下(A),裂纹扩展速度得到了极大的提升,使得在相同驱动力条件下,裂纹扩展速度远远高于蒸汽条件下的情形(B～E)。随着蒸汽压强的降低($p_B > p_C > p_D > p_E$),裂纹扩展速度随裂纹扩展驱动力变化的曲线朝右侧平

移,即蒸汽压强越低,相同驱动力条件下裂纹扩展得越慢。

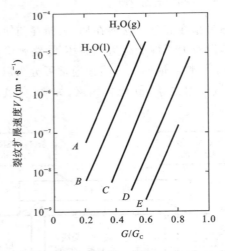

图 11-14　钠钙玻璃在不同蒸汽压条件下裂纹扩展情况[9]

　　类似地,空气的湿度也会对氧化铝陶瓷材料的性能产生显著的影响。如图 11-15 所示,随着施加载荷的不断增大,氧化铝单晶体悬臂梁试件中裂纹扩展速度先增加,然后到达平台阶段。平台阶段对应的裂纹扩展速度随着湿度的增加而不

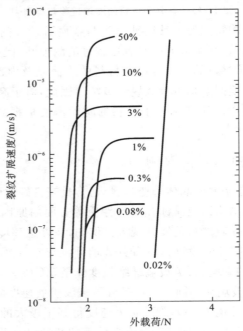

图 11-15　氧化铝单晶体材料在不同湿度条件下裂纹扩展情况[1]

断升高。当湿度为 0.02% 时,裂纹扩展速度曲线近似为一条竖直线而没有平台阶段出现。

　　陶瓷材料在特定情况下也会发生氧化腐蚀。一般情况下,氧化物陶瓷材料,如氧化铝、氧化硅等,在氧化环境中十分稳定。然而,非氧化物陶瓷材料,如碳化硅、氮化硅以及二硅化钼等,在高温下则会发生氧化反应。在真空或者惰性环境下,氧化硅也会降解为氧化亚硅。

本章参考文献

[1] MEYERS M, CHAWLA K. Mechanical behavior of materials[M]. New York: Cambridge University Press, 2008.

[2] CAMPBELL F C. Fatigue and fracture-understanding the basics[M]. Ohio: ASM International, 2012.

[3] ANDERSON T L. Fracture mechanics-fundamentals and applications[M]. Florida: CRC Press, 2004.

[4] 李晓刚. 材料腐蚀与防护概论[M]. 2 版. 北京:机械工业出版社,2017.

[5] HIGGINS R A. Engineering metallurgy-applied physical metallurgy[M]. New York: Edward Arnold, 1999.

[6] SPEIDEL M O. Stress corrosion cracking of aluminum alloys[J]. Metallurgical Transaction A, 1975, 6(4): 631-651.

[7] CAMPBELL F C. Elements of metallurgy and engineering alloys[M]. Ohio: ASM International, 2008.

[8] GLAESER W, WRIGHT I G. Forms of mechanically assisted degradation, corrosion: fundamentals, testing, and protection[M]. Ohio: ASM International, 2003.

[9] SWAIN M V, LAWN B R. A microprobe technique for measuring slow crack velocities in brittle solids[J]. International Journal of Fracture, 1973, 9(4): 481-483.

附录 A　弹性理论及复变分析法概述

Elements of Elasticity and Complex Analysis

A.1　应力和应变

1. 一点的应力状态

当物体受外力作用时,物体内任意两相邻部分之间会产生内力。为准确定量地描述内力,需要指明内力的作用面。如图 A-1 所示,某一处于平衡状态的物体,假想沿任一平面将其截开,研究其中的一部分。在该平面上作用有内力 $\boldsymbol{F}$,则单位面积上的内力为

$$\lim_{\Delta S \to 0} \frac{\Delta \boldsymbol{F}}{\Delta A} = \frac{\mathrm{d}\boldsymbol{F}}{\mathrm{d}A} = \boldsymbol{p}$$

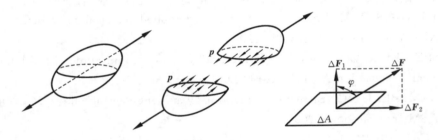

图 A-1　内力

$\boldsymbol{p}$ 称为应力矢量。将此应力矢量分解为垂直于作用面和平行于作用面的分量,有

$$|\boldsymbol{p}|\cos\varphi = \sigma, \quad |\boldsymbol{p}|\sin\varphi = \tau$$

σ 称为正应力,τ 称为切应力。

为了研究某点处的应力状态,在该点处取一个微小的平行六面体(见图 A-2),每一个面上的应力可用图中的三个应力分量表示。在直角坐标系下,考虑一微小面积元,其正法线与 x 轴正向重合,作用于该面积元上的应力矢量在 x、y、z 方向上的分量分别记为 σ_x、τ_{xy}、τ_{xz}。将作用在其他面上的应力矢量按类似的方法分解,得到 σ_y、τ_{yx}、τ_{yz},以及 σ_z、τ_{zx}、τ_{zy}。当平行六面体趋于无穷小时,六面体上的应力就代表该点处的应力。

由此可见,变形物体中任一点的应力可以用该点的九个应力分量来表示。此

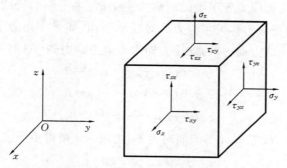

图 A-2　物体内一点的应力表示

外,由力矩守恒可以证明 $\tau_{ij}=\tau_{ji}$,所以上述应力分量中只有独立的六个应力分量。用张量表示为

$$\boldsymbol{\sigma}_{ij}=\begin{pmatrix} \sigma_x & \tau_{xy} & \tau_{xz} \\ \tau_{yx} & \sigma_y & \tau_{yz} \\ \tau_{zx} & \tau_{zy} & \sigma_z \end{pmatrix} \tag{A-1}$$

利用一点处应力状态的六个应力分量,可以求出通过该点的任一平面上的应力。图 A-3 所示的斜面 BCD 上的面力 $\boldsymbol{p}_v$ 沿三个坐标轴的分量分别用 X_v、Y_v、Z_v 表示。面积元 BCD 的法线方向的方向余弦分别为 l、m、n。由静力平衡条件不难得到以下关系式:

$$\begin{cases} X_v=\sigma_x l+\tau_{yx}m+\tau_{zx}n \\ Y_v=\tau_{xy}l+\sigma_y m+\tau_{zy}n \\ Z_v=\tau_{xz}l+\tau_{yz}m+\sigma_z n \end{cases} \tag{A-2}$$

这样,就用描述一点处应力状态的六个应力分量求出了通过该点的任一平面的应力。

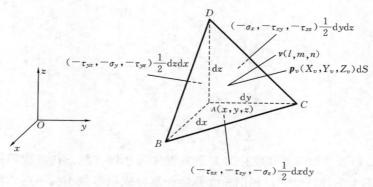

图 A-3　任意平面上的应力

只有正应力而切应力等于零的面称为主平面；主平面的法线方向称为主应力方向；主平面上的正应力称为主应力。对任意平面，如果作用力 $\boldsymbol{p}_v(X_v, Y_v, Z_v)$ 的方向和作用平面法线方向一致，此应力即为主应力。由式（A-2）可得

$$
\begin{cases}
(\sigma_x - \sigma)l + \tau_{yx}m + \tau_{zx}n = 0 \\
\tau_{xy}l + (\sigma_y - \sigma)m + \tau_{zy}n = 0 \\
\tau_{xz}l + \tau_{yz}m + (\sigma_z - \sigma)n = 0
\end{cases}
\tag{A-3}
$$

因 $l^2 + m^2 + n^2 = 1$，故 l、m、n 不能同时为零，主应力 σ 便可由下式求得

$$
\begin{vmatrix}
\sigma_x - \sigma & \tau_{yx} & \tau_{zx} \\
\tau_{xy} & \sigma_y - \sigma & \tau_{zy} \\
\tau_{xz} & \tau_{yz} & \sigma_z - \sigma
\end{vmatrix} = 0
\tag{A-4}
$$

这个方程是关于 σ 的三次方程，可以解出 σ_1、σ_2、σ_3 三个根，此即三个主应力。

在一般情况下，某一点处的应力状态可以分解为两部分，即

$$
\sigma_{ij} = \begin{bmatrix}
\sigma_m & 0 & 0 \\
0 & \sigma_m & 0 \\
0 & 0 & \sigma_m
\end{bmatrix} + \begin{bmatrix}
\sigma_x - \sigma_m & \tau_{xy} & \tau_{xz} \\
\tau_{yx} & \sigma_y - \sigma_m & \tau_{yz} \\
\tau_{zx} & \tau_{zy} & \sigma_z - \sigma_m
\end{bmatrix}
\tag{A-5}
$$

式中：σ_m 为平均正应力，且

$$
\sigma_m = \frac{1}{3}(\sigma_x + \sigma_y + \sigma_z) = \frac{1}{3}(\sigma_1 + \sigma_2 + \sigma_3)
\tag{A-6}
$$

式（A-5）的第一项称为球形张量，第二项称为偏斜应力张量或简称应力偏量。前者引起材料的体积变化，后者引起形状变化。

2. 应变分析及应变协调方程

设 (u, v, w) 为形变后弹性体内任一点位移 d 沿直角坐标 (x, y, z) 方向的位移分量。经过运算，略去高阶微量（即线弹性力学适用范围）后得到的关系为

$$
\begin{cases}
\varepsilon_x = \dfrac{\partial u}{\partial x}, \varepsilon_y = \dfrac{\partial v}{\partial y}, \varepsilon_z = \dfrac{\partial w}{\partial z} \\[2mm]
\gamma_{xy} = \gamma_{yx} = \dfrac{\partial v}{\partial x} + \dfrac{\partial u}{\partial y} \\[2mm]
\gamma_{yz} = \gamma_{zy} = \dfrac{\partial w}{\partial y} + \dfrac{\partial v}{\partial z} \\[2mm]
\gamma_{zx} = \gamma_{xz} = \dfrac{\partial u}{\partial z} + \dfrac{\partial w}{\partial x}
\end{cases}
\tag{A-7}
$$

式（A-7）表达的应变和位移的关系方程称为几何方程。在应变问题中，我们要考虑到形变的连续性。设想把连续弹性介质分成很多微小的平行六面体，然后使每一个六面体各产生 ε_{ij} 的应变，显然它们之间若没有一定的关系，则形变后介

质内部将出现小的裂缝。因此,ε_{ij} 之间必须服从某种关系,此即连续性方程或称应变协调方程,即

$$
\begin{cases}
\dfrac{\partial^2 \varepsilon_x}{\partial y^2} + \dfrac{\partial^2 \varepsilon_y}{\partial x^2} = \dfrac{\partial^2 \gamma_{xy}}{\partial x \partial y} \\[2mm]
\dfrac{\partial^2 \varepsilon_y}{\partial z^2} + \dfrac{\partial^2 \varepsilon_z}{\partial y^2} = \dfrac{\partial^2 \gamma_{yz}}{\partial y \partial z} \\[2mm]
\dfrac{\partial^2 \varepsilon_z}{\partial x^2} + \dfrac{\partial^2 \varepsilon_x}{\partial z^2} = \dfrac{\partial^2 \gamma_{xz}}{\partial z \partial x} \\[2mm]
\dfrac{\partial}{\partial z}\left(\dfrac{\partial \gamma_{yz}}{\partial x} + \dfrac{\partial \gamma_{zx}}{\partial y} - \dfrac{\partial \gamma_{xy}}{\partial z} \right) = 2\dfrac{\partial^2 \varepsilon_z}{\partial x \partial y} \\[2mm]
\dfrac{\partial}{\partial x}\left(\dfrac{\partial \gamma_{zx}}{\partial y} + \dfrac{\partial \gamma_{xy}}{\partial z} - \dfrac{\partial \gamma_{yz}}{\partial x} \right) = 2\dfrac{\partial^2 \varepsilon_x}{\partial y \partial z} \\[2mm]
\dfrac{\partial}{\partial y}\left(\dfrac{\partial \gamma_{xy}}{\partial z} + \dfrac{\partial \gamma_{yz}}{\partial x} - \dfrac{\partial \gamma_{zx}}{\partial y} \right) = 2\dfrac{\partial^2 \varepsilon_y}{\partial z \partial x}
\end{cases}
\tag{A-8}
$$

把切应变等于零的面称为主应变平面,主平面的法线方向称为主应变方向,主平面的正应变称为主应变。设 l、m、n 分别为所考虑法线的方向余弦,则主应变 ε 应满足以下条件:

$$
\begin{cases}
2(\varepsilon_x - \varepsilon)l + \gamma_{xy}m + \gamma_{xz}n = 0 \\
\gamma_{yx}l + 2(\varepsilon_y - \varepsilon)m + \gamma_{yz}n = 0 \\
\gamma_{zx}l + \gamma_{zy}m + 2(\varepsilon_z - \varepsilon)n = 0
\end{cases}
\tag{A-9}
$$

因 $l^2 + m^2 + n^2 = 1$,故 l、m、n 不能同时为零,主应变 ε 便可由下式求得:

$$
\begin{vmatrix}
2(\varepsilon_x - \varepsilon) & \gamma_{xy} & \gamma_{xz} \\
\gamma_{yx} & 2(\varepsilon_y - \varepsilon) & \gamma_{yz} \\
\gamma_{zx} & \gamma_{zy} & 2(\varepsilon_z - \varepsilon)
\end{vmatrix} = 0
\tag{A-10}
$$

由式(A-10)可以解出 ε_1、ε_2、ε_3 三个主应变。

根据正应变,可求得体积变化率或膨胀率为

$$
\frac{\Delta V}{V} = \varepsilon_x + \varepsilon_y + \varepsilon_z
\tag{A-11}
$$

A.2 广义胡克定律

在线弹性范围内,应力与应变之间的关系服从胡克定律。在三维应力状态下描绘一点处的应力状态需要六个应力分量,与之相应的应变分量也有六个。在线弹性阶段应力与应变之间仍有线性关系,但在一般情况下,应变分量要受六个应力分量的制约。这种情况下应力应变关系用广义胡克定律来描述,即

$$
\begin{cases}
\varepsilon_x = \dfrac{1}{E}\left[\sigma_x - \mu(\sigma_y + \sigma_z)\right] \\[2mm]
\varepsilon_y = \dfrac{1}{E}\left[\sigma_y - \mu(\sigma_z + \sigma_x)\right] \\[2mm]
\varepsilon_z = \dfrac{1}{E}\left[\sigma_z - \mu(\sigma_x + \sigma_y)\right] \\[2mm]
\gamma_{xy} = \dfrac{\tau_{xy}}{G} \\[2mm]
\gamma_{yz} = \dfrac{\tau_{yz}}{G} \\[2mm]
\gamma_{zx} = \dfrac{\tau_{zx}}{G}
\end{cases}
\tag{A-12}
$$

式中：E 为杨氏弹性模量；G 为切变模量；μ 为泊松比。

三个弹性常数中只有两个是独立的，它们之间的关系满足下式：

$$
G = \frac{E}{2(1+\mu)}
$$

A.3　平衡方程

设在已变形的物体中取出一个小六面体（见图 A-2），六面体边长分别为 $\mathrm{d}x$、$\mathrm{d}y$、$\mathrm{d}z$，其单位体积的体积力为 $\boldsymbol{F}$，三个分量分别为 F_x、F_y、F_z，平衡时沿三个坐标轴的合力应分别为零。考虑 x 方向上力的平衡，可得

$$
\left(\sigma_x + \frac{\partial \sigma_x}{\partial x}\frac{\mathrm{d}x}{2}\right)\mathrm{d}y\mathrm{d}z - \left(\sigma_x - \frac{\partial \sigma_x}{\partial x}\frac{\mathrm{d}x}{2}\right)\mathrm{d}y\mathrm{d}z
$$
$$
+ \left(\tau_{yx} + \frac{\partial \tau_{yx}}{\partial y}\frac{\mathrm{d}y}{2}\right)\mathrm{d}z\mathrm{d}x - \left(\tau_{yx} - \frac{\partial \tau_{yx}}{\partial y}\frac{\mathrm{d}y}{2}\right)\mathrm{d}z\mathrm{d}x
$$
$$
+ \left(\tau_{zx} + \frac{\partial \tau_{zx}}{\partial z}\frac{\mathrm{d}z}{2}\right)\mathrm{d}x\mathrm{d}y - \left(\tau_{zx} - \frac{\partial \tau_{zx}}{\partial z}\frac{\mathrm{d}z}{2}\right)\mathrm{d}x\mathrm{d}y + F_x\mathrm{d}x\mathrm{d}y\mathrm{d}z = 0
$$

同理，可以写出 y 方向和 z 方向的外力平衡方程，经过整理后，得

$$
\begin{cases}
\dfrac{\partial \sigma_x}{\partial x} + \dfrac{\partial \tau_{yx}}{\partial y} + \dfrac{\partial \tau_{zx}}{\partial z} + F_x = 0 \\[3mm]
\dfrac{\partial \tau_{xy}}{\partial x} + \dfrac{\partial \sigma_y}{\partial y} + \dfrac{\partial \tau_{zy}}{\partial z} + F_y = 0 \\[3mm]
\dfrac{\partial \tau_{xz}}{\partial x} + \dfrac{\partial \tau_{yz}}{\partial y} + \dfrac{\partial \sigma_z}{\partial z} + F_z = 0
\end{cases}
\tag{A-13}
$$

式（A-13）即为形变物体的平衡方程。

求解弹性力学问题的目的在于求出物体内各点的应力、应变和位移，即应力场、应变场和位移场。因此，所谓求解弹性力学问题是，给定作用在物体全部边界的载荷或位移，求解物体内因此而产生的应力、应变场。其应力分量、应变分量和

位移分量不仅要满足平衡方程、应变协调方程和本构方程，并且还要满足给定的全部边界条件。

A.4 平面问题

平面问题的特点是物体所受的面积力、体积力以及应力都与某一个坐标轴（例如 z 轴）无关。平面问题分为平面应变问题和平面应力问题。

1. 平面应变问题

如图 A-4 所示，等截面柱体沿 z 轴方向很长，外载荷及体力为垂直于 z 方向且沿 z 轴均匀分布的一组力。若略去端部效应，则由于外载荷沿 z 轴方向为常数，故可以认为，沿 z 方向各点的位移与 z 坐标无关，就是说沿 z 方向各点的位移相同。等于常数的位移 w 并不会导致 Oxy 平面的翘曲变形，因此，在研究应力、应变问题时可取 $w=0$。故几何方程为

$$\begin{cases} \varepsilon_x = \dfrac{\partial u}{\partial x} \\[2mm] \varepsilon_y = \dfrac{\partial v}{\partial y} \\[2mm] \gamma_{xy} = \dfrac{\partial u}{\partial y} + \dfrac{\partial v}{\partial x} \end{cases} \qquad (\text{A-14})$$

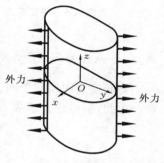

图 A-4 平面应变

对于平面应变问题，$\varepsilon_z = 0$，$\gamma_{zx} = \gamma_{zy} = 0$，由式（A-12）第三式解出 $\sigma_z = \mu(\sigma_x + \sigma_y)$，经整理可得平面应变问题的胡克定律表达式，即

$$\begin{cases} \varepsilon_x = \dfrac{1}{E'}(\sigma_x - \mu'\sigma_y) \\[2mm] \varepsilon_y = \dfrac{1}{E'}(\sigma_y - \mu'\sigma_x) \\[2mm] \gamma_{xy} = \dfrac{2(1+\mu')}{E'}\tau_{xy} \end{cases} \qquad (\text{A-15})$$

式中：$E' = E/(1-\mu^2)$，$\mu' = \mu/(1-\mu)$。

平衡方程为（以下不计体力）

$$\begin{cases} \dfrac{\partial \sigma_x}{\partial x} + \dfrac{\partial \tau_{xy}}{\partial y} = 0 \\[2mm] \dfrac{\partial \tau_{yx}}{\partial x} + \dfrac{\partial \sigma_y}{\partial y} = 0 \end{cases} \qquad (\text{A-16})$$

以应力分量表示的应变协调方程为

$$\left(\frac{\partial^2}{\partial x^2} + \frac{\partial^2}{\partial y^2}\right)(\sigma_x + \sigma_y) = 0 \qquad (\text{A-17})$$

2. 平面应力问题

图 A-5 所示为一个很薄的平板，载荷只作用在板边，且平行于板面，即 z 轴方向体力及面力分量均为零。由于板的厚度很小，外载荷又沿厚度均匀分布，所以可以近似地认为应力沿厚度均匀分布，因此

$$\sigma_z = \tau_{yz} = \tau_{xz} = 0$$

此时胡克定律变为

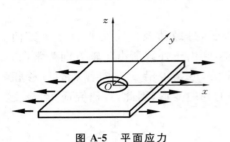

图 A-5　平面应力

$$\begin{cases} \varepsilon_x = \dfrac{1}{E}(\sigma_x - \mu\sigma_y) \\[2mm] \varepsilon_y = \dfrac{1}{E}(\sigma_y - \mu\sigma_x) \\[2mm] \varepsilon_z = -\dfrac{\mu}{E}(\sigma_x + \sigma_y) \\[2mm] \gamma_{xy} = \dfrac{1}{G}\tau_{xy} \end{cases} \quad (\text{A-18})$$

其他方程和平面应变方程完全一样。

A.5　Airy 应力函数

平面应变问题和平面应力问题的求解均可以通过寻找适当的应力函数来实现。为此，引进应力函数 $F = F(x, y)$，使得

$$\begin{cases} \sigma_x = \dfrac{\partial^2 F}{\partial y^2} \\[2mm] \sigma_y = \dfrac{\partial^2 F}{\partial x^2} \\[2mm] \tau_{xy} = -\dfrac{\partial^2 F}{\partial x \partial y} \end{cases} \quad (\text{A-19})$$

代入平衡方程，可知式(A-19)可使平衡方程恒成立，且有

$$\sigma_x + \sigma_y = \frac{\partial^2 F}{\partial x^2} + \frac{\partial^2 F}{\partial y^2} = \nabla^2 F = \Delta F \quad (\text{A-20})$$

由应变协调方程即式(A-17)得

$$\left(\frac{\partial}{\partial x^2} + \frac{\partial}{\partial y^2}\right)\left(\frac{\partial^2 F}{\partial x^2} + \frac{\partial^2 F}{\partial y^2}\right) = 0 \quad (\text{A-21})$$

展开为

$$\frac{\partial^4 F}{\partial x^4} + 2\frac{\partial^4 F}{\partial x^2 \partial y^2} + \frac{\partial^4 F}{\partial y^4} = 0 \quad (\text{A-22})$$

或简写为

$$\nabla^4 F = \Delta\Delta F = 0 \quad (\text{A-23})$$

函数 $F(x, y)$ 称为 Airy 应力函数，式(A-23)称为双调和方程。Δ 是拉普拉斯算子，即

$$\Delta \equiv \frac{\partial^2}{\partial x^2} + \frac{\partial^2}{\partial y^2}$$

由此可知,平面问题的应力分量可用应力函数 F 表示,而求解平面问题则归结为求解双调和方程,得到应力函数 F,使其满足双调和方程和给定的边界条件。

双调和方程有无穷多个通解,例如三次以下的多项式都是其解。因此,直接求解弹性力学问题往往是极其困难的,在很多情况下甚至是不可能的,因此有时不得不采用逆解法或半逆解法。

A.6 Goursat 应力函数[1]

1. Goursat 公式

下面求解双调和方程 $\Delta\Delta F=0$。记

$$\Delta F=P_1(x,y) \tag{A-24}$$

则

$$\Delta P_1(x,y)=0 \tag{A-25}$$

即 $P_1(x,y)$ 为调和函数。因此可以构造如下复变解析函数:

$$P(z)=P_1(x,y)+iP_2(x,y) \tag{A-26}$$

式中:$P_2(x,y)$ 为 $P_1(x,y)$ 的共轭调和函数,它们满足如下 Cauchy-Riemann 条件:

$$\begin{cases} \dfrac{\partial P_1}{\partial x}=\dfrac{\partial P_2}{\partial y} \\[2mm] \dfrac{\partial P_1}{\partial y}=-\dfrac{\partial P_2}{\partial x} \end{cases} \tag{A-27}$$

定义一新的函数 $\varphi(z)$,即

$$\frac{1}{4}\int P(z)\mathrm{d}z=\varphi(z)=\varphi_1(x,y)+i\varphi_2(x,y) \tag{A-28}$$

解析函数的积分仍然是解析函数,因此 $\varphi(z)$ 的实部 $\varphi_1(x,y)$ 和虚部 $\varphi_2(x,y)$ 满足 Cauchy-Riemann 条件,它们均为调和函数,有

$$\frac{\mathrm{d}\varphi}{\mathrm{d}z}=\frac{\partial\varphi_1}{\partial x}+i\frac{\partial\varphi_2}{\partial x}=\frac{\partial\varphi_1}{i\partial y}+\frac{\partial\varphi_2}{\partial y}=\frac{1}{4}(P_1+iP_2) \tag{A-29}$$

由定义得

$$\Delta F=P_1(x,y)=4\frac{\partial\varphi_1}{\partial x}=4\frac{\partial\varphi_2}{\partial y}=2\frac{\partial\varphi_1}{\partial x}+2\frac{\partial\varphi_2}{\partial y} \tag{A-30}$$

经过演算,利用 $\Delta\varphi_1=0$ 的条件,有

$$\Delta(\varphi_1 x)=\frac{\partial}{\partial x}\left(\varphi_1+x\frac{\partial\varphi_1}{\partial x}\right)+\frac{\partial}{\partial y}\left(x\frac{\partial\varphi_1}{\partial y}\right)=2\frac{\partial\varphi_1}{\partial x} \tag{A-31}$$

同理可得到

$$\Delta(\varphi_2 y)=2\frac{\partial\varphi_2}{\partial y} \tag{A-32}$$

根据式(A-30)、式(A-31)和式(A-32),得到

$$\Delta(F-\varphi_1 x-\varphi_2 y)=0 \tag{A-33}$$

因此双调和方程的解可以写为

$$F=\varphi_1 x+\varphi_2 y+\chi_1 \tag{A-34}$$

式中：χ_1 是任意的调和函数。

构造解析函数

$$\chi(z) = \chi_1(x, y) + i\chi_2(x, y) \tag{A-35}$$

有　$F(x, y) = \text{Re}\left[\overline{z}\varphi(z) + \chi(z)\right] = \dfrac{1}{2}\left\{\overline{z}\varphi(z) + z\,\overline{\varphi(z)} + \chi(z) + \overline{\chi(z)}\right\} \tag{A-36}$

即函数 F 既可以由三个调和函数（φ_1、φ_2、χ_1）来表示，又可以用两个复变函数（$\varphi(z)$、$\chi(z)$）来表示，式（A-36）称为 Goursat 公式。$\varphi(z)$ 和 $\chi(z)$ 称为 Goursat 应力函数。

2. 应力的表达式

由 Airy 应力函数的定义，得到应力分量

$$\sigma_x + \sigma_y = \Delta F \tag{A-37}$$

$$(\sigma_y - \sigma_x) + 2i\tau_{xy} = \left(\dfrac{\partial^2 F}{\partial x^2} - \dfrac{\partial^2 F}{\partial y^2}\right) - 2i\dfrac{\partial^2 F}{\partial x \partial y} \tag{A-38}$$

注意到　$\dfrac{\partial F}{\partial x} = \dfrac{\partial F}{\partial z}\dfrac{\partial z}{\partial x} + \dfrac{\partial F}{\partial \overline{z}}\dfrac{\partial \overline{z}}{\partial x} = \dfrac{\partial F}{\partial z} + \dfrac{\partial F}{\partial \overline{z}}, \quad \dfrac{\partial F}{\partial y} = i\left(\dfrac{\partial F}{\partial z} - \dfrac{\partial F}{\partial \overline{z}}\right)$

$$\dfrac{\partial^2 F}{\partial x^2} = \dfrac{\partial^2 F}{\partial z^2} + 2\dfrac{\partial^2 F}{\partial z \partial \overline{z}} + \dfrac{\partial^2 F}{\partial \overline{z}^2}$$

$$\dfrac{\partial^2 F}{\partial y^2} = -\left(\dfrac{\partial^2 F}{\partial z^2} - 2\dfrac{\partial^2 F}{\partial z \partial \overline{z}} + \dfrac{\partial^2 F}{\partial \overline{z}^2}\right)$$

$$\dfrac{\partial^2 F}{\partial x \partial y} = i\left(\dfrac{\partial^2 F}{\partial z^2} - \dfrac{\partial^2 F}{\partial \overline{z}^2}\right)$$

代入应力的表达式，有

$$\sigma_x + \sigma_y = 4\dfrac{\partial^2 F}{\partial z \partial \overline{z}} = 2\left[\varphi'(z) + \overline{\varphi'(z)}\right] = 4\text{Re}\left[\varphi'(z)\right] \tag{A-39}$$

$$(\sigma_y - \sigma_x) + 2i\tau_{xy} = 4\dfrac{\partial^2 F}{\partial z^2} = 2\left\{\overline{z}\varphi''(z) + \chi''(z)\right\} \tag{A-40}$$

式中：$\overline{\varphi'(z)} = d\{\overline{\varphi(\overline{z})}\}/d\,\overline{z}$。

将各个应力分量分开表达，有

$$\begin{cases} \sigma_x = \text{Re}\left[2\varphi'(z) - \overline{z}\varphi''(z) - \chi''(z)\right] \\ \sigma_y = \text{Re}\left[2\varphi'(z) + \overline{z}\varphi''(z) + \chi''(z)\right] \\ \tau_{xy} = \text{Im}\left[\overline{z}\varphi''(z) + \chi''(z)\right] \end{cases} \tag{A-41}$$

3. 位移的表达式

用 Airy 应力函数表示的应变为

$$\varepsilon_x = \dfrac{\partial u}{\partial x} = \dfrac{1}{E'}(\sigma_x - \mu'\sigma_y) = \dfrac{1}{E'}\left(\dfrac{\partial^2 F}{\partial y^2} - \mu'\dfrac{\partial^2 F}{\partial x^2}\right) \tag{A-42}$$

$$\varepsilon_y = \frac{\partial v}{\partial y} = \frac{1}{E'}(\sigma_y - \mu'\sigma_x) = \frac{1}{E'}\left(\frac{\partial^2 F}{\partial x^2} - \mu'\frac{\partial^2 F}{\partial y^2}\right) \tag{A-43}$$

$$\gamma_{xy} = \frac{\partial u}{\partial y} + \frac{\partial v}{\partial x} = \frac{1}{G}\tau_{xy} = -\frac{2(1+\mu')}{E'}\frac{\partial^2 F}{\partial x \partial y} \tag{A-44}$$

另外　　$\sigma_x + \sigma_y = \dfrac{\partial^2 F}{\partial x^2} + \dfrac{\partial^2 F}{\partial y^2} = 4\mathrm{Re}[\varphi'(z)] = 4\dfrac{\partial \mathrm{Re}[\varphi(z)]}{\partial x} = 4\dfrac{\partial \mathrm{Im}[\varphi(z)]}{\partial y}$

所以　　　　　　　　$\dfrac{\partial^2 F}{\partial y^2} = 4\dfrac{\partial \mathrm{Re}[\varphi(z)]}{\partial x} - \dfrac{\partial^2 F}{\partial x^2}$

代入式(A-42),有

$$\frac{\partial u}{\partial x} = \frac{1}{E'}\left\{4\frac{\partial \mathrm{Re}[\varphi(z)]}{\partial x} - (1+\mu')\frac{\partial^2 F}{\partial x^2}\right\}$$

积分得到位移的表达式

$$u = \frac{1}{E'}\left\{4\mathrm{Re}[\varphi(z)] - (1+\mu')\frac{\partial F}{\partial x}\right\} + f(y) \tag{A-45}$$

式中:$f(y)$为任意函数。类似地得到

$$v = \frac{1}{E'}\left\{4\mathrm{Im}[\varphi(z)] - (1+\mu')\frac{\partial F}{\partial y}\right\} + g(x) \tag{A-46}$$

将式(A-45)、式(A-46)代入切应变表达式(A-43),注意到

$$\mathrm{Im}[\varphi'(z)] = \frac{\partial \mathrm{Im}[\varphi(z)]}{\partial x} = -\frac{\partial \mathrm{Re}[\varphi(z)]}{\partial y}$$

有　　　　　　　　　　$f'(y) + g'(x) = 0$

解出　　　　　　$f(y) = \alpha y + \beta, \quad g(x) = -\alpha x + \gamma \tag{A-47}$

式(A-47)表示刚体移动(平动和转动),因此在讨论变形时,可以忽略 $f(y)$、$g(x)$。

最后得到

$$u + \mathrm{i}v = \frac{1}{E'}\left[4\varphi(z) - (1+\mu')\left(\frac{\partial F}{\partial x} + \mathrm{i}\frac{\partial F}{\partial y}\right)\right] \tag{A-48}$$

利用 Goursat 应力函数,有

$$u + \mathrm{i}v = \frac{1}{2G}\left[\kappa\varphi(z) - z\overline{\varphi'(z)} - \overline{\chi'(z)}\right], \quad \kappa \equiv \frac{3-\mu'}{1+\mu'} \tag{A-49}$$

4. 合力及合力矩的表达式

考虑作用于弧段 $\overset{\frown}{AB}$ 上的合力 F_x、F_y 以及合力矩 M(见图 A-6)。由式(A-2)可得

$$X_v = \sigma_x l + \tau_{yx} m, \quad Y_v = \tau_{xy} l + \sigma_y m$$

利用关系式 $l = \cos\theta = \mathrm{d}y/\mathrm{d}s$, $m = \sin\theta = -\mathrm{d}x/\mathrm{d}s$,

并将应力分量用应力函数 F 来表示,得到

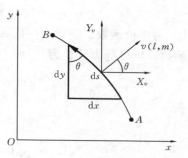

图 A-6　作用于弧段 $\overset{\frown}{AB}$ 上的力

$$X_v = \frac{\partial^2 F}{\partial y^2}\frac{dy}{ds} + \frac{\partial^2 F}{\partial x \partial y}\frac{dx}{ds} = \frac{d}{ds}\left(\frac{\partial F}{\partial y}\right)$$

$$Y_v = -\frac{\partial^2 F}{\partial x \partial y}\frac{dy}{ds} + \frac{\partial^2 F}{\partial x^2}\left(-\frac{dx}{ds}\right) = -\frac{d}{ds}\left(\frac{\partial F}{\partial x}\right)$$

所以有
$$P_x + iP_y = \int_A^B (X_v + iY_v)ds = \left[\frac{\partial F}{\partial y} - i\frac{\partial F}{\partial x}\right]_A^B \tag{A-50}$$

用 Goursat 应力函数表示,得到

$$P_x + iP_y = -2i\left[\frac{\partial F}{\partial \bar{z}}\right]_A^B = -i\left[\varphi(z) + z\overline{\varphi'(z)} + \overline{\chi'(z)}\right]_A^B \tag{A-51}$$

相对于坐标原点的合力矩为

$$M = \int_A^B (xY_v - yX_v)ds = -\int_A^B \left\{x\frac{d}{ds}\left(\frac{\partial F}{\partial x}\right) + y\frac{d}{ds}\left(\frac{\partial F}{\partial y}\right)\right\}ds$$

$$= -\left[x\frac{\partial F}{\partial x} + y\frac{\partial F}{\partial y}\right]_A^B + \int_A^B \left\{\frac{\partial F}{\partial x}\frac{dx}{ds} + \frac{\partial F}{\partial y}\frac{dy}{ds}\right\}ds$$

$$= -\left[x\frac{\partial F}{\partial x} + y\frac{\partial F}{\partial y}\right]_A^B + \int_A^B \frac{dF}{ds}ds$$

$$= -\text{Re}\left[\bar{z}\left(\frac{\partial F}{\partial x} + i\frac{\partial F}{\partial y}\right)\right]_A^B + [F]_A^B$$

$$= -\text{Re}\left[2\,\bar{z}\frac{\partial F}{\partial \bar{z}}\right]_A^B + [F]_A^B$$

$$= \text{Re}\left[\chi(z) - \bar{z}z\overline{\varphi'(z)} - \bar{z}\overline{\chi'(z)}\right]_A^B \tag{A-52}$$

A.7　位错的应力场[1,2]

考虑如下的 Goursat 应力函数,即

$$\varphi(z) = (A+iB)\lg z, \quad \chi(z) = (C+iD)z\lg z \tag{A-53}$$

式中:A、B、C、D 为实常数;另外,有

$$z = re^{i\theta}$$

$$\lg z = \lg r + i(\theta + 2n\pi), \quad n = 0, \pm 1, \pm 2, \cdots$$

$\lg z$ 为多值函数。绕原点一周,函数值变化 $i2\pi$。因此,Goursat 应力函数也为多值函数。求得应力分量为

$$\begin{cases} \sigma_x = \text{Re}\left[(A+iB)\left(\frac{2}{z} + \frac{\bar{z}}{z^2}\right) - (C+iD)\frac{1}{z}\right] \\ \sigma_y = \text{Re}\left[(A+iB)\left(\frac{2}{z} - \frac{\bar{z}}{z^2}\right) + (C+iD)\frac{1}{z}\right] \\ \tau_{xy} = \text{Im}\left[-(A+iB)\frac{\bar{z}}{z^2} + (C+iD)\frac{1}{z}\right] \end{cases} \tag{A-54}$$

将 $z = re^{i\theta} = r(\cos\theta + i\sin\theta)$ 代入,有

$$\begin{cases} \sigma_x = \dfrac{1}{r}\big[A\cos3\theta + B\sin3\theta + (2A-C)\cos\theta + (2B-D)\sin\theta\big] \\[2mm] \sigma_y = \dfrac{1}{r}\big[-A\cos3\theta - B\sin3\theta + (2A+C)\cos\theta + (2B+D)\sin\theta\big] \\[2mm] \tau_{xy} = \dfrac{1}{r}\big(A\sin3\theta - B\cos3\theta + C\sin\theta + D\cos\theta\big) \end{cases} \quad (\text{A-55})$$

由位移公式，得到

$$u+\mathrm{i}v = \frac{1}{2G}\Big[\kappa(A+\mathrm{i}B)\lg z - (A-\mathrm{i}B)\frac{z}{\bar z} - (C-\mathrm{i}D)(\lg \bar z + 1)\Big] \quad (\text{A-56})$$

绕原点一周后，位移产生如下的变化（见图 A-7），即

$$[u+\mathrm{i}v]_A^{A'} = \frac{\pi}{G}\big[-(\kappa B - D) + \mathrm{i}(\kappa A + C)\big] \equiv u^* + \mathrm{i}v^* \quad (\text{A-57})$$

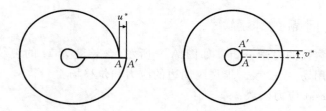

图 A-7　位移的多值性

上述 Goursat 应力函数表达的合力（绕原点一周）为

$$\begin{aligned} [F_x+\mathrm{i}F_y]_A^{A'} &= -\mathrm{i}\Big[(A+\mathrm{i}B)\lg z + (A-\mathrm{i}B)\frac{z}{\bar z} + (C-\mathrm{i}D)(\lg \bar z + 1)\Big]_A^{A'} \\ &= 2\pi\big[(A-C) + \mathrm{i}(B+D)\big] \equiv -(X^* + \mathrm{i}Y^*) \end{aligned} \quad (\text{A-58})$$

它表示在原点处有集中外力 X^*、Y^* 的作用。合力矩为 $M=0$，表示原点处没有集中力偶的作用。

例 A-1　考虑在原点有集中力作用的弹性问题。

解　位移没有错动，$u^* = v^* = 0$，集中力为 X^*、Y^*，得到以下四个条件：

$$\frac{\pi}{G}(\kappa B - D) = 0,\ \frac{\pi}{G}(\kappa A + C) = 0,\ 2\pi(A-C) = -X^*,\ 2\pi(B+D) = -Y^*$$

由此求得四个常数 A、B、C、D：

$$A = -\frac{X^*}{2\pi(1+\kappa)},\quad B = -\frac{Y^*}{2\pi(1+\kappa)},\quad C = \frac{\kappa X^*}{2\pi(1+\kappa)},\quad D = -\frac{\kappa Y^*}{2\pi(1+\kappa)}$$

例 A-2　考虑在原点存在一刃型位错的弹性问题。

解　设 Burgers 矢量的 x 方向分量为 b_x，y 方向分量为 0（见图 A-8）。根据 $u^* = b_x,\ v^* = 0,\ X^* = Y^* = 0$，得到

$$-\frac{\pi}{G}(\kappa B - D) = b_x,\quad \frac{\pi}{G}(\kappa A + C) = 0,\quad 2\pi(A-C) = 0,\quad 2\pi(B+D) = 0$$

解出 $A=0$, $B=-\dfrac{b_xG}{\pi(1+\kappa)}$, $C=0$, $D=\dfrac{b_xG}{\pi(1+\kappa)}$

将其代入应力表达式,经过化简得到

$$\sigma_x=-2D\frac{y(3x^2+y^2)}{(x^2+y^2)^2}$$

$$\sigma_y=2D\frac{y(x^2-y^2)}{(x^2+y^2)^2}$$

$$\tau_{xy}=2D\frac{x(x^2-y^2)}{(x^2+y^2)^2}$$

$$D=\frac{b_xG}{4\pi(1-\mu)}$$

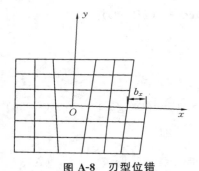

图 A-8 刃型位错

A.8 裂纹问题的求解[3]

以下考虑裂纹的力学分析。如图 A-9 所示,含长度为 $2c$ 的裂纹的无限大板受远场应力作用,$\sigma_x=\sigma_y=\sigma_0$,求裂纹周边的应力和位移场。

利用 Goursat 应力函数

$$\varphi(z)=\frac{1}{2}\sigma_0\ \sqrt{z^2-c^2},\quad \chi'(z)=-\frac{1}{2}\sigma_0\ \frac{c^2}{\sqrt{z^2-c^2}} \tag{A-59}$$

可得相应的应力为

$$\begin{cases} \sigma_x=\sigma_0\mathrm{Re}\left[\dfrac{z}{\sqrt{z^2-c^2}}+\dfrac{1}{2}c^2\dfrac{\bar{z}-z}{(\sqrt{z^2-c^2})^3}\right] \\[3mm] \sigma_y=\sigma_0\mathrm{Re}\left[\dfrac{z}{\sqrt{z^2-c^2}}-\dfrac{1}{2}c^2\dfrac{\bar{z}-z}{(\sqrt{z^2-c^2})^3}\right] \\[3mm] \tau_{xy}=-\sigma_0\mathrm{Im}\left[\dfrac{1}{2}c^2\dfrac{\bar{z}-z}{(\sqrt{z^2-c^2})^3}\right] \end{cases} \tag{A-60}$$

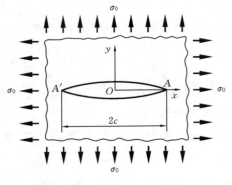

图 A-9 含裂纹无限大板

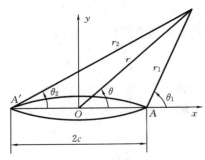

图 A-10 裂纹局部坐标

利用图 A-10 所示的裂纹局部坐标，有

$$z=r\mathrm{e}^{\mathrm{i}\theta},\quad z-c=r_1\mathrm{e}^{\mathrm{i}\theta_1},\quad z+c=r_2\mathrm{e}^{\mathrm{i}\theta_2}$$

应力分量改写为

$$
\begin{cases}
\sigma_x=\dfrac{\sigma_0 r}{\sqrt{r_1 r_2}}\left\{\cos\left(\theta-\dfrac{\theta_1+\theta_2}{2}\right)-\dfrac{c^2}{r_1 r_2}\sin\theta\sin\dfrac{3}{2}(\theta_1+\theta_2)\right\}\\[3mm]
\sigma_y=\dfrac{\sigma_0 r}{\sqrt{r_1 r_2}}\left\{\cos\left(\theta-\dfrac{\theta_1+\theta_2}{2}\right)+\dfrac{c^2}{r_1 r_2}\sin\theta\sin\dfrac{3}{2}(\theta_1+\theta_2)\right\}\\[3mm]
\tau_{xy}=\dfrac{\sigma_0 r}{\sqrt{r_1 r_2}}\left\{\dfrac{c^2}{r_1 r_2}\sin\theta\cos\dfrac{3}{2}(\theta_1+\theta_2)\right\}
\end{cases}
\tag{A-61}
$$

在无穷远处，式 (A-61) 满足 $\sigma_x=\sigma_y=\sigma_0$，$\tau_{xy}=0$；在裂纹面上，式 (A-61) 满足 $\sigma_y=\tau_{xy}=0$。即式 (A-61) 满足所有边界条件，位移场为

$$2G(u+\mathrm{i}v)=\sigma_0\left\{\frac{\kappa}{2}\sqrt{z^2-c^2}-\frac{1}{2}\frac{z\,\bar{z}}{\sqrt{z^2-c^2}}+\frac{1}{2}\frac{c^2}{\sqrt{\bar{z}^2-c^2}}\right\}\tag{A-62}$$

式中，$\kappa=\dfrac{3-\mu'}{1+\mu'}$。利用局部坐标，有

$$2Gu=\sigma_0\,\sqrt{r_1 r_2}\left\{\frac{\kappa-1}{2}\cos\left(\frac{\theta_1+\theta_2}{2}\right)-\frac{r^2}{r_1 r_2}\sin\theta\sin\left(\theta-\frac{\theta_1+\theta_2}{2}\right)\right\}$$

$$2Gv=\sigma_0\,\sqrt{r_1 r_2}\left\{\frac{\kappa+1}{2}\sin\left(\frac{\theta_1+\theta_2}{2}\right)-\frac{r^2}{r_1 r_2}\sin\theta\cos\left(\theta-\frac{\theta_1+\theta_2}{2}\right)\right\}$$

最后，利用图 A-11 所示的裂纹尖端坐标，考虑 $r\ll c$ 的情形。此时略去高阶项，有

$$z=c+r\mathrm{e}^{\mathrm{i}\theta},\quad \sqrt{z^2-c^2}\approx\sqrt{2cr}\,\mathrm{e}^{\mathrm{i}\theta/2}$$

$$\bar{z}=c+r\mathrm{e}^{-\mathrm{i}\theta},\quad \sqrt{\bar{z}^2-c^2}\approx\sqrt{2cr}\,\mathrm{e}^{-\mathrm{i}\theta/2}$$

因此求得 I 型裂纹尖端附近的应力场和位移场：

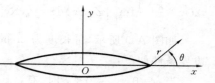

图 A-11   裂纹尖端坐标

$$
\begin{cases}
\sigma_x=\dfrac{K_{\mathrm{I}}}{\sqrt{2\pi r}}\cos\dfrac{\theta}{2}\left(1-\sin\dfrac{\theta}{2}\sin\dfrac{3\theta}{2}\right)\\[3mm]
\sigma_y=\dfrac{K_{\mathrm{I}}}{\sqrt{2\pi r}}\cos\dfrac{\theta}{2}\left(1+\sin\dfrac{\theta}{2}\sin\dfrac{3\theta}{2}\right)\\[3mm]
\tau_{xy}=\dfrac{K_{\mathrm{I}}}{\sqrt{2\pi r}}\cos\dfrac{\theta}{2}\sin\dfrac{\theta}{2}\cos\dfrac{3\theta}{2}
\end{cases}
\tag{A-63}
$$

$$
\begin{cases}
2Gu=K_{\mathrm{I}}\sqrt{\dfrac{r}{2\pi}}\cos\dfrac{\theta}{2}\left(\kappa-1+2\sin^2\dfrac{\theta}{2}\right)\\[3mm]
2Gv=K_{\mathrm{I}}\sqrt{\dfrac{r}{2\pi}}\sin\dfrac{\theta}{2}\left(\kappa+1-2\cos^2\dfrac{\theta}{2}\right)
\end{cases}
\tag{A-64}
$$

$$K_{\text{I}} = \sigma_0 \sqrt{\pi c}$$

A. 9　Westergaard 应力函数

Goursat 函数表达的应力分量公式如下：

$$\sigma_x = \text{Re}[2\varphi'(z) - \bar{z}\varphi''(z) - \chi''(z)]$$

$$\sigma_y = \text{Re}[2\varphi'(z) + \bar{z}\varphi''(z) + \chi''(z)]$$

$$\tau_{xy} = \text{Im}[\bar{z}\varphi''(z) + \chi''(z)]$$

定义 Westergaard 应力函数

$$Z_{\text{I}}(z) = 2\varphi'(z) + z\varphi''(z) + \chi''(z) \tag{A-65}$$

$$Z_{\text{II}}(z) = -iz\varphi''(z) - i\chi''(z) \tag{A-66}$$

当 $Z_{\text{I}}(z) = 0$ 时，在 x 轴上的 $\sigma_y = 0$；当 $Z_{\text{II}}(z) = 0$ 时，在 x 轴上的 $\tau_{xy} = 0$。利用 $Z_{\text{I}}(z)$ 和 $Z_{\text{II}}(z)$，应力和变形的公式为

$$\sigma_x = \text{Re}[Z_{\text{I}}(z)] - y\text{Im}[Z'_{\text{I}}(z)] + 2\text{Im}[Z_{\text{II}}(z)] + y\text{Re}[Z'_{\text{II}}(z)]$$

$$\sigma_y = \text{Re}[Z_{\text{I}}(z)] + y\text{Im}[Z'_{\text{I}}(z)] - y\text{Re}[Z'_{\text{II}}(z)]$$

$$\tau_{xy} = -y\text{Re}[Z'_{\text{I}}(z)] + \text{Re}[Z_{\text{II}}(z)] - y\text{Im}[Z'_{\text{II}}(z)]$$

$$2Gu = \frac{\kappa-1}{2}\text{Re}\left[\int Z_{\text{I}}(z)\,\text{d}z\right] - y\text{Im}[Z_{\text{I}}(z)] + \frac{\kappa+1}{2}\text{Im}\left[\int Z_{\text{II}}(z)\,\text{d}z\right] + y\text{Re}[Z_{\text{II}}(z)]$$

$$2Gv = \frac{\kappa+1}{2}\text{Im}\left[\int Z_{\text{I}}(z)\,\text{d}z\right] - y\text{Re}[Z_{\text{I}}(z)] - \frac{\kappa-1}{2}\text{Re}\left[\int Z_{\text{II}}(z)\,\text{d}z\right] - y\text{Im}[Z_{\text{II}}(z)]$$

如图 A-9 所示，带长度为 $2c$ 的裂纹的无限大板受远场应力作用，$\sigma_x = \sigma_y = \sigma_0$，边界条件如下：

当 $y = 0$，$-c < x < c$ 时，有

$$\sigma_y = \text{Re}[Z_{\text{I}}(z)] = 0$$

当 $|z| \rightarrow \infty$ 时，

$$\sigma_x = \sigma_y = \lim_{|z| \to \infty} \text{Re}[Z_{\text{I}}(z)] = \sigma_0$$

$$\tau_{xy} = \lim_{|z| \to \infty} \{-y\text{Re}[Z'_{\text{I}}(z)]\} = 0$$

满足上述条件的解为

$$Z_{\text{I}}(z) = \frac{\sigma_0 z}{\sqrt{z^2 - c^2}} \tag{A-67}$$

利用应力和变形的公式，可以导出与 A.8 节相同的结果。

对于 II 型裂纹（见图 A-12），类似地有

$$Z_{\text{II}}(z) = \frac{\tau_0 z}{\sqrt{z^2 - c^2}} \tag{A-68}$$

利用应力和变形的公式，导出裂纹尖端附近的应力和变形如下：

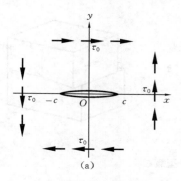
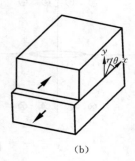

图 A-12 Ⅱ型裂纹

$$
\begin{cases}
\sigma_x = -\dfrac{K_{\text{Ⅱ}}}{\sqrt{2\pi r}}\sin\dfrac{\theta}{2}\left(2+\cos\dfrac{\theta}{2}\cos\dfrac{3\theta}{2}\right) \\[3mm]
\sigma_y = \dfrac{K_{\text{Ⅱ}}}{\sqrt{2\pi r}}\sin\dfrac{\theta}{2}\cos\dfrac{\theta}{2}\cos\dfrac{3\theta}{2} \\[3mm]
\tau_{xy} = \dfrac{K_{\text{Ⅱ}}}{\sqrt{2\pi r}}\cos\dfrac{\theta}{2}\left(1-\sin\dfrac{\theta}{2}\sin\dfrac{3\theta}{2}\right)
\end{cases}
\tag{A-69}
$$

$$
\begin{cases}
2Gu = K_{\text{Ⅱ}}\sqrt{\dfrac{r}{2\pi}}\sin\dfrac{\theta}{2}\left(1+\kappa+\cos^2\dfrac{\theta}{2}\right) \\[3mm]
2Gv = K_{\text{Ⅱ}}\sqrt{\dfrac{r}{2\pi}}\cos\dfrac{\theta}{2}\left(1-\kappa+\sin^2\dfrac{\theta}{2}\right)
\end{cases}
$$

$$
K_{\text{Ⅱ}} = \tau_0\sqrt{\pi c}
\tag{A-70}
$$

对于Ⅲ型裂纹,$u=v=0$,$w=w(x,y)$。此时,非零的应变和应力分量为

$$
\varepsilon_{yz}=\frac{1}{2}\frac{\partial w}{\partial y}, \quad \varepsilon_{zx}=\frac{1}{2}\frac{\partial w}{\partial x}, \quad \tau_{yz}=G\frac{\partial w}{\partial y}, \quad \tau_{zx}=G\frac{\partial w}{\partial x}
$$

设外力只有 z 方向的分量,且沿着 z 轴均匀分布,则平衡方程变为

$$
\Delta w=\frac{\partial^2 w}{\partial x^2}+\frac{\partial^2 w}{\partial y^2}=0
\tag{A-71}
$$

即 $w=w(x,y)$ 是调和函数,可以用复变解析函数的实部或虚部来表示。令

$$
w=\frac{1}{G}\text{Im}\left[\int Z_{\text{Ⅲ}}(z)\mathrm{d}z\right]
$$

有

$$
\tau_{yz}=\text{Re}[Z_{\text{Ⅲ}}(z)], \quad \tau_{zx}=\text{Im}[Z_{\text{Ⅲ}}(z)]
$$

式中的 $Z_{\text{Ⅲ}}(z)$ 与 Westergaard 应力函数 $Z_{\text{Ⅰ}}(z)$ 和 $Z_{\text{Ⅱ}}(z)$ 相对应。对于Ⅲ型裂纹问题,如图 A-13 所示,在无穷远处 $\tau_{yz}=s_0$,$\tau_{zx}=0$,在裂纹面上 $\tau_{yz}=0$。满足该条件的解为

$$
Z_{\text{Ⅲ}}(z)=\frac{s_0 z}{\sqrt{z^2-c^2}}
\tag{A-72}
$$

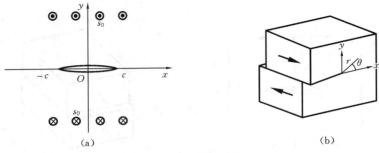

(a)　　　　　　　　　　　　　(b)

图 A-13　Ⅲ型裂纹

裂纹尖端附近的应力和变形为

$$\tau_{yz}=\frac{K_{Ⅲ}}{\sqrt{2\pi r}}\cos\frac{\theta}{2}, \qquad \tau_{zx}=-\frac{K_{Ⅲ}}{\sqrt{2\pi r}}\sin\frac{\theta}{2} \tag{A-73}$$

$$w=\frac{K_{Ⅲ}}{G}\sqrt{\frac{2r}{\pi}}\sin\frac{\theta}{2} \tag{A-74}$$

$$K_{Ⅲ}=s_0\sqrt{\pi c}$$

A.10　极坐标系下的平面问题基本方程

在二维极坐标下(见图 A-14),平面问题的基本方程如下。

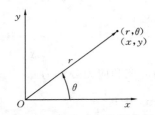

图 A-14　直角坐标和极坐标

1. 平衡方程(不计体积力)

$$\begin{cases} \dfrac{\partial\sigma_r}{\partial r}+\dfrac{1}{r}\dfrac{\partial\tau_{r\theta}}{\partial\theta}+\dfrac{\sigma_r-\sigma_\theta}{r}=0 \\[3mm] \dfrac{\partial\tau_{r\theta}}{\partial r}+\dfrac{1}{r}\dfrac{\partial\sigma_\theta}{\partial\theta}+2\dfrac{\tau_{r\theta}}{r}=0 \end{cases} \tag{A-75}$$

2. 几何方程

$$\varepsilon_r=\frac{\partial u}{\partial r}, \qquad \varepsilon_\theta=\frac{1}{r}\frac{\partial v}{\partial\theta}, \qquad \gamma_{r\theta}=\frac{1}{r}\frac{\partial u}{\partial\theta}+\frac{\partial v}{\partial r}-\frac{v}{r}$$

$$\tag{A-76}$$

3. 应力-应变关系(平面应力)

$$\varepsilon_r=\frac{1}{E}(\sigma_r-\mu\sigma_\theta), \qquad \varepsilon_\theta=\frac{1}{E}(\sigma_\theta-\mu\sigma_r), \qquad \gamma_{r\theta}=\frac{2(1+\mu)}{E}\tau_{r\theta} \tag{A-77}$$

对于平面应变,分别将式中的 E 和 μ 替换为 $E'=E/(1-\mu^2)$ 和 $\mu'=\mu/(1-\mu)$ 即可。

4. 应变协调方程(不计体积力)

应力分量与极坐标下的应力函数 $F^*(r,\theta)$ 的关系表达式为

$$\begin{cases} \sigma_r = \dfrac{1}{r}\dfrac{\partial F^*}{\partial r} + \dfrac{1}{r^2}\dfrac{\partial^2 F^*}{\partial \theta^2} \\[2mm] \sigma_\theta = \dfrac{1}{F^*}\dfrac{\partial^2 F^*}{\partial r^2} \\[2mm] \tau_{r\theta} = \dfrac{1}{r^2}\dfrac{\partial F^*}{\partial \theta} - \dfrac{1}{r}\dfrac{\partial^2 F^*}{\partial r \partial \theta} \end{cases} \tag{A-78}$$

用应力函数表示的应变协调方程为

$$\mathbf{V}^2\,\mathbf{V}^2 F^*\,(r,\theta) = 0 \tag{A-79}$$

其中拉普拉斯算子 $\mathbf{V}^2$ 由下式定义：

$$\mathbf{V}^2 = \frac{\partial^2}{\partial r^2} + \frac{1}{r}\frac{\partial}{\partial r} + \frac{1}{r^2}\frac{\partial^2}{\partial \theta^2} \tag{A-80}$$

附录 A 参考文献

[1] 小林繁夫,近藤恭平. 弹性力学[M]. 東京:培風館,1987.

[2] HERTZBERG R W. Deformation and fracture mechanics of engineering materials[M]. New York:John Wiley & Sons Inc, 1995.

[3] 村上裕则,大南正瑛. 破壊力学入門[M]. 東京:オーム社,1979.

附录 B　断裂的位错理论
Continuous Dislocation Theory of Fracture

B.1　位错与裂纹的交互作用[1-3]

　　首先考虑最简单的情形:裂尖前方有一个螺型位错时,求裂纹与位错之间的相互作用。最一般的情形是在一个 Ⅲ 型半无限长裂纹尖端距离 ξ 处有一螺型位错,在没有外加应力的条件下计算螺型位错在任意一点 (x,y) 处的应力场。如果没有裂纹,这个问题就是简单的螺型位错的应力场问题。但在裂纹附近,位错将受到裂纹自由表面的镜像力,问题变得较复杂。考虑一种特殊情况:螺型位错位于 Ⅲ 型裂纹面的延长面上的情形($\theta=0$),如图 B-1 所示。若位错到裂尖的距离为 c,则此螺型位错在平面上 x 处产生的切应力为

$$\tau_{yz} = \frac{Gb}{2\pi} \frac{\sqrt{c}}{\sqrt{x}(x-c)} \tag{B-1}$$

在裂尖附近有 $x<c$,故

$$\tau_{yz} < 0 \tag{B-2}$$

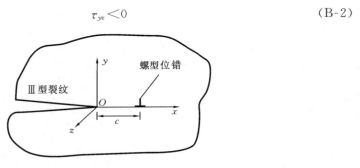

图 B-1　Ⅲ 型裂纹附近的螺型位错

　　式(B-1)表明,裂尖处存在位错时裂纹应力场强度将减小。因此,裂尖形成位错后将对裂尖产生一个回复力,相当于裂尖位错产生一个负的应力强度因子(利用 Rice 的符号),即

$$L_{\text{Ⅲ}} = \lim_{x \to 0} \{ \sqrt{2\pi x}\, \tau_{yz} \} = -\frac{Gb}{\sqrt{2\pi c}} \tag{B-3}$$

如果外加应力强度因子为 $K_{\text{Ⅲ}}$,则局部应力强度因子(local stress intensity factor)为

$$k_{\mathrm{III}}=K_{\mathrm{III}}+L_{\mathrm{III}} \tag{B-4}$$

即位错的存在使局部应力强度因子减小。

　　裂尖位错引起局域应力强度因子减小的现象称为位错屏蔽。一个位错的屏蔽作用可能很小,但大量位错塞积引起的屏蔽作用能够对裂尖应力场产生重要的影响。

　　除了 III 型裂纹,位错对裂尖应力强度因子的屏蔽作用还存在于 I 型及 II 型裂纹中。Rice 和 Thomson 证明[4],当一个坐标为 (r,θ) 的位错沿着与裂纹面成角度 φ 的倾斜滑移面发射时(见图 B-2),位错引起的裂尖应力强度因子的变化分别为

$$\begin{cases} L_{\mathrm{I}}=\dfrac{-Eb_{\mathrm{e}}}{4(1-\mu^2)\sqrt{2\pi r}}\left[3\sin\varphi\cdot\cos\dfrac{\theta}{2}-\sin(\varphi-\theta)\cdot\cos\dfrac{3\theta}{2}\right]\\[2mm] L_{\mathrm{II}}=\dfrac{-Eb_{\mathrm{e}}}{4(1-\mu^2)\sqrt{2\pi r}}\left[3\cos\varphi\cdot\cos\dfrac{\theta}{2}-\sin\varphi\cdot\sin\dfrac{\theta}{2}+\sin(\varphi-\theta)\cdot\sin\dfrac{3\theta}{2}\right]\\[2mm] L_{\mathrm{III}}=\dfrac{-Eb_{\mathrm{s}}}{2(1+\mu)\sqrt{2\pi r}}\cos\dfrac{\theta}{2} \end{cases} \tag{B-5}$$

式中:b_{e} 和 b_{s} 分别为位错 Burgers 矢量的刃型和螺型分量。

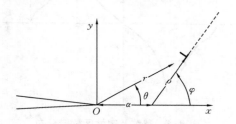

图 B-2　裂尖位错屏蔽

　　由式(B-5)计算出的 L 为负时,位错屏蔽裂纹。而 L 为正时,位错使裂尖应力强度因子增大,也称为位错的反屏蔽。

B.2　裂纹及裂尖塑性区的位错模型

　　Bilby、Cottrell 和 Swinden 等人[5]用位错连续分布的模型(BCS 模型)描述裂纹,研究了塑性区尺寸和位错分布,得到裂尖塑性区中位错呈反塞积状态分布的结果。

　　BCS 模型用刃型位错的双塞积群描述 II 型裂纹,这群位错称为裂纹位错。设有一列刃型位错双塞积群分布于 $-c<x<c$ 区间,如图 B-3 所示,在远处有一切应力 τ_{a}。设分布于 $(x,x+\mathrm{d}x)$ 区间内的位错数为 $f_1(x)\mathrm{d}x$,其中 $f_1(x)$ 为位错分布函数。在距离原点为 x 处的位错线在外加应力和其他位错的作用下处于平衡状态。对单位长度的位错线,平衡时有

$$A\int_{-c}^{c}\frac{f_1(x')\mathrm{d}x'}{x-x'}+\tau_{\mathrm{a}}=0,\quad -c<x<c \tag{B-6}$$

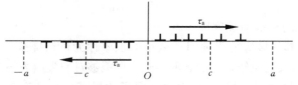

图 B-3　裂纹位错模型

式中：$A = \dfrac{Gb}{2\pi(1-\mu)}$。解此积分方程可得

$$f_1(x) = \frac{2\tau_{\mathrm{a}}(1-\mu)}{Gb} \cdot \frac{x}{\sqrt{c^2-x^2}} \tag{B-7}$$

在$(-c < x < c)$区间内，位错分布如图 B-4 所示。

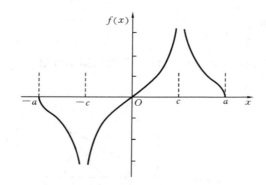

图 B-4　裂纹及塑性区位错分布

利用第 2 章关于位错塞积群顶端附近的应力计算方法，并考虑对称塞积的一半，可以求得位于 x 轴上$(y=0)$位错双塞积群顶端的应力为

$$\tau_{yx} = \tau_{\mathrm{a}}\left(1 + \sqrt{\frac{c}{x}}\right) \approx \tau_{\mathrm{a}}\sqrt{\frac{c}{x}} \tag{B-8}$$

利用Ⅱ型裂纹的应力强度因子 $K_{\mathrm{II}} = \tau_{\mathrm{a}}\sqrt{\pi c}$，式(B-8)可改写为

$$\tau_{yx} = \alpha\frac{K_{\mathrm{II}}}{\sqrt{2\pi x}} \tag{B-9}$$

式(B-9)表明，位错双塞积群顶端处的应力场与一个Ⅱ型裂纹的应力场相同（仅差一个常数因子 $\alpha = 1.4$）。因此，Ⅱ型裂纹完全可以用刃型位错的双塞积群来描述。

设塑性区的位置范围为$(-a, -c)$和(c, a)，其中位错分布函数为 $f_2(x)$。塑性区位错不仅受到外切应力 τ_{a} 的作用，而且受到材料对位错运动的阻力 τ_{f} 的作用（令阻力为屈服切应力），在平衡时有

$$A\int_{-a}^{a}\frac{f_2(x')\,\mathrm{d}x'}{x-x'} + \tau_{\mathrm{a}} = \begin{cases} 0, & -c < x < c \\ \tau_{\mathrm{f}}, & c < |x| < a \end{cases} \tag{B-10}$$

　　解此积分方程可求得塑性区内的位错分布函数。其分布如图 B-4 所示,可见塑性区中的位错也呈倒塞积分布,在裂尖附近位错密度很高,随着位错到裂尖距离的增大,位错密度快速下降,至塑性区边界处降为零。

B.3　裂纹尖端无位错区形成的理论

　　Ohr 等人[6-9]利用电子显微镜对拉伸试样的裂纹尖端处位错的产生、分布和运动进行原位观察,总结出以下位错行为。

　　(1) 在裂纹扩展的早期阶段,裂纹尖端附近产生一列倒塞积分布的位错,这些位错构成塑性区。

　　(2) 对Ⅲ型裂纹,低层错能金属的塑性区与裂纹面共面,塑性区中的位错大多为扩展的螺型位错,而高层错能金属中位错容易产生交滑移而离开原滑移面(裂纹面),从而形成较大范围的塑性区。

　　(3) 对Ⅰ型裂纹,塑性区中主要是刃型位错,其滑移面不在裂纹面上,刃型位错在与裂纹面成一定角度的滑移面上运动,导致裂纹张开,使裂纹钝化。

　　(4) 在大部分金属中,观察到裂纹尖端和塑性区之间存在无位错区(dislocation free zone, DFZ)。位错在裂纹尖端产生以后进入晶体的过程称为位错发射。发射位错滑移穿过无位错区进入塑性区,与其他位错一起构成塑性区位错结构。延性金属的无位错区宽度比半脆性金属小。

　　Ohr 等人工作的重要贡献是发现了裂纹尖端存在的无位错区。裂尖无位错区的存在与 BCS 模型的预测不一致,说明 BCS 模型是有缺陷的。BCS 模型假定塑性区的位错在塞积群中的其他位错、外应力(远场外应力)和滑移阻力的共同作用下处于平衡状态,没有考虑裂尖应力场的影响。

　　Kobayashi 和 Ohr[8,9]提出的 DFZ 模型考虑了裂尖应力场(不是远场外应力)的影响,位错在塞积群中的其他位错、点阵阻力及裂尖应力场的共同作用下处于平衡状态,即

$$\frac{Gb}{2\pi} \sum_{\substack{i=1 \\ i \neq j}}^{N} \frac{1}{x_i - x_j} + \tau_{ys} - \tau_c(x_j) = 0 \tag{B-11}$$

式中:等式左边第一项为塞积群中其他位错对第 j 个位错作用力的总和;τ_{ys} 为材料对位错运动的阻力(可取屈服应力);$\tau_c(x_j)$ 为裂尖弹性应力场。

　　与 BCS 模型中位错连续分布不同,这里采用了分离的位错分布。对塞积群的 N 个位错可建立 N 个类似的方程,求解方程组可求得塞积群中每一个位错的位置(即位错到裂尖的距离 x_j)。从裂尖到塞积群第一个位错的区间为无位错区。方程的数值计算结果如图 B-5 所示。可以看出,在 N 一定时,外应力 τ_a 越大,无位错区 $[0, x_1]$ 越大;当应力一定时,裂尖发射的位错数 N 越多,无位错区尺寸越小。换句话说,如果裂尖发射足够多的位错,就不产生无位错区。因此,Kobayashi 和

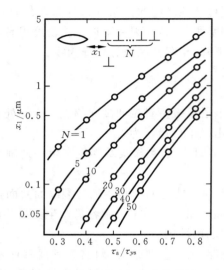

图 B-5　DFZ 尺寸与应力的关系

Ohr 认为裂尖不易发射位错是形成无位错区的原因。

　　Rice 和 Thomson[4]研究了位错从裂尖发射的问题。考虑一个螺型位错沿着一个与Ⅲ型裂纹共面的滑移面发射的情形(见图 B-1),在滑移面上沿 x 方向的切应力为

$$\tau_{yz}(x) = \frac{K_{\mathrm{III}}}{\sqrt{2\pi x}} - \frac{Gb}{4\pi x} \tag{B-12}$$

式中:等式右端第一项为局域应力强度因子所对应的弹性裂纹应力,即裂纹尖端的应力集中对位错产生的推力,其作用是将位错推向远离裂纹尖端的位置;第二项为裂纹自由表面所产生的位错镜像力,它的作用是吸引位错向裂尖运动。这两个力与 x 的关系如图 B-6 所示。

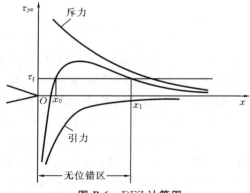

图 B-6　DFZ 计算图

正如 BCS 理论所指出的,要使位错沿 x 方向运动,必须克服滑移阻力,故位错处于平衡状态时应满足下式:

$$\frac{K_{\text{III}}}{\sqrt{2\pi x}} - \frac{Gb}{4\pi x} = \tau_{\text{f}} \tag{B-13}$$

与式(B-11)相比,式(B-13)包含裂纹自由表面对位错的镜像力,但没有裂尖其他位错的作用力一项。因此,应将式(B-13)中滑移阻力 τ_{f} 看成综合点阵阻力,即点阵阻力和其他位错的作用力的和。由这个关系可求得位错平衡位置坐标 x_0 和 x_1,即

$$x_0^{1/2} = \frac{K_{\text{III}} - (K_{\text{III}}^2 - 2Gb\tau_{\text{f}})^{1/2}}{(8\pi)^{1/2}\tau_{\text{f}}}$$

$$x_1^{1/2} = \frac{K_{\text{III}} + (K_{\text{III}}^2 - 2Gb\tau_{\text{f}})^{1/2}}{(8\pi)^{1/2}\tau_{\text{f}}} \tag{B-14}$$

由图 B-6 可知,在靠近裂尖的区域内($x < x_0$),位错受吸引力,所以很难发射。Rice 和 Thomson 指出,如果 K_{III} 足够大,致使 x_0 小于或等于位错芯尺寸 r_{c},作用在位错上的总应力为斥力,当斥力大于滑移阻力时,位错就立即从裂尖发射。因此位错由裂尖发射的条件为

$$x_0 \leqslant r_{\text{c}} \quad \text{或} \quad \tau_{yz}(r_{\text{c}}) \geqslant \tau_{\text{f}} \tag{B-15}$$

利用式(B-14)和式(B-15),可将位错由裂尖发射的条件改写为

$$K_{\text{III}} \geqslant K_{\text{III e}} \tag{B-16}$$

发射位错临界应力强度因子 $K_{\text{III e}}$ 定义为

$$K_{\text{III e}} = \frac{Gb}{(8\pi r_{\text{c}})^{1/2}} + (2\pi r_{\text{c}})^{1/2}\tau_{\text{f}} \tag{B-17}$$

用类似的方法可以求得位错在与 II 型裂纹共面的滑移面上发射所需的临界应力强度因子 $K_{\text{II e}}$,其结果为

$$K_{\text{II e}} = \frac{Gb}{(1-\mu)(8\pi r_{\text{c}})^{1/2}} + (2\pi r_{\text{c}})^{1/2}\tau_{\text{f}} \tag{B-18}$$

由图 B-6 可见,位错一旦从裂尖发射,就会立即受到斥力而朝远离裂尖的方向运动,一直到 $x = x_1$ 的点才停止。此时作用于位错的总应力与综合点阵阻力相平衡,因此 x_1 即为无位错区的宽度。

下面求解裂尖存在无位错区时塑性区的位错分布。考虑一个长度为 $2c$ 的 III 型中心裂纹(见图 B-7)。裂尖上 $c \sim e$ 的范围内为无位错区,$e \sim a$ 的范围内为塑性区。当裂纹受到外加切应力 τ_{a} 作用而处于平衡时,有

$$\frac{Gb}{2\pi}\left(\int_{-a}^{-e} \frac{f(x')\mathrm{d}x'}{x-x'} + \int_{-c}^{c} \frac{f(x')\mathrm{d}x'}{x-x'} + \int_{e}^{a} \frac{f(x')\mathrm{d}x'}{x-x'}\right) + \tau_{\text{a}} = 0 \tag{B-19}$$

式(B-19)对于 $|x| < c$ 成立。对于 $e < |x| < a$(塑性区内)的情况,考虑对位错运动的阻力 τ_{f} 后,有

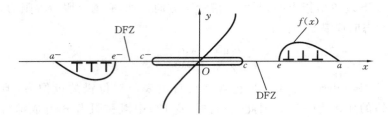

图 B-7　裂尖无位错区及塑性区位错分布

$$\frac{Gb}{2\pi}\left(\int_{-a}^{-e}\frac{f(x')\mathrm{d}x'}{x-x'}+\int_{-c}^{c}\frac{f(x')\mathrm{d}x'}{x-x'}+\int_{e}^{a}\frac{f(x')\mathrm{d}x'}{x-x'}\right)+\tau_a=\tau_f \quad (B\text{-}20)$$

　　求解积分方程(B-19)、方程(B-20)，可得到图 B-7 所示的位错分布。与 BCS 模型相类似，裂纹可用双塞积群描述，在塑性区内位错呈倒塞积分布，靠近无位错区 $x=e$ 处的位错密度高；在裂尖($x=c$)和塑性区起始端($x=e$)之间形成无位错区。

B.4　Ⅰ型裂纹位错模型[10]

1. 位错平衡方程

　　考虑图 B-8 所示的位错塞积模型。利用极坐标(r,θ)，则由 $a<r<e$ 所确定的区域是位错分布区域，$0<r<a$ 所确定的区域为无位错区。

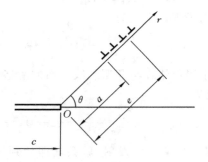

图 B-8　Ⅰ型裂纹尖端附近位错分布

注：c 为裂纹半长。

　　对于每个离散位错，可以写出以下的平衡方程[4,11]，即

$$\frac{bK_{\mathrm{I}L}\sin\theta\cos\dfrac{\theta}{2}}{2\sqrt{2\pi r_j}}+\frac{Gb^2}{2\pi(1-\mu)}\sum_{\substack{i=1\\i\neq j}}^{N}\frac{1}{r_j-r_i}-\frac{Gb^2}{2\pi(1-\mu)r_j}\cdot H(\theta)-\sigma_1 b=0 \quad (B\text{-}21)$$

式中：$H(\theta)=\dfrac{3}{4}\sin^2\theta\cos^2\dfrac{\theta}{2}$。

$$+\frac{1}{2}\cos\frac{\theta}{2}\left(\cos^2\frac{\theta}{2}-2\sin^2\frac{\theta}{2}\right)\left(2\cos\theta\cos\frac{\theta}{2}-\sin\theta\sin\frac{\theta}{2}\right) \qquad (B\text{-}22)$$

b 为 Burgers 矢量大小；K_{IL} 为局部应力强度因子；G 为切变模量；μ 为泊松比。另外，式(B-21)左端第三项为镜像力。$\sigma_1 b$ 代表摩擦阻力。

位错分布用连续分布函数 $B(x)$ 表达，将式(B-21)两边除以 b，并且令 $b \to 0$，得到

$$\frac{G}{2\pi(1-\mu)}\int_a^e\frac{B(x)\mathrm{d}x}{r-x}=\sigma(r) \ , \quad \sigma(r)\equiv\sigma_1-\frac{K_{IL}\sin\theta\cos\dfrac{\theta}{2}}{2\sqrt{2\pi r}} \qquad (B\text{-}23)$$

2. 位错分布函数求解

式(B-23)是关于 $B(r)$ 的奇异积分方程。根据参考文献[11]、[12]，在塑性区内，$B(r)$ 有界的条件可以表示为

$$\int_a^e\frac{\sigma(x)\mathrm{d}x}{\sqrt{(x-a)(e-x)}}=0 \qquad (B\text{-}24)$$

式(B-24)构成式(B-23)的边界条件，称为无位错区条件。求解式(B-23)得到[10,11]

$$B(r)=-\frac{2(1-\mu)}{\pi G}\sqrt{(r-a)(e-r)}\int_a^e\frac{\sigma(x)\mathrm{d}x}{(r-x)\sqrt{(x-a)(e-x)}} \qquad (B\text{-}25)$$

将 $\sigma(x)$ 的表达式代入，进行运算后得到无位错区条件和位错分布函数分别为

$$\pi\sigma_1-\frac{K_{IL}\sin\theta\cos\dfrac{\theta}{2}}{\sqrt{2\pi e}}F=0 \qquad (B\text{-}26)$$

$$B(r)=\frac{-2(1-\mu)}{G}\left[\frac{K_{IL}\sin\theta\cos\dfrac{\theta}{2}}{\pi\sqrt{2\pi e}}\right]\cdot\sqrt{\frac{r-a}{e-r}}\Pi\left(\frac{\pi}{2},h_r,k\right)$$

$$=\frac{2(1-\mu)\sigma_1}{G}\sqrt{\frac{e}{r}}\left[E(\varphi,k)-\frac{E}{F}F(\varphi,k)\right] \qquad (B\text{-}27)$$

式中：
$$h_r=-\frac{e-a}{e-r}, \quad \sin\varphi=\sqrt{\frac{e-r}{e-a}}$$

公式推导中用到第一、第二、第三类椭圆积分[13]，即

$$F(\varphi,k)=\int_0^\varphi\frac{\mathrm{d}y}{\sqrt{1-k^2\sin^2 y}}=\int_0^{\sin\varphi}\frac{\mathrm{d}x}{\sqrt{(1-x^2)(1-k^2 x^2)}} \qquad (B\text{-}28)$$

$$E(\varphi,k)=\int_0^\varphi\sqrt{1-k^2\sin^2 y}\,\mathrm{d}y=\int_0^{\sin\varphi}\sqrt{\frac{1-k^2 x^2}{1-x^2}}\,\mathrm{d}x \qquad (B\text{-}29)$$

$$\Pi(\varphi,h,k)=\int_0^\varphi\frac{\mathrm{d}y}{(1+h\sin^2 y)\sqrt{1-k^2\sin^2 y}}$$

$$=\int_0^{\sin\varphi}\frac{\mathrm{d}x}{(1+hx^2)\sqrt{(1-x^2)(1-k^2 x^2)}} \qquad (B\text{-}30)$$

令 $\varphi = \pi/2$，得到对应的完全椭圆积分

$$F \equiv F\left(\frac{\pi}{2}, k\right), \quad E \equiv E\left(\frac{\pi}{2}, k\right), \quad k \equiv \sqrt{\frac{e-a}{e}}, \quad k' \equiv \sqrt{1-k^2} \qquad \text{(B-31)}$$

3. 位错对裂尖的屏蔽效果

局部应力强度因子 K_{IL} 与外载荷引起的应力强度因子 $K_I = \sigma\sqrt{\pi c}$ 之间存在关系[14]：

$$K_{IL} = K_I - AK_0 \qquad \text{(B-32)}$$

式中：

$$K_0 = \frac{3E_0\sqrt{e}\sin\theta\cos\dfrac{\theta}{2}}{4(1-\mu^2)\sqrt{2\pi}}$$

屏蔽系数 A 按下式求得：

$$A = \int_a^e \sqrt{\frac{1}{ex}} B(x)\mathrm{d}x = \frac{4(1-\mu)\sigma_1}{G}\left[\left(1-\frac{k^2}{2}\right)F - E\right] \qquad \text{(B-33)}$$

因此，有

$$\frac{K_{IL}}{\sigma_1\sqrt{\pi c}} = \frac{\sigma}{\sigma_1} - \sqrt{\frac{e}{c}} \cdot C(k) \qquad \text{(B-34)}$$

$$C(k) \equiv \frac{3\sin\theta\cos\dfrac{\theta}{2}}{\pi\sqrt{2}(1+\mu)}\frac{E_0}{G}\left[\left(1-\frac{k^2}{2}\right)F - E\right] \qquad \text{(B-35)}$$

利用 DFZ 条件，消去 $\sqrt{e/c}$ 后得到

$$\frac{K_{IL}}{\sigma_1\sqrt{\pi c}} = \frac{\sigma}{\sigma_1}\left/\left[1 + \frac{F\sin\theta\cos\dfrac{\theta}{2}}{\pi\sqrt{2}}C(k)\right]\right. \qquad \text{(B-36)}$$

当分母中的第二项趋于零时，K_{IL} 与 σ_1 之间的关系退回到通常的 K-σ 关系。

4. 裂纹尖端应力场

根据参考文献[11]，塑性区之外由位错分布引起的应力为

$$\sigma(r) = \frac{\sqrt{(r-a)(r-e)}}{\pi}\frac{(r-a)}{|r-a|}\int_a^e \frac{\sigma(x)\mathrm{d}x}{(r-x)\sqrt{(x-a)(e-x)}} \qquad \text{(B-37)}$$

裂纹尖端附近的应力场为

$$\frac{\sigma_{r\theta}}{\sigma_1} = \frac{K_{IL}\sin\theta\cos\dfrac{\theta}{2}}{2\sigma_1\sqrt{2\pi r}} + \frac{\sigma(r)}{\sigma_1} \qquad \text{(B-38)}$$

经过运算得到

$$\frac{\sigma_{r\theta}}{\sigma_1} = \begin{cases} 1 - \sqrt{\dfrac{a-r}{e-r}} + P(\varphi)\sqrt{\dfrac{e}{r}}, & r < a, \sin\varphi = \sqrt{\dfrac{a-r}{k'^2(e-r)}} \\[4mm] 1 - \sqrt{\dfrac{r-e}{r-a}} + P(\varphi)\sqrt{\dfrac{e}{r}}, & r > e, \sin\varphi = \sqrt{\dfrac{r-e}{r-a}} \end{cases} \qquad \text{(B-39)}$$

$$P(\varphi) \equiv \frac{1}{F}[F \cdot E(\varphi, k') + (E-F)F(\varphi, k')] \tag{B-40}$$

若裂纹尖端问题退化到弹性裂纹问题,则有

$$\frac{\sigma_{r\theta}}{\sigma_1} = \frac{K_I \sin\theta\cos\dfrac{\theta}{2}}{2\sqrt{2\pi r}\sigma_1} = \frac{1}{2\sqrt{2}}\frac{\sigma}{\sigma_1}\sqrt{\frac{c}{r}}\sin\theta\cos\frac{\theta}{2} \tag{B-41}$$

假定 $\theta = 45°$,$\mu = 0.35$,$E/G = 2.47$,数值计算得到的结果如图 B-9 所示。

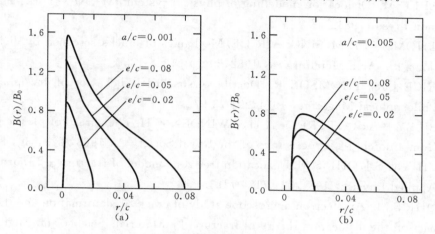

图 B-9 位错分布函数 $B(r)$

注:$B_0 = 2(1-\mu)(\sigma_1/G)$。

由图 B-9 看出,位错分布函数 $B(r)$ 在靠近裂纹一侧的塑性区端部附近达到最大,与Ⅲ型裂纹的情形类似。

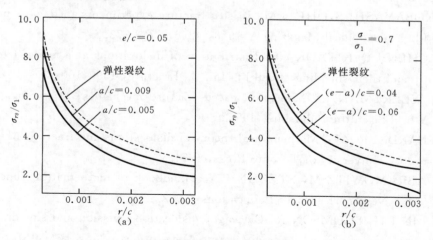

图 B-10 裂纹尖端应力分布

如图 B-10(a) 所示,当塑性区参数 e 固定时,DFZ 越小,裂尖应力越小;如图 B-10(b)所示,外载荷一定时,塑性区尺寸越大(材料延性越大),则屏蔽效果越强。

附录 B 参考文献

[1] 张俊善. 材料强度学[M]. 哈尔滨:哈尔滨工业大学出版社,2004.

[2] LI J C M. Dislocation modelling of physical system [M]. New York: Pergamon Press, 1981.

[3] THOMSON R M, SINCLAIR J E. Mechanics of cracks screened by dislocations[J]. Acta Metallurgica, 1982,30(7): 1325-1334.

[4] RICE J R, THOMSON R. Ductile versus brittle behavior of crystals[J]. Philosophical Magazine, 1974,29: 73-97.

[5] BILBY B A, COTTRELL A H, SWINDEN K H. The spread of plastic yield from a notch[J]. Proceedings of the Royal Society A, 1963, 272: 304-314.

[6] CHENG S J, OHR S M. Dislocation free zone model of fracture[J]. Journal of Applied Physics, 1981,52: 7174-7181.

[7] OHR S M. An electron microscope study of crack tip deformation and its impact on the dislocation theory of fracture[J]. Materials Science and Engineering, 1985,72(1):1-35.

[8] KOBAYASHI S, OHR S M. Dislocation arrangement in the plastic zone of propagating cracks in nickel[J]. Journal of Materials Science, 1984,19(7): 2273-2277.

[9] KOBAYASHI S, OHR S M. In situ fracture experiments in b. c. c. metals [J]. Philosophical Magazine A,1980, 42(6): 763-772.

[10] CHEN J Q, KITAOKA S. Distribution of dislocations at a mode I crack tip and their shielding effect[J]. Int. J. Fracture, 1999,100: 307-320.

[11] WEERTMAN J. Dislocation based fracture mechanics[M]. Singapore: World Scientific Publishing,1996.

[12] LARDNER R W. Mathematical theory of dislocations and fracture[M]. Toronto: University of Toronto Press, 1974.

[13] ABRAMOWITZ M, STEGUN I A. Handbook of mathematical functions [M]. New York: Dover Publications, 1972.

[14] LIN I H, THOMSON R. Cleavage, dislocation emission and shielding for cracks under general loading[J]. Acta Metallurgica,1986,34(2):187-206.

部分习题参考解答

第1章

2. $f(t) = \dfrac{m}{u}\left(\dfrac{t}{u}\right)^{m-1}\exp\left[-\left(\dfrac{t}{u}\right)^m\right]$,

$\ln f = \ln m - \ln u + (m-1)(\ln t - \ln u) - \left(\dfrac{t}{u}\right)^m$,

$L(m,u) \equiv \ln\displaystyle\prod_{i=1}^{n} f(x_i\,|\,m,u) = \sum_{i=1}^{n}\ln f(x_i\,|\,m,u)$,

$\dfrac{\partial L}{\partial m} = \dfrac{10}{m} + \ln\left(\displaystyle\prod_{i=1}^{10} x_i\right) - 10\ln u - \sum_{i=1}^{10}\left(\dfrac{x_i}{u}\right)^m\ln x_i + \sum_{i=1}^{10}\left(\dfrac{x_i}{u}\right)^m\ln u = 0$

$\dfrac{\partial L}{\partial u} = \dfrac{-10m}{u} - \displaystyle\sum_{i=1}^{10} m\left(\dfrac{x_i}{u}\right)^{m-1}\left(-\dfrac{x_i}{u^2}\right) = \dfrac{-10m}{u} - \sum_{i=1}^{10} m\,\dfrac{x_i^m}{u^{m+1}} = 0$

解出：$\ln\left(\displaystyle\prod_{i=1}^{10} x_i\right) = 31.316, m = 1.18, u = 38.32$

第2章

2. $l = 10^{10}$ cm；若原子间距为 2.5×10^{-10} m，则每隔 400 个原子有一条位错线。

3. $W = \dfrac{Gb^2}{4\pi}\ln(r_1/r_0) = 2.05\times10^{-9}$ J/m，$(W_1, W_2) = \left(\dfrac{2}{7}, \dfrac{5}{7}\right)W$，即

$(W_1, W_2) = (0.59, 1.46)\times10^{-9}$ J/m

4. $\sigma_z = \mu(\sigma_x + \sigma_y)$，$\bar{P} = -\dfrac{1+\mu}{3\pi(1-\mu)}\dfrac{Gb}{r}\sin\theta$，$\bar{P}_m \doteq -\dfrac{G}{50}$

5. $2r_1 = 10^{-5}$ m，10^{-6} m，10^{-7} m

$W_s = Gb^2/(4\pi)\times(8.80, 6.50, 4.20) = (3.06, 2.28, 1.44)\times10^{-9}$ J/m

第3章

2. 5 000 m/s；1 900 m/s

3. $a = \dfrac{2\gamma E}{\pi\sigma^2} = \dfrac{2\times8\times2\times10^{11}}{\pi\times70^2\times10^{12}}$ m $= 0.21\times10^{-3}$ m， $2a = 0.42$ mm

5. $\sigma_0 = \sqrt{\dfrac{\gamma E}{a_0}} = 63.2$ GPa，$\sigma_c = \sqrt{\dfrac{2\gamma E}{\pi a}} = 79.8$ MPa

第4章

1. (1) 55.3 MPa·m$^{1/2}$；(2) 3.9 mm；(3) 2.5 $(K/\sigma_{ys})^2 = 30.6$ mm$> a =$

8 mm,不满足小范围屈服条件。

2. $K_{Ic}=(2/\pi)\sigma_c\sqrt{\pi a}=88.3$ MPa・m$^{1/2}$

3. $K=(1.12/\Phi)\sigma\sqrt{\pi a}=0.90\sigma\sqrt{\pi a}$,$a_c=11.2$ mm

4. $r_s=\dfrac{1}{2\pi}\left(\dfrac{K_I}{\sigma_{ys}}\right)^2\cos^2\dfrac{\theta}{2}\left[(1-2\tilde{\mu})^2+3\sin^2\dfrac{\theta}{2}\right]$

$\qquad=\dfrac{1}{2\pi}\left(\dfrac{K_I}{\sigma_{ys}}\right)^2\left[\dfrac{1+\cos\theta}{2}(1-2\tilde{\mu})^2+\dfrac{3}{4}\sin^2\theta\right]$

两个极值点:$\theta=0$,$r_{s0}=\dfrac{1}{2\pi}\left(\dfrac{K_I}{\sigma_{ys}}\right)^2(1-2\tilde{\mu})^2$

$\theta=\arccos\left[(1-2\tilde{\mu})^2/3\right]$,$r_{smax}=\dfrac{1}{2\pi}\left(\dfrac{K_I}{\sigma_{ys}}\right)^2\times\dfrac{3}{4}\left[1+\dfrac{(1-2\tilde{\mu})^2}{3}\right]^2$

平面应力:$\tilde{\mu}=0$,$\arccos\left[(1-2\tilde{\mu})^2/3\right]=70.5°$

平面应变:$\tilde{\mu}=\mu=1/3$,$\arccos\left[(1-2\tilde{\mu})^2/3\right]=87.9°$

5. 断裂的临界裂纹尺寸 $a_c=\dfrac{1}{\pi}\left(\dfrac{\pi K_{Ic}}{1.12\times2\times275}\right)^2=0.064$ m$=6.4$ cm,材料

屈服时,$\dfrac{t}{t-a}\times275=825$,$a=0.83$ cm,先发生屈服破坏。

6. (1) $K_I=\sigma\sin^2\beta\sqrt{\pi a}$,$K_{II}=\sigma\sin\beta\cos\beta\sqrt{\pi a}$;

(2) $g=(K_I^2+K_{II}^2)/E=\sigma^2\sin^2\beta\cdot\pi a/E$

7. $a\geqslant2.5(K_I/\sigma_{ys})^2$,$\sigma/\sigma_{ys}\leqslant1/\sqrt{2.5\pi}=0.357$

边裂纹:$0.357/1.12=0.319$。

8. $\Phi=\dfrac{\pi}{8}\times[3+(a/c)^2]=1.23$,$\sigma/\sigma_{ys}\leqslant(\Phi/1.12)/\sqrt{2.5\pi}=0.39$;

$\quad p\leqslant0.78\sigma_{ys}t/D$

9. $\sigma_\theta=\dfrac{pD}{2t}$,　　$\sigma_z=\dfrac{pD}{4t}$

$\sigma_a=\dfrac{pD}{2t}\cos^2\alpha+\dfrac{pD}{4t}\sin^2\alpha$,　　$\tau_a=\dfrac{1}{2}\left(\dfrac{pD}{2t}-\dfrac{pD}{4t}\right)\sin2\alpha$

$K_I=\dfrac{pD}{2t}\left(\cos^2\alpha+\dfrac{1}{2}\sin^2\alpha\right)\sqrt{\pi a}$,　　$K_{II}=\dfrac{pD}{8t}\sin2\alpha\sqrt{\pi a}$

第 5 章

1. $K=\left[F/B\sqrt{W}\right]f(a/W)=60$ MPa・m$^{1/2}$,$P_{max}/P_Q=1.05<1.1$

(1) $2.5(K_{IQ}/\sigma_{ys})^2=1.84$ cm$<B$,测试有效。

(2) $2.5(K_{IQ}/\sigma_{ys})^2=7.35$ cm$>B$,测试无效。

2. $K=1.12(2/\pi)\sigma\sqrt{\pi a}=6.7$ MPa・m$^{1/2}<K_{Ic}$;

$\sigma_{\text{net}}=75\times20/(20-5)$ MPa$<\sigma_{\text{ys}}$,安全。

3. a,$(W-a)$,$B\geqslant2.5$ $(K_{\mathrm{I}c}/\sigma_{\text{ys}})^2=625$ mm;

$(W-a)\geqslant25J_{\mathrm{I}c}/\sigma_{\text{ys}}=25\dfrac{(1-\mu^2)K_{\mathrm{I}c}^2}{E\sigma_{\text{ys}}}=9.5$ mm。

4. $\Phi=1.2$,$\sigma=\dfrac{\Phi K_{\mathrm{I}c}}{1.12\sqrt{\pi a}}=\dfrac{1.2\times110}{1.12\sqrt{\pi\times0.016}}$ MPa$=526$ MPa

$p=526\times\dfrac{72}{508}$ MPa$=74.6$ MPa

5. (1) $\Phi=\dfrac{\pi}{8}\times[3+(2/5.5)^2]=1.23$

$\sigma=\dfrac{\Phi K_{\mathrm{I}c}}{1.12\sqrt{\pi a}}=\dfrac{1.23\times1\,590}{1.12\sqrt{\pi\times2}}$ MPa$=697$ MPa<820 MPa,不安全。

(2) $\Phi=1.20$,$a_{\mathrm{c}}=\dfrac{1}{\pi}\left(\dfrac{1.2\times1\,590}{1.12\times820}\right)^2$ mm$=1.37$ mm

6. $\Delta\sigma^2 N_1=\dfrac{1}{C\alpha^2\pi}\ln\dfrac{a_1}{a_0}$

7. 穿透裂纹合并,K增大1.4倍;表面裂纹合并,裂纹深度处K不变。

8. $K=1.12\sigma\sqrt{\pi a}$,$\dfrac{\mathrm{d}a}{\mathrm{d}t}=AK-B=C\sqrt{a}-B$,$C=1.12A\sigma\sqrt{\pi}$

$a_{\mathrm{c}}=\dfrac{1}{\pi}\left(\dfrac{K_{\mathrm{I}c}}{1.12\sigma}\right)^2=6.45\times10^{-3}$ m,$\sqrt{a_{\mathrm{c}}}=0.083\,8$ m$^{1/2}$,$\sqrt{a_0}=0.044\,9$ m$^{1/2}$

$C=0.0638$,$B/C=0.0326$,

$t_{\mathrm{f}}=\displaystyle\int_{a_0}^{a_{\mathrm{c}}}\dfrac{\mathrm{d}a}{C\sqrt{a}-B}=\dfrac{2}{C}\left\{u+\dfrac{B}{C}\ln\left(u-\dfrac{B}{C}\right)\right\}\Big|_{u_1}^{u_2}$ $(u=\sqrt{a})$

$=\dfrac{2}{C}\left\{\sqrt{a_{\mathrm{c}}}-\sqrt{a_0}+\dfrac{B}{C}\ln\dfrac{\sqrt{a_{\mathrm{c}}}-B/C}{\sqrt{a_0}-B/C}\right\}=2.49$ (天)

9. (1) 断裂极限:$\sigma_{\mathrm{c}}=\dfrac{\Phi K_{\mathrm{I}c}}{1.12\sqrt{\pi a}}=\dfrac{(\pi/2)\times102}{1.12\sqrt{\pi\times0.25\times0.02}}$ MPa$=1\,141$ MPa,

$p=\dfrac{2t}{D}\sigma_{\mathrm{c}}=114$ MPa,若按净面积计算,$p=\dfrac{2(t-a)}{D}\sigma_{\mathrm{c}}=85.5$ MPa;

(2) 屈服:$\sigma=\dfrac{pD}{2(t-a)}=1\,500$,$p=113$ MPa。

第6章

3. 令 $\sigma_2=m\sigma_1$,$\sigma_3=n\sigma_1$,代入 Mises 屈服条件,得到:$\lambda=\sigma_1/\sigma_{\text{ys}}=(1-m-n+m^2+n^2-mn)^{-1/2}$。将缺口看作裂纹,由裂纹尖端应力场求出:$\sigma_{1,2}=(2\pi r)^{-1/2}K_{\mathrm{I}}\cos(\theta/2)[1\pm\sin(\theta/2)]$,$\sigma_3=\mu(\sigma_1+\sigma_2)$。若 $\theta=0$,$\mu=1/3$,求得 λ

＝3。

4. $\lambda = 3, \lambda = 1$

5. $T_D = 100 \mathrm{K}$ 时, $\sigma_f = \sigma_{ys} = (1\,400 - 3.5 \times 100)\ \mathrm{MPa} = 1\,050\ \mathrm{MPa}$, 再利用 $T = 200\ \mathrm{K}$ 时, $\sigma_f = 1\,200\ \mathrm{MPa}$ 的已知条件, 导出 $\sigma_f = (900 + 1.5T)\ \mathrm{MPa}$。对于新的转变温度: $900 + 1.5T = 1400 - 3.5T + 150$, 求得 $T_D = 130\ \mathrm{K}$

6. $\sigma_f = K_{\mathrm{I}c} / \sqrt{\pi a} = \sqrt{E g_{\mathrm{I}c} / (1 - \mu^2)} / \sqrt{\pi a} = 378\ \mathrm{MPa}$

7. 根据关系 $\tau_c = \tau_i + k d^{-1/2}$, 求得 $k = 103.7\ \mathrm{MPa} \cdot \mathrm{mm}^{1/2}$,

$\tau_i = 380 - k\,(0.32)^{-1/2}, \tau_c = 930\ \mathrm{MPa}$

第 7 章

2. $1\,073(20 + \lg 100) = 973(20 + \lg t), t = 18\,200\ \mathrm{h}$

3. $T(20 + \lg t_f) = 1\,293 \times 21 = 27.2 \times 10^3, \sigma = 55\ \mathrm{MPa}$

第 8 章

1. $\Delta K = 1.12(2/\pi)\Delta \sigma_\theta \sqrt{\pi a}, \tilde{r} = 4\ \mathrm{cm}, \Delta \sigma_\theta = \tilde{r}\Delta p / t = 2.2 \times 10^8\ \mathrm{Pa}$,
$a_0 = 0.001\,5\ \mathrm{m}, N_f = [1/C\pi\,(0.713\Delta \sigma_\theta)^2] / \Delta K_0^2 = 2.23 \times 10^7$

2. $\mathrm{d}a/a^2 = C\Delta \sigma^4 \pi^2 \mathrm{d}N, \dfrac{1}{a_0} - \dfrac{1}{a} = C\Delta \sigma^4 \pi^2 N, \Delta \sigma = 189\ \mathrm{MPa}$;

$\Delta a = C\Delta \sigma^4 \pi^2 a^2 N|_{a=a_0, N=1} = 0.5\ \mu\mathrm{m}$

3. $\Delta K_A = 26.6\ \mathrm{MPa} \cdot \mathrm{m}^{1/2}, \Delta K_B = 84.1\ \mathrm{MPa} \cdot \mathrm{m}^{1/2}$

5. $43/15 = 10^{2a}, a = 0.228\,7, N_f = 50 \times (43/20)^{1/a} = 1\,421$

第 9 章

2. 设广义 Kelvin 链中第 i 个单元的应变、弹性模量和黏性系数分别为 ε_i、E_i、η_i, 有 $\sigma = E_i \varepsilon_i + \eta_i \dot{\varepsilon}_i$。进行拉普拉斯变换, 并将各单元应变加起来形成总应变, 有 $\bar{\varepsilon} = \sum \bar{\varepsilon}_i = \sum \bar{\sigma}/(E_i + \eta_i s)$, 或 $\prod\limits_i (E_i + \eta_i s)\bar{\varepsilon} = \sum\limits_i \prod\limits_{k \neq i} (E_k + \eta_k s)\bar{\sigma}$。展开后进行拉普拉斯反变换可得出相应结果。

3. (1) $E\sigma + \eta \dot{\sigma} = 1.5 E^2 \varepsilon + 2.5 E \eta \dot{\varepsilon}$,

(2) $\tau = \eta / E, E^* = \left(2.5E + \dfrac{E}{1 + \omega^2 \tau^2}\right) - \mathrm{i}\,\dfrac{\omega \tau E}{1 + \omega^2 \tau^2}$,

(3) $\varepsilon = \sigma_0 \left[\dfrac{2}{5E} H(t) - \dfrac{4}{15E} \exp\left(-\dfrac{3t}{5\tau}\right) - \dfrac{2}{15E}\right] = \dfrac{4\sigma_0}{15E}\left\{1 - \exp\left(-\dfrac{3t}{5\tau}\right)\right\} (t \leqslant t_1)$

$\varepsilon = \dfrac{2}{5E}[H(t) - H(t - t_1)] + \dfrac{4}{15E}\sigma_0 \left\{\exp\left[-\dfrac{3(t - t_1)}{5\tau}\right] - \exp\left(-\dfrac{3t}{5\tau}\right)\right\}$

$$= \frac{4\sigma_0}{15E} \left\{ \exp\left[-\frac{3(t-t_1)}{5\tau} \right] - \exp\left(-\frac{3t}{5\tau} \right) \right\} (t>t_1)$$

4. $P_s(V_0) = \exp[-(\sigma/\sigma_0)^m]$, $0.5 = \exp[-(100/\sigma_0)^5]$,

$\ln 0.5 = -\left(\dfrac{100}{\sigma_0} \right)^5$

$P_s(V) = \exp\left[-\dfrac{V}{V_0}\left(\dfrac{\sigma'}{\sigma_0} \right)^m \right]$, $0.95 = \exp\left[-8\left(\dfrac{\sigma'}{\sigma_0} \right)^5 \right]$,

$\ln 0.95 = -8\left(\dfrac{\sigma'}{\sigma_0} \right)^5 \Rightarrow \dfrac{\ln 0.95}{\ln 0.5} = 8\left(\dfrac{\sigma'}{100} \right)^5$, $\sigma' = 39.2$ MPa

5. $\sigma_r = \dfrac{M_{\max}(H/2)}{I_z}$, $\sigma = \sigma_r \dfrac{2xy}{LH}$,

$\displaystyle\int_V \sigma^m \mathrm{d}V = \int_0^{H/2} \int_0^L \sigma_r^m \frac{2^m x^m y^m}{L^m H^m} B \mathrm{d}x\mathrm{d}y = \sigma_r^m \frac{BLH}{2(m+1)^2}$

$70\% = \exp\left[-\left(\dfrac{1}{V_0\sigma_0^m} \right) \sigma_r^m \dfrac{BLH}{2(m+1)^2} \right]$,

轴向拉伸时：$80\% = \exp\left[-\left(\dfrac{V\sigma^m}{V_0\sigma_0^m} \right) \right] = \exp\left[-\left(\dfrac{BLH\sigma^m}{V_0\sigma_0^m} \right) \right]$

联立求出：$\sigma = \sigma_r \left[\dfrac{\ln 0.8}{\ln 0.7} \times \dfrac{1}{2(m+1)^2} \right]^{1/m} = 193$ MPa

第 10 章

1. $V_f E_f \varepsilon_{fu} = 1\,848$ MPa

2. $\sigma_{xc} = 70.6$ MPa

3. $\sigma_2 = \dfrac{-(\alpha_2-\alpha_1)\Delta T E_1 E_2}{E_1+E_2} = 26.4$ MPa，90°层拉，0°层压。

4. (a) $\sigma_{1u} = (0.3 \times 3\,200 + 0.7 \times 100)$ MPa $= 1\,030$ MPa；

(b) $\sigma_{1u} = 0.3 \times 3\,200$ MPa $= 960$ MPa